普通高等教育"十二五"规划教材

Office 2010 高级应用案例解读教程

主　编　雷　凌
副主编　沈　宁
主　审　周杭霞

北京邮电大学出版社
·北京·

内 容 简 介

本书主体以 Office 2010 的选项卡功能为主线,以具体案例应用为导引,用文字混搭图解的方式阐述了 Office 2010 软件中的 Word、Excel 及 PowerPoint 的高级应用。其中 Word 主要讲解了毕业设计论文会用到的长文档排版以及模板、邮件合并、索引、域、子文档建立插入等高级应用;Excel 则主要着眼于函数以及数组公式的应用;而 Power Point 则在常规应用的基础上,主要着眼于自定义动画效果的阐述。本书最后对浙江省二级的考题进行分步骤地图解操作解析。

本书可作为高等院校 Office 2010 高级应用课程的教学用书,也可作为相关机构的培训教材以及爱好者的自学用书。

图书在版编目(CIP)数据

Office 2010 高级应用案例解读教程 / 雷凌主编. -- 北京:北京邮电大学出版社,2015.9
ISBN 978-7-5635-4473-8

Ⅰ. ①O… Ⅱ. ①雷… Ⅲ. ①办公自动化—应用软件—高等学校—教材 Ⅳ. ①TP317.1

中国版本图书馆 CIP 数据核字(2015)第 191470 号

书　　名	Office 2010 高级应用案例解读教程
主　　编	雷　凌
责任编辑	韩　霞
出版发行	北京邮电大学出版社
社　　址	北京市海淀区西土城路 10 号(100876)
电话传真	010-82333010　62282185(发行部)　010-82333009　62283578(传真)
网　　址	www.buptpress3.com
电子信箱	ctrd@buptpress.com
经　　销	各地新华书店
印　　刷	北京泽宇印刷有限公司
开　　本	787 mm×1 092 mm　1/16
印　　张	19.5
字　　数	485 千字
版　　次	2015 年 9 月第 1 版　2015 年 9 月第 1 次印刷

ISBN 978-7-5635-4473-8　　　　　　　　　　　　　　　　定　价:39.00 元
如有质量问题请与发行部联系
版权所有　侵权必究

前　言

信息化时代,计算机已经成为人们办公、生活中的亲密伙伴。Office 办公软件是国内外最流行的办公应用软件,它具有起点低、专业知识要求不高,但应用方便的特点。掌握 Office 办公软件高级应用技术,对于各行各业的人群尤其是非计算机专业的各类用户非常重要。

在高校中,Office 高级应用技术是非计算机专业学生的计算机基础必修课,面向全校所有学生特别是文科类学生开设。本教材为学生提供 Office 高级操作知识,对学生在校做论文以及将来毕业后的工作需求而言,具有奠定能力基础的作用。

本教材除了讲述 Office 软件中最常用的 Word、Excel、PowerPoint 的高级应用知识之外,针对浙江省二级考试作了图解式操作讲解,并为 Office 高级应用课程所需设计了综合实验的内容。它可以帮助初次涉入 Office 高级应用的读者尽快掌握技巧,顺利获得计算机等级证书。

本书内容共分五章:

第 1 章为 Word 2010 高级应用,本章以长文档排版为例,循着 Word 2010 软件的选项卡顺序介绍了文档的段落字体设置、样式格式应用、目录索引、邮件合并及域等相关知识。

第 2 章为 Excel 2010 高级应用,本章主要阐述了 Excel 的普通公式、数组函数、逻辑函数、查找引用函数、统计函数、文本函数、日期函数、信息函数、财务函数、数据库函数等的相关应用。

第 3 章为 PowerPoint 2010 高级应用,本章循着 PowerPoint 2010 软件的选项卡顺序,介绍了如何在幻灯片中插入日期、编号等内容,如何应用设计模板、切换效果设置、放映效果设置、动画设置等知识点。

第 4 章为综合应用案例,本章设计了高校开设 Office 高级应用课程所需的综合实验内容。

第 5 章为二级真题分步解答,本章以浙江省二级考试需求为主线,以读者易于理解上手为原则详细阐述了题目的分步解题流程。

本书在阅读时需要读者掌握一定的 Office 基础知识,例如 Word 的节、视图及页脚页眉等的基本概念,Excel 的函数、数据筛选、数据透视表等的基本概念,PowerPoint 的设计模板等知识点。第 5 章的分步操作,学习者在操作时务必依照此顺序进行,尤其是 Word 综合部分。操作顺序的打乱会导致(如用"域"插入页眉页脚)错误。

本书的特点是以 Word、Excel 和 PowerPoint 软件的选项卡为主线,以每一个应用案例为引子,逐步由浅入深,辅以大量的图片,详细的阐述,易于学生阅读学习。本书适合在校大学生以及想要自学的人员使用。

  本书编写分工为：第 1、第 5 章由雷凌老师编写，第 2 章由沈宁老师编写，第 3 章由雷凌老师、沈宁老师合作编写，第 4 章由雷凌老师提供素材，沈宁老师编写。周杭霞老师审阅了书稿。同时感谢高波涌老师对本书操作部分的不足之处提出的宝贵意见，感谢各位任课老师在教学过程中给出的应用建议。

  计算机软件日新月异，本书中的不足或者需改进之处还望专业人士指正。相关教学辅助资料详见课程平台。

编 者

2015 年 5 月

目 录

第1章　Word 2010 高级应用 ································· 1

  1.1　"开始"选项卡 ································· 1

    1.1.1　正文的段落字体以及简单章节样式排版实例 ································· 1

    1.1.2　字体和段落设置 ································· 2

    1.1.3　项目符号和编号 ································· 3

    1.1.4　标准样式 ································· 6

    1.1.5　自定义样式 ································· 8

    1.1.6　格式刷与查找替换功能 ································· 10

    1.1.7　图解实例 ································· 11

  1.2　"插入"选项卡和"页面布局"选项卡 ································· 12

    1.2.1　正文分节、分栏页面设置以及页码添加实例 ································· 13

    1.2.2　正文分节、分页 ································· 13

    1.2.3　正文分栏 ································· 15

    1.2.4　页面设置 ································· 16

    1.2.5　页眉和页脚 ································· 18

    1.2.6　图解实例 ································· 20

  1.3　"引用"选项卡 ································· 22

    1.3.1　正文题注、尾注的设置以及目录、图表目录生成修改实例 ································· 22

    1.3.2　题注的设置 ································· 23

    1.3.3　尾注和脚注的设置 ································· 24

    1.3.4　目录的生成 ································· 25

    1.3.5　图表目录的生成 ································· 28

    1.3.6　索引的生成 ································· 28

    1.3.7　交叉引用 ································· 30

    1.3.8　图解实例 ································· 30

1.4	"文件"选项卡、"邮件"选项卡、"审阅"选项卡和"视图"选项卡	33
	1.4.1 子文档、模板、邮件合并以及批注应用实例	34
	1.4.2 "文件"选项卡	34
	1.4.3 "邮件"选项卡	36
	1.4.4 "审阅"选项卡	37
	1.4.5 "视图"选项卡	38
	1.4.6 图解实例	42
1.5	域的基本概念	44
	1.5.1 录取通知书创建实例	44
	1.5.2 域的概念	44
	1.5.3 域的插入、编辑与更新	47
	1.5.4 图解实例	48
1.6	Word 中的常用域	49
	1.6.1 使用域插入页眉和页脚实例	49
	1.6.2 编号	49
	1.6.3 文档信息	51
	1.6.4 日期和时间	53
	1.6.5 链接和引用	55
	1.6.6 文档自动化	56
	1.6.7 索引和目录	56
	1.6.8 图解实例	58
习题		61

第 2 章 Excel 2010 高级应用 · 62

2.1	基本操作	62
	2.1.1 建立并格式化 Excel 表格实例	62
	2.1.2 工作表的创建	62
	2.1.3 设置单元格格式	64
	2.1.4 条件格式与自动套用格式	64
	2.1.5 图解实例	65
2.2	普通公式的应用	67
	2.2.1 简单报表计算实例	67
	2.2.2 普通公式编辑	68
	2.2.3 自动计算快捷图标	72
	2.2.4 图解实例	72

2.3 逻辑函数与函数嵌套 …… 74
2.3.1 逻辑函数与函数嵌套的应用实例 …… 74
2.3.2 逻辑函数 …… 75
2.3.3 函数嵌套 …… 76
2.3.4 图解实例 …… 76

2.4 数组公式与数学函数 …… 83
2.4.1 数组公式与数学函数的应用实例 …… 83
2.4.2 数组公式 …… 84
2.4.3 数学函数 …… 85
2.4.4 图解实例 …… 86

2.5 查找函数与统计函数 …… 95
2.5.1 查找函数与统计函数的应用实例 …… 95
2.5.2 查找函数 …… 96
2.5.3 统计函数 …… 97
2.5.4 图解实例 …… 98

2.6 文本函数与日期时间函数 …… 109
2.6.1 年龄等计算实例 …… 109
2.6.2 文本函数 …… 111
2.6.3 日期时间函数 …… 112
2.6.4 图解实例 …… 113

2.7 信息函数与财务函数 …… 125
2.7.1 信息函数与财务函数的应用实例 …… 125
2.7.2 信息函数 …… 125
2.7.3 财务函数 …… 126
2.7.4 图解实例 …… 127

2.8 数据库函数与数据的处理 …… 132
2.8.1 数据库函数与数据的处理应用实例 …… 132
2.8.2 数据库函数 …… 133
2.8.3 数据筛选 …… 137
2.8.4 数据透视表(图) …… 138
2.8.5 图解实例 …… 139

习题 …… 146

第 3 章 PowerPoint 2010 高级应用 …… 149

3.1 "开始"选项卡与"插入"选项卡 …… 149

  3.1.1 插入日期、时间以及版式应用实例 ·················· 149
  3.1.2 "开始"选项卡 ·················· 150
  3.1.3 "插入"选项卡 ·················· 152
  3.1.4 图解实例 ·················· 156
 3.2 "设计"选项卡、"切换"选项卡与"幻灯片放映"选项卡 ·················· 158
  3.2.1 设计模板、切换方式以及幻灯片放映应用实例 ·················· 158
  3.2.2 "设计"选项卡 ·················· 158
  3.2.3 "切换"选项卡 ·················· 158
  3.2.4 "幻灯片放映"选项卡 ·················· 159
  3.2.5 图解实例 ·················· 161
 3.3 "动画"选项卡 ·················· 162
  3.3.1 动画设置应用实例 ·················· 162
  3.3.2 动画效果 ·················· 163
  3.3.3 图解实例 ·················· 164
 3.4 "审阅"选项卡和"视图"选项卡 ·················· 167
  3.4.1 母版应用实例 ·················· 167
  3.4.2 母版的种类 ·················· 168
  3.4.3 母版的修改与应用 ·················· 168
  3.4.4 图解实例 ·················· 169
 习题 ·················· 170

第 4 章 综合应用案例 ·················· 172

 4.1 案例一——中国航天 ·················· 172
  4.1.1 任务概述 ·················· 172
  4.1.2 实施步骤 ·················· 172
 4.2 案例二——月全食 ·················· 178
  4.2.1 任务概述 ·················· 178
  4.2.2 实施步骤 ·················· 179
 习题 ·················· 182

第 5 章 二级真题分步解答 ·················· 184

 5.1 Word 单项 ·················· 184
  5.1.1 插入子文档 ·················· 184
  5.1.2 页面设置 ·················· 191
  5.1.3 自动索引 ·················· 197

5.1.4 本机模板 ·················· 200
5.1.5 邮件合并 ·················· 202
5.1.6 自动编号 ·················· 205
5.2 Word 综合 ·················· 219
5.2.1 用多级符号对章名、小节名进行自动编号 ·················· 219
5.2.2 新建样式 ·················· 224
5.2.3 添加题注"图"、"表" ·················· 227
5.2.4 交叉引用 ·················· 228
5.2.5 插入脚注和尾注 ·················· 229
5.2.6 插入节以及目录、图索引、表索引 ·················· 231
5.2.7 用域添加页脚 ·················· 234
5.2.8 用域添加页眉 ·················· 239
5.3 Excel 函数应用 ·················· 240
5.3.1 数学、语文、英语三科成绩 ·················· 240
5.3.2 书籍出版 ·················· 246
5.3.3 西湖区、上城区人员信息 ·················· 249
5.3.4 公司服装采购统计 ·················· 252
5.3.5 商行采购灯泡 ·················· 256
5.3.6 房地产销售表单 ·················· 260
5.3.7 公司员工职称信息表 ·················· 262
5.3.8 停车计费核算表 ·················· 266
5.3.9 一、二级等级考试统计 ·················· 269
5.3.10 通讯费年度计划统计表 ·················· 273
5.3.11 图书订购信息表 ·················· 275
5.3.12 学生百米、铅球成绩单 ·················· 279
5.4 PowerPoint 2010 应用 ·················· 283
5.4.1 设计模板 ·················· 283
5.4.2 给幻灯片插入日期 ·················· 283
5.4.3 动画的设置 ·················· 284
5.4.4 幻灯片切换 ·················· 287
5.4.5 特殊效果设置 ·················· 289

参考文献 ·················· 302

第 1 章　Word 2010 高级应用

Word 是微软开发的 Office 办公软件中应用最为广泛的一个模块,它可以帮助用户创建美观的文档。其所见即所得的界面可以使用户快速设置想要的文档格式,是一款便捷的文字处理软件。

在 Word 2010 之前,广大用户普遍使用的是 Word 2003,有不少 Word 2003 的用户发现微软推出的 Word 2010 他们似乎不会用了,整个界面看起来那么陌生,一切似乎无从下手。其实不然,Word 2010 和 Word 2003 毕竟一脉相承,它们看似的不同大都在于表面。Word 2003 的主界面是采用菜单模式,以主菜单和子菜单的形式出现在用户面前;Word 2010 则是以选项卡和对话框的形式呈现它的各项功能,其实 Word 2010 和 Word 2003 的大部分用法还是相同的。

本章我们将以大学生都会面临的毕业论文排版为例,对 Word 2010 的一些实用的高级排版功能进行介绍。通过本章的学习读者可以用 Word 2010 完成长文档的排版工作。本章知识点的介绍将以 Word 2010 选项卡排列顺序为主线,以毕业论文排版需求为蓝本展开讲述。

1.1　"开始"选项卡

1.1.1　正文的段落字体以及简单章节样式排版实例

下面以某高校计算机系的论文为原始素材,介绍毕业论文的排版过程。

论文已经写好了,那么一般首先会做什么呢?

(1) 首先将文中正文字体设置为宋体、小四;段落设置为首行缩进两字符、段前一行,1.5 倍行间距。

(2) 对搜索到的文字中出现"1"、"2"处,进行自行编号,编号格式不变;对出现"1)"、"2)"处,进行自动编号,编号格式不变。

(3) 对正文进行章节排版,其中:

① 章名使用样式"标题 1",并居中;编号格式为:第 X 章,其中 X 为自动排序。

② 小节名使用样式"标题 2",左对齐;编号格式为:多级符号,$X.Y$。X 为章数字序号,Y 为节数字序号,中间有一个点(如 1.1)。

③ 新建样式，样式名为："样式"＋1111；其中：

字体：中文字体为"楷体_GB2312"，西文字体为"Times New Roman"，字号小四；

段落：首行缩进2字符，段前0.5行，段后0.5行，行距1.5倍；

其余格式，默认设置。

④ 将上述新建样式1111应用到正文中无编号的文字。注意：不包含章名、小节名、表文字、表和图的题注。

为了解决上述实例要求做的工作，我们应该熟悉Word中字体、段落、项目符号以及样式和格式等概念。在下面的小节中我们将分别进行学习。

1.1.2 字体和段落设置

文字是构成文章的基本元素，而和文字排版相关的最基本操作就是设置文字的字体大小、字体类型及字体颜色等基本字体属性。文字构成的基本单元是段落，整体文章的排版效果和段落的排版是否合适息息相关。下面我们将学习Word 2010字体和段落的基本设置功能。

1. 字体设置

在Word 2010中为文字的设置提供了许多选择，通过字体大小、加粗等设置可以突出文章中内容的重点所在，另外也可以提高整体文章的整洁度、外观美感等性能。

设置方法如下。

（1）选中要排版的文字。

（2）方法一：单击"开始"选项卡，如图1-1所示选中"字体"功能区，可以看到该功能区已经有许多快捷图标可以实现字体、字号、粗体等功能设置。

（3）方法二：单击"字体"功能区右下角的小箭头，会弹出如图1-2所示"字体"对话框，使用对话框对所选文字进行相应设置。

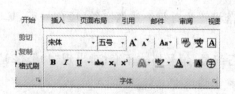

图1-1 字体功能区　　　　　　　　　图1-2 "字体"对话框

2. 段落设置

Word 2010也为作为文章较为完整意义的表达单位——段落提供了相应的设置功能，这体现在"开始"选项卡的"段落"功能区，同样的此功能区也带有许多提供快捷功能的图标（见图

1-3)。例如,对齐方式以及后面将要讲到的项目符号、编号、多级符号等功能。

设置方法如下。

(1) 选中要排版的文字。

(2) 方法一:单击"开始"选项卡,利用"段落"功能区的快捷图标进行段落设置。

(3) 方法二:单击"开始"选项卡,单击"段落"功能区右下角的小箭头,会弹出如图 1-4 所示"段落"对话框,使用对话框对所选择段落进行相应设置。

图 1-3 "段落"功能区

图 1-4 "段落"对话框

1.1.3 项目符号和编号

在 Word 2010 中使用项目符号和编号会增强段落之间的逻辑关系,提高文档的可读性。Word 的项目符号和编号包括项目符号、编号、多级符号等。

1. 项目符号

项目符号是在段落前添加的如图 1-5 所示的圆点、方块等标记。在下述项目符号和编号对话框中可以进行各种项目符号的设置。

设置方法如下。

(1) 选中要添加项目符号的多个段落。

(2) 单击"开始"选项卡,在"段落"功能区中,选择"项目符号"图标,在弹出的如图 1-5 所示的界面,选择想要的项目符号样式;也可以单击右键。

(3) 当图 1-5 中没有想要的样式时,可以单击图 1-5 下部的"定义新项目符号"按钮,在图 1-6 中创建设置所需的项目符号字符、对齐方式等。

(4) 当想删除已添加的项目符号时,可以有很多方法。例如,选中要删的项目符号用,Delete 键删除;在要删的项目符号上双击,在弹出的图 1-5 界面中选择"无"。

(5) 如果想要形成多级项目符号,则要使用下面将要讲到的多级符号。

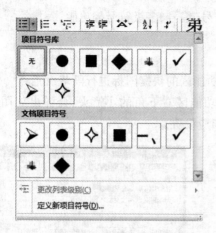 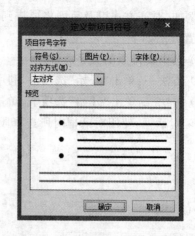

图 1-5　项目符号　　　　　　　　1-6　"定义新项目符号"对话框

避免 Word 为文档自动加上项目符号的方法如下。

（1）在换行时按 Shift＋Enter 组合键，Word 就不会自动添加项目符号。

（2）当 Word 自动加上项目符号时，按下 Ctrl＋Z 快捷键，自动添加的项目符号就会消失。

（3）要想较为彻底地取消 Word 的自动编号功能就要选择"文件"选项卡，单击"选项"，在弹出的如图 1-7 所示的"Word 选项"对话框中，单击"校对"中的"自动更正选项"按钮。在打开的"自动更正"对话框（见图 1-8）中单击"键入时自动套用格式"选项卡，在"键入时自动应用"下取消勾选"自动编号列表"复选框，单击"确定"按钮。

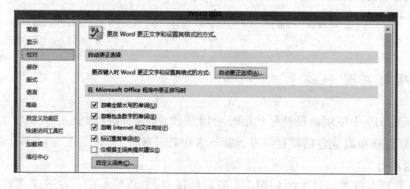

图 1-7　"Word 选项"对话框

2．编号

编号是在段落前添加一个编号，如"1、"、"1）"、"A．"、"a）"等。

添加编号的方法如下。

（1）如果在句首输入"1、"等符号，后面跟着输入文字，按下 Enter 键后，Word 就会自动对其进行编号。如果到后面输入文字时不需要使用自动编号功能，可以在刚出现下一个自动编号的时候按下 Ctrl＋Z 快捷键或是按下 Backspace 键，都可以取消自动编号功能。

（2）在另起一段时，按下"编号"图标 ，即可对下面的段落进行自动编号。如要取消自动编号，则再次单击"编号"图标。单击"编号"图标只会使用默认的样式。

（3）对于已经录入完成的文字如果要进行编号，则应选中要进行编号的文字，单击右键在弹出的对话框中选择"编号";或者是选中要进行编号的文字后,单击"开始"选项卡中"段落"功能区的"编号"图标,在弹出的如图1-9中选择编号样式。

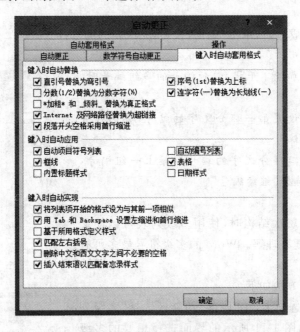

图1-8 取消自动编号

(4)当图1-9中没有想要的编号样式时,可以单击"定义新编号格式",在图1-10中创建所需的编号格式、编号样式、对齐方式等。

 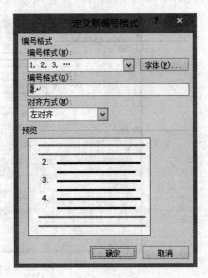

图1-9 编号　　　　　　　　　　　　　图1-10 定义新编号格式

定义新编号样式是在老编号样式的基础上进行的。例如,定义形如"<i>"的编号,其操作方法如下。

(1)在图1-10的"编号样式"中选择编号样式"i,ii,iii,…",在编号格式中会出现"i"字样,

5

这里的 i 会以灰色显示为"i"，在"i"前后添加上"<、>"。

（2）单击"字体"按钮，为新样式设置字体格式；之后在"对齐方式"下拉列表中根据需要选择一种对齐方式。

（3）全部设置完成之后，单击"确定"按钮，完成新的编号样式。

注意：

当文档中希望添加互不干扰、单独编号的多组编号时，我们应该：

（1）首先选择并设置第一部分文字的编号，再选择并设置第二部分文字的编号。

（2）如果需要第二部分文字的编号续接上一组编号，用户可以单击右键，选择"继续编号"。

3．多级列表

当要为文档设置层次结构时，使用多级列表可以使文档的层次感更强，易读易理解。Word 的多级符号最多可有 9 级。

设置多级符号的方法如下。

（1）单击"开始"选项卡，在"段落"功能区选择"多级列表"图标，在弹出的如图 1-11 所示的界面选择想要的多级符号样式。

（2）当图 1-11 没有想要的样式时，可以单击"定义新的多级列表"，在图 1-12 中创建所需设置编号格式等具体细节。

图 1-11　多级列表

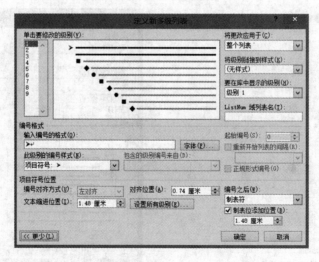

图 1-12　自定义多级符号

1.1.4　标准样式

Word 2010 中的样式仍然是指一组已经命名的格式的组合，是字体、段落、边框、编号等格式设置的组合。将组合中的各个部分分别进行设置，之后作为集合加以命名和存储就是样式修改或样式创建的主要工作。应用样式时，将同时应用该样式中所有的格式设置指令，所以不必要修改的格式设置，建议用户不要随便更改。

使用样式可以批处理地给文本设定格式，使用样式与直接设定格式相比有如下几个优点。

(1) 使用样式可以提高效率，一个样式可以包括一组格式。

(2) 使用样式可以保证指定为同一样式的文本格式的一致性。

(3) 使用样式可以方便修改，修改了某一样式就可以将使用该样式的所有文本都一同修改。

总之，样式有助于保持文档的一致性，使用样式能更容易、快捷地修改主要格式。例如，在长文档排版中，要改变所有段落的缩进或更改所有标题的字体，如果不用样式，那么这个简单的动作将会重复多次。如果使用样式则只需修改相关样式即可。

Word 中样式包括系统自带的标准样式，如"标题 1"、"标题 2"、"正文"等；用户还可以自己新建样式。

对于系统自带的标准样式，用户只能修改，而不能将其删除。下文中将首先介绍如何对标准样式进行修改，具体步骤如下。

打开 Word 2010 应用软件，单击"开始"选项卡，如图 1-13 所示找到"样式"功能区，在这里可以看到系统自带的标准样式以及"更改样式"快捷图标。

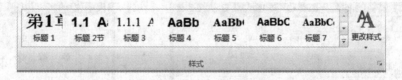

图 1-13 "样式"功能区

单击图 1-13 右下角的小箭头，出现如图 1-14 所示的界面，在此窗格中将鼠标指针移至某个样式时，其右方都会出现一个下拉按钮。单击此按钮即可从出现的下拉菜单上选择"修改"选项来修改这种样式。修改样式后，应用了此样式的所有文本内容都会随之改变。

在用户选中"修改"后出现的"修改样式"对话框中，单击左下角的"格式"按钮，可在弹出的下拉菜单中选择修改"段落"、"字体"、"边框"、"编号"图 1-15 等一些细化的格式，从而对样式进行修改。如果选中左下角的"自动更新"复选框，则下次对格式实例进行修改之后，所进行的修改会自动更新到样式中。

如果想修改系统自带的标准样式中的段落格式，则单击图 1-15 界面左下角的"格式"按钮，在出现的下拉式菜单中选择"段落"，在段落设置界面中修改段落的对齐方式、缩进方式、段前或段后间距、行距等。

如果想修改系统自带的标准样式中的字体格式，则单击图 1-15 左下角的"格式"按钮，在出现的下拉式菜单中选择"字体"，在字体设置界面修改"字体"标签的中文或西文字体、字形、字号、效果等；修改"字符间距"标签的缩放、间距等；修改"文字效果"标签的动态效果等。

如果想修改系统自带的标准样式中的边框格式，则单击图 1-15 左下角的"格式"按钮，在出现的下拉式菜单中选择"边框"，在图 1-16 所示界面中单击"边框"选项卡设置边框类型、线型、颜色、宽度等；单击"底纹"选项卡设置填充、图案等。

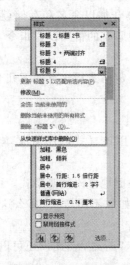 

图 1-14 "样式"对话框　　　　　　　图 1-15 "修改样式"对话框

如果想修改系统自带的标准样式中的编号格式,则单击图 1-15 左下角的"格式"按钮,在出现的下拉式菜单中选择"编号",在图 1-17 所示界面中单击"项目符号"标签修改项目符号类型等;单击"编号"选项卡修改编号类型等。

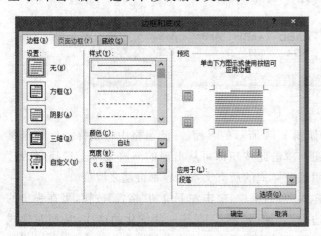 

图 1-16 "边框和底纹"对话框　　　　　图 1-17 "编号和项目符号"对话框

1.1.5 自定义样式

Word 2010 也是允许用户定义自己需要或是喜欢的自定义样式的,自定义样式是允许用户创建、修改、删除它的。

1. 创建新样式

首先确定某一新建样式的样式类型是"字符"还是"段落",当然 Word 2010 还有其他几种样式类型,有兴趣的读者可以自行尝试,这里就不一一描述了。确定样式类型之后按照如下步骤进行创建。

1) 创建字符样式

字符样式的设置可控制段落内选定文字的外观。单击"新建样式"按钮，在"样式名称"文本框内输入新建样式的名称，在"样式类型"列表框中选择"字符"选项，在"基准样式"列表框中选择一种样式作为基准（默认情况下，显示的是默认段落字体）。单击图1-18左下角的"格式"按钮，可设置"字体"、"边框"、"语言"、"快捷键"等。

2) 创建段落样式

创建段落样式可以基于已排版的文本，也可以使用"样式"对话框。

3) 基于已排版的文本创建段落样式

如果有一段文本已经进行了排版，并且

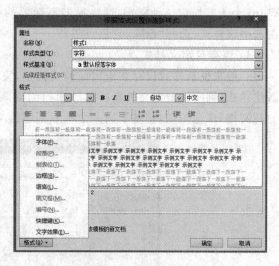

图1-18 样式列表框

下面的许多段落要用到该段落的格式，这时可以利用该段落创建一个段落样式，再应用到需要的段落就可以了。

首先选择已经排版的文本，所选的文本应该已经按照要求进行了相应的格式设置。单击"样式"功能区右下角的小三角展开系统自带样式，如图1-19所示单击"将所选内容保存为新快速样式"，则会弹出如图1-20所示对话框，命名此样式，单击"修改"按钮可以进一步修改，单击"确定"按钮，就可看到刚创建的样式已经添加如图1-14的"样式"对话框中。

图1-19 建立新快速样式

图1-20 根据已有格式创建新样式

4) 使用"样式"对话框创建段落样式

单击"新建样式"按钮，在"样式名称"文本框内输入新建样式的名称，如"样式1111"，在"样式类型"列表框中选择"段落"选项，在"基准样式"列表框中选择一种样式作为基准（默认情况下，显示的是正文样式）。单击图1-21左下角的"格式"按钮，分别选择"字体"、"段落"，在弹出的相应界面中设置字体、设置段落。例如，中文字体为"楷体_GB2312"，西文字体为"Times New Roman"，字号为"小四"；段落：首行缩进2字符，段前0.5行，段后0.5行，行距1.5倍；其余格式，保持默认设置。单击"确定"按钮之后，可在如图1-14所示界面中看到出现了一个名为"样式1111"的新建样式，它和系统自带的标准样式相比，最大的区别是可以删除。

2. 删除自定义样式

有时候我们想要删除无用样式。例如，当从Web页复制一些内容到Word文档中时，

Word会为其指定一种样式,这些我们不想要的样式一般会被保留,如果不想要这些样式,可在选中该样式,选择"删除"它们。

3. 保存自定义样式

一般来说新样式仅存在于当前的文档中,关闭此文档后,新样式就不存在了。如果要保存新建样式,则应将自定义的新样式添加到创建该文档的模板中图1-21左下角的"基于该模板的新文档"单选按钮,使基于同一个模板创建的文档都可以使用该样式。

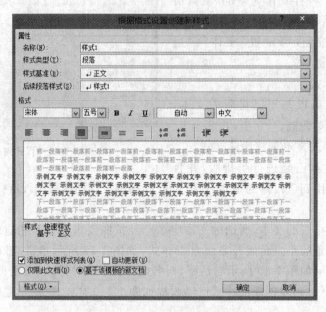

图1-21 基于段落的新建样式

4. 应用自定义样式

选中要应用样式的相关文字,单击如图1-14所示界面中相应的样式名称即可。

5. 自定义样式重命名

单击如图1-14所示界面中相应的样式名右侧小三角,在出现的下拉菜单中选择"修改"选项,可再次修改样式的名称,包括系统自带的标准样式。

1.1.6 格式刷与查找替换功能

学习了上面的知识点后,Word 2010"开始"选项卡的大部分常用功能基本都有了,这里我们再介绍些简单的小功能。

1. 格式刷

对于一些段落或文字已经应用了的格式如果想要用在其他段落或文字上,可以选中其他段落或文字,单击图1-14中的相应样式,但在多处应用时,多有不便。

Word 2010提供的格式刷 解决了这一难题。选中已经应用了某种格式的段落或文字,双击 ,在其他要用该种样式的文字或段落上刷一下,该样式就被应用了。

注意:单击 ,选定样式可被复制一次;双击 ,选定样式可被复制多次。

2. 查找、替换功能

当用户想在一篇长文档中查找某指定内容时,就要用 Word 2010 提供的查找功能才方便,而且如果结合替换功能,则可实现方便地对长文档中某指定内容的替换。

将光标停留在长文档的正文处,选中"开始"选项卡,找到"查找"或是"替换"图标 ,单击相应图标即可实现功能。以替换功能为例,在如图 1-22 所示的对话框中的"查找内容"文本框中输入"图解",在"替换为"文本框中输入"图例",单击"替换"按钮后会将正文中一处文字"图解"替换为"图例",单击"全部替换"按钮,正文中全部文字"图解"都会替换为"图例"。而单击"查找下一处"按钮,则会显示正文中每一处文字"图解"所在处,由用户观察后决定是否替换。

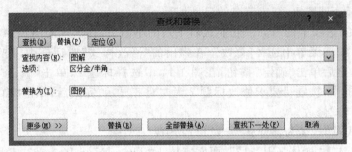

图 1-22 "查找和替换"对话框

1.1.7 图解实例

针对 1.1.1 中的案例对正文进行排版,其中:

(1) 首先将文中正文字体设置为宋体、小四;段落设置为首行缩进两字符、段前一行,1.5 倍行间距。

根据题目要求的操作步骤如下。

① 选中正文所有字体,单击鼠标右键,在弹出的快捷菜单中选择"字体",在弹出的"字体"对话框中设置字体为宋体、字号为小四。

② 选中正文所有字体,单击鼠标右键,在弹出的快捷菜单中选择"段落",在弹出的"段落"对话框中设置首行缩进两字符、段前一行,1.5 倍行间距。

(2) 对搜索到的文字中出现"1"、"2"处,进行自行编号,编号格式不变;对出现"1)"、"2)"处,进行自动编号,编号格式不变。

根据题目要求的操作步骤如下。

① 查看文中出现"1"、"2"处,按住 Ctrl 键结合鼠标对文中出现"1"、"2"处的相隔部分进行连续选取。

② 单击"开始"选项卡的"段落"功能区的"编号"图标(或者单击鼠标右键,在弹出的快捷菜单中选择"编号"),在出现的编号设置框(见图 1-9)中设置相应的编号样式。

③ 如没有所需的编号样式,选择"定义新编号格式",自行修改为符合要求的编号样式;设置完成后,单击"确定"按钮,完成编号。

(3) 章名使用样式"标题 1",并居中;编号格式为:第 X 章,其中 X 为自动排序。小节名使用样式"标题 2",左对齐;编号格式为:多级符号,$X.Y$。X 为章数字序号,Y 为节数字序号,中间有一个点(如 1.1)。

根据题目要求的操作步骤如下：

① 单击"开始"选项卡中"段落"功能区的"多级符号"图标，在出现的图 1-11 界面中单击"定义新多级列表"，在图 1-12 的定义新多级列表对话框中；

② 继而在弹出的"定义新的多级列表"对话框中，选取要修改的级别为"1"，在"输入编号格式"处输入文字"第"、"章"，鼠标定位在"第"、"章"之间，然后设置"此级别的编号样式"为"1，2，3，…"，单击该界面左下角的"更多"按钮，设置右侧的"将级别链接到样式"为"标题 1"。

③ 继而修改"标题 2"：在同一个"定义新多级列表"对话框中，继续选取要修改的级别为"2"，将光标移到"输入编号的格式"下方的文本框处，在"包含的级别编号来自"下拉列表中选择"级别一"；设置"此级别的编号样式"为"1，2，3，…"，最后设置右侧的"将级别链接到样式"为"标题 2"。单击"确定"按钮，完成节名的自动编号。

④ 单击"开始"选项卡的"样式"功能区右下角的小箭头，在出现的图 1-14 中单击"标题 1"右侧小三角，在下拉式菜单中选择"修改"，在弹出的"修改样式"对话框中，按题目要求修改标题 1 为居中显示，之后单击"确定"按钮，在图 1-14 中选择标题 2，单击"修改"按钮，在弹出的"修改样式"对话框中，按题目要求修改标题 2 为左对齐显示，完成后，单击"确定"按钮，完成标题 1 和标题 2 的样式修改。

（4）新建样式，样式名为："样式"+1111；其中：

字体：中文字体为"楷体_GB2312"，西文字体为"Times New Roman"，字号小四。

段落：首行缩进 2 字符，段前 0.5 行，段后 0.5 行，行距 1.5 倍。

其余格式，默认设置。

根据题目要求的操作步骤如下。

① 将光标移动到文档正文处。

② 单击"开始"选项卡的"样式"功能区右下角的小箭头，在出现的图 1-14 中单击"新建样式"图标，在弹出的图 1-21 的"根据格式设置创建新样式"对话框中，将样式名命名为："样式 1111"；单击左下角"格式"按钮，设置字体：中文字体为"楷体_GB2312"，西文字体为"Times New Roman"，字号小四；设置段落：首行缩进 2 字符，段前 0.5 行，段后 0.5 行，行距 1.5 倍；其余格式，默认设置。

（5）将上述新建"样式 1111"应用到正文中无编号的文字。注意：不包含章名、小节名、表文字、表和图的题注。

根据题目要求的操作步骤如下：

由于上述操作，光标停留处的正文样式必然会变为新建"样式 1111"，这时选择已经应用了"样式 1111"的正文，双击格式刷，在除章名、小节名、表文字、表和图的题注以外的文字处应用格式刷，即可将"样式 1111"按要求应用。

1.2 "插入"选项卡和"页面布局"选项卡

Word 2010 的"插入"选项卡和"页面布局"选项卡囊括了长文档的常用基本排版功能，其中"插入"选项卡可以插入封面、空白页、表格和各种图片、形状等。还可以插入便于长文档阅读的超链接、书签等。另外，还可插入公式、符号等毕业设计论文所需的内容。但是限于篇幅，本节主要介绍"插入"选项卡的"页眉和页脚"功能区以及页面布局标签的"页面设置"功能区。其他内容读者可以自行试用,其中,书签、插入符号等功能会在本书第5章提及。

1.2.1 正文分节、分栏页面设置以及页码添加实例

(1) 在正文前按序插入节,留作后续插入目录等内容;对正文作分节处理,每章为单独一节。

(2) 对第四章内容采取分栏显示,内容分为两栏。

(3) 对正文第一章设置页面方向为纵向、纸张大小为B5;第二章设置页面方向为横向、纸张大小为A4;第三、第四章设置页面方向为纵向、纸张大小为16开。

(4) 添加页脚,页码居中显示。要求:

① 正文前的节,页码采用"i,ii,iii,…"格式,页码连续;

② 正文中的节,页码采用"1,2,3,…"格式,页码连续;

③ 正文中每章为单独一节,页码总是从奇数页开始。

1.2.2 正文分节、分页

当使用Word建立新文档时,Word会在内容填满一页时自动分页,同时整篇文档将被视为一节。但是在实际应用中,往往需要人为地分页、分节、分栏,从而可以更方便地对文档进行格式化。

例如,在进行长文档排版时,会需要添加目录、扉页、前言等,会需要规定每一章的开始页为奇数页或偶数页;目录以及其前面的内容用"i,ii,iii,…"作为页码,而正文部分要统一用"1,2,3,…"作为页码格式。这时如果用户采取将目录以及其前面的内容另存为一个单独的文件,再设置不同的页码格式的方法明显管理起来不方便。如果采用人工分节后根据需要分别为每节设置不同的格式的方法就便利多了。这些功能是"页面布局"选项卡下的"分隔符"可以实现的。下面就分别介绍其中的"分页符类型"和"分节符类型"。

1. 分页符类型

1) 分页符

一般来说Word会按照页面设置中的参数使文字填满一行时自动换行,填满一页后自动分页。而分页符则可以使文档从插入分页符的位置强制分页,将分页符之后的内容移至下一页中。

具体方法:把光标定位到要分页的位置,单击"页面布局"选项卡,选择"分隔符",在打开的下拉式"分隔符"对话框中,选择"分页符";或是按下组合键Ctrl+Enter键,那么插入点之后的内容就会显示在下一页了。如果又不想把这些内容分页显示了,可以把插入的分页符删除。

注意:默认的情况下分页符是不显示出来的,可以单击"显示/隐藏编辑标记"图标,在插入分页符的地方就出现了一个分页符标记············分页符············,选定分页符标记之后按下Delete键,分页符删掉。

2) 自动换行符

有时为了排版的需要,我们会想达成一种换行但又不分段的效果。例如,不改变全文的段

落格式的情况下,给某几个文字设置一个比较大的段后间距,那么就要连续插入换行符直到得到满意效果为止。这时并没有分段,行与行之间只有行距在起作用,所以段落格式就不需再设置了。

2. 分节符的类型

Word 2010 有 4 种分节符:"下一页"、"连续"、"偶数页"、"奇数页"。下面分别介绍。

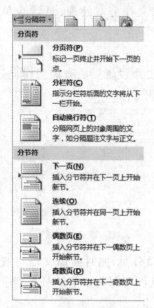

图 1-23 分隔符

1) 下一页

如果想要在不同页面上分别应用不同的页码样式、页眉和页脚文字或者是想要改变页面的纸张方向、纸型等,应该使用分节符的"下一页"。插入方法为:将光标移动到需要插入分节符的位置,单击"页面布局"选项卡,选择"分隔符"图标,在打开的下拉式"分隔符"对话框(见图 1-23),选择"分节符"为"下一页",即可插入下一页类型的分节符。

这样 Word 就会强制分页使新的"节"从下一页开始,插入点后的全部内容会移到下一页上。

2) 连续

如果只想分节,而不想分节符以后的内容转到下一页,那么可使用"连续"分节符。分节符插入以后,对于单栏文档效果类同于分段符;对于多栏文档,可保证分节符前后两部分的内容按多栏方式正确排版。总之,"连续"分节符可以帮助用户在同一页面上创建不同的分栏样式或不同的页边距大小。尤其是创建报纸样式的分栏时,多需要连续分节符的功能。

3) 偶数页

"偶数页"分节符的功能与奇数页的类似,只不过是新的一节会从其后以页码编号为准的第一个偶数页面开始。

4) 奇数页

在做长文档排版时,如果想要某内容从奇数页开始,则可采用"奇数页"分节符。插入"奇数页"分节符之后,新的一节会从其后以页码编号为准的第一个奇数页面开始。

如果上一节结束的位置是一个奇数页,也不必强制插入一个空白页。在插入"奇数页"分节符后,Word 会自动在相应位置留出空白页。

3. 修改分节符

在插完了分节符后,如果需要作修改,可以把光标定位在需要改变分节符属性的分节符前面的任意位置,然后选择"页面布局"选项卡的"页面设置"功能区右下角的小箭头(见图1-24),单击该小箭头,在弹出的"页面设置"对话框中选择"版式"选项卡,在"节的起始位置"

图 1-24 "页面设置"功能区

列表框中,选择所需的新起始位置即可,不需要删除该分节符而重新插入新的分节符。

4. 删除分节符

如果需要一次性删除文档中所有的分节符,可以使用 Word 2010 的"查找替换"功能。单击"开始"选项卡最右侧的"替换"图标,在弹出的"查找和替换"对话框(见图 1-25)中的"查找内容"文本框中输入"^b"(^b 代表分节符),或者单击"更多"按钮,在展开的图 1-25 中单击界面下部的"特殊格式"按钮,在出现的弹出式菜单中选择"分节符"选项,将其替换内容设为空,然后单击"全部替换"按钮,则所有的分节符会全部被删除。

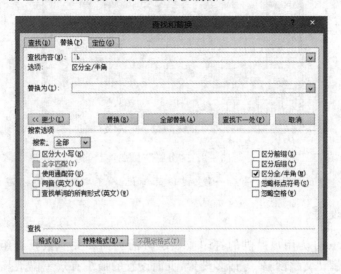

图 1-25 "查找和替换"对话框

注意:删除分节符时,影响的是分节符前面文字的版式,而不是后面文字的版式。所以删除分节符时,该分节符前面文字会依照分节符后面文字版式进行重新排版。

5. "分节符"与"分页符"的区别

"分节符"与"分页符"都可以将页面单独分页,其实它们之间主要的区别就是"分节符"分开的每个节都可以进行不同的页面、页眉、页脚、页码等的设置,而分页符则无此功能。

1.2.3 正文分栏

在日常的排版工作中,尤其是报刊类版面,会需要将文档多栏显示。这时就需要用到 Word 2010 的分栏功能。其操作步骤如下。

(1) 单击 Word 2010 的"页面布局"选项卡,在"页面设置"功能区找到分栏图标,单击该图标下部的小三角。

(2) 在出现的下拉式菜单(见图 1-26)中选择分几栏;或是单击"更多分栏",弹出的"分栏"对话框(见图 1-27),选择要分的栏数,细化设置分栏具体要求,例如,单击"分隔线"复选框后,会显示分隔线。

(3) 同前述内容,单击"显示隐藏编辑标记"图标,会在插入分栏符处出现一个分栏符标记。

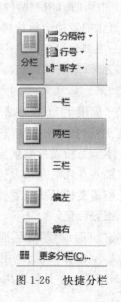

图 1-26 快捷分栏

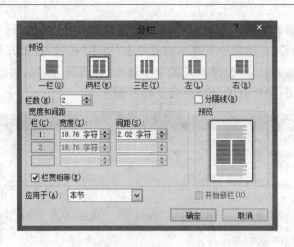

图 1-27 "分栏"对话框

注意：选定要分栏的文档时，最后一段的"段落标记↵"不要选上，可以避免引起分栏错误。

1.2.4 页面设置

页面设置是 Word 为用户提供的打印或显示时的页面相关参数设置组合，包括了"页边距"、"纸张"、"版式"、"文档网格"等诸多设置，页面设置的最小有效单位是节，所以节的添加在页面成功的设置中很重要。

1. 页边距设置

设置页边距可以使文本打印效果美观，进行相关设置的步骤如下。

（1）单击"页面布局"选项卡的"页面设置"功能区右下角的小箭头，打开"页面设置"对话框（见图 1-28）。

（2）分别设置页边距、纸张方向、页码范围、应用于。

（3）页边距是页面四边的空白，如果想改变空白区的多少，可以将默认的上、下页边距 2.54 厘米，左右页边距 3.17 厘米进行修改。

（4）中间的方向有两种：纵向和横向。纵向是指文字在纸张的短边上行行排列，横向是指文字在纸张的宽边上行行排列。系统默认的是文本纵向排列，不管设为横向还是纵向，打印机的纸张一般都是纵向放进去的，只是打印出的结果不同而已。

（5）页码范围的几个选项：普通、对称页边距、拼页、书籍折页、反向书籍折页，读者可自行试用其效果。

（6）"应用于"下拉列表框的诸项设置是指页边距、纸张方向、页码范围等修改应用于何处。有三种选择：

① 本节是指设置效果应用于当前节；

② 插入点之后是指设置效果应用于执行页面设置前光标所在位置之后；

③ 整篇文档是指设置效果应用于整篇文档。

2. 纸张设置

单击"页面设置"对话框中的"纸张"选项卡，进入如图 1-29 所示的纸张设置对话框，可设置纸张大小、纸张来源、应用于。

（1）纸张大小是指适用的打印纸大小，默认的纸张为 A4，另外还有 A3、B5 等纸张型号。

(2) 如果所用的纸张不规范，可以直接在"宽度"、"高度"中输入，这时的纸张大小为自定义。

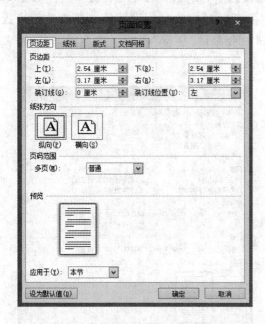

图 1-28 "页面设置"对话框

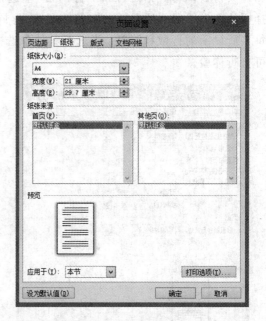

图 1-29 "纸张"设置

3. 版式设置

版面设置对于长文档排版非常有用，尤其是书籍的排版。例如，书籍的扉页、前言页、目录页等一般都会处理为和正文独立的节，每一节的独特排版要求就要在版式设置中设置。

如图 1-30 所示，Word 2010 的版面设置包括节的起始位置设置、页眉和页脚特殊要求设置、页面对齐方式设置、应用于的设置。

（1）节的起始位置设置：此处对于文档中插入的节的起始位置根据需要可设为"接续本页"、"新建栏"、"新建页"、"偶数页"或"奇数页"。

（2）页眉和页脚的设置：此处可设置文档的奇数页和偶数页页眉和页脚不同、首页的页眉和页脚与其他页不同。

（3）页面对齐方式的设置：此处可设置文档的垂直对齐方式为"顶端对齐"、"底端对齐"、"两端对齐"、"居中"。

（4）"应用于"下拉列表框的设置与页边距设置的意义类同。

4. 文档网格

文档网格是指纸张上的二维坐标系统，单击"页面布局"选项卡，选择"页面设置"功能区右下角的小箭头，在弹出的"页面设置"对话框中选中"文档网格"选项卡，如图 1-31 通过"文字排列"的设置来决定文字的方向、栏数；通过选择"网格"部分的单选项来开启"字符数"和"行数"的设置。

5. 文字排列

选择文字是水平显示还是垂直显示。

（1）栏数：设置文档的栏数。

（2）网格：如果"无网格"单选按钮被选中，Word会根据文档内容自行设置每行字符数和每页行数；如果"指定行和字符网格"单选按钮被选中，则激活"字符"中的"每行"数值选择框从而设置每行所显示的字符数和跨度，同时激活"行"中的"每页"数值选择框从而设置每页所显示的行数和跨度。当选择其他单选按钮时会激活"字符"和"行"的不同部分，读者可自行体验。

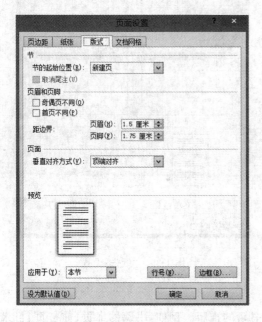

图1-30 "版式"设置

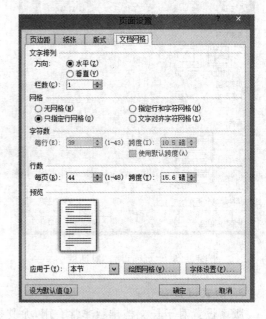

图1-31 "文档网格"设置

（3）"应用于"下拉列表框的设置与页边距设置的意义类同。

6. 分节后的页面设置

分节的主要作用就是可以根据需要，为某一节的页面进行单独的排版设置并在"应用于"后面的列表框中选择"本节"。而在没有分节前，Word是将整篇文档当作一节处理的，导致文档中的页面设置是在整篇文档中都相同的，这个要切记。

1.2.5 页眉和页脚

页眉和页脚是在文本内容之外所另加的内容。页眉是位于页面最上面的部分，一般用于显示部分标记信息（如第几章、某某学校毕业论文）；页脚是位于页面最下方的部分，一般用于显示页码。在一个文档中如果没作分节处理，那么每页的页眉和页脚都是统一的。

1. 设置页眉和页脚

在Word 2010的编辑界面中单击"插入"选项卡，找到"页眉和页脚"功能区，选择"页眉"图标，Word会出现下拉式的页眉编辑菜单（见图1-32），选择"编辑页眉"，Word就会切换到页眉编辑状态，用户可在打开的如图1-33所示的页眉编辑栏进行相应的功能编辑，比如在页眉相应的位置输入或插入内容。

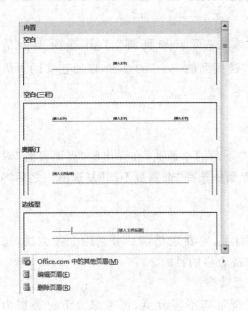

图 1-32　页眉编辑菜单

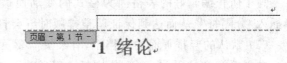

图 1-33　页眉和页脚编辑栏

2．需要分节的几种情况的处理步骤

（1）扉页、目录、前言页不需要页眉，而正文要设置页眉页脚。

对于这种情况就需要将扉页、目录、前言页单独分为几节，对每一节的页眉和页脚逐个进行设置。

① 将光标定位到正文最前端要插入分节符的地方，单击"页面布局"选项卡，选择"分隔符"图标 ，在出现的下拉式菜单中选择要插入的分节符类型为"下一页"（详见分隔符的介绍部分）。连续插入三个"下一页"型分节符。

② 单击"插入"选项卡找到"页眉和页脚"功能区，单击"页眉"图标，在出现的下拉式页眉编辑菜单（见图 1-32）中，选择"编辑页眉"，Word 就会切换到页眉编辑状态。

③ 取消每节的"链接到前一个"设置，将光标定位在从第二节开始的每一节的页眉处，单击图标 ，让它处于非高亮的状态，即可使每节独立设置页眉格式；再将光标定位在从第二节开始的每一节的页脚处，单击图标 ，让它处于非高亮的状态，即可使每节独立设置页脚格式，否则无论修改哪一节的页眉和页脚，另一节的页眉和页脚都会跟着改变的。

（2）一个文档有多章，每章有不同的页眉内容，但其页码相连。

① 这时需要为每一章插入"分节符"，将文档的每一章分为一节，将鼠标定位至除最后一章以外的每一章的最后一个字符后，选择"页面布局"选项卡，选择"分隔符"图标 ，在出现的下拉式菜单中选择要插入的分节符类型为"下一页"，重复上述操作直到每一章都成为一节。

② 依次将鼠标定位至每一节的页眉处，单击"页眉和页脚"工具选项卡上的 ，让它不处于高亮状态；逐一取消"链接到前一个"的设置，以便对每节的页眉进行单独设置而不会影响其他节的页眉内容。

③ 在相应位置输入页眉内容。

④ 将鼠标定位至正文第一章的页脚处，单击"页眉和页脚"工具选项卡上的 `链接到前一条页眉`，让它不处于高亮状态，从而取消"链接到前一个"的设置，以便正文的页码设置与扉页、目录、前言页互不影响。

⑤ 在相应位置插入页码。

（3）要求文档的奇、偶页页眉不同

单击"页面布局"选项卡的"页面设置"功能区右下角的小箭头，在弹出的"页面设置"对话框中选择"版式"选项卡后，在类同于图1-30的界面中选择"奇偶页不同"复选框。之后再进行相应节的页眉设置。

（4）调整排版时会将编辑好的表格搞乱。

为了防止编辑好的表格因为格式的变动而被打乱，可在表格前后分别用上述方法，选择插入"分隔符"，从而达到保证调整排版时不会打乱表格的目的。

（5）默认的竖排页面的文档中，有某页需要页面横排。

在需要横排的页前、页后分别插入两个"分节符"（如不需分页，可考虑分节符类型为"连续"），然后对此页进行"页面设置"，选择版面方向为"横向"即可。

注意：如果想删除页眉中的下划线，那么就要选中包括段落标记在内的全部要取消的页眉，之后单击"页面布局"选项卡的"页面背景"功能区中"页边框"图标 `页面边框`，在"边框和底纹"对话框中选择"边框"选项卡，设置边框类型为"无"，设置对话框右下角的"应用范围"为"段落"，单击"确定"按钮后页眉中的下划线即被取消。

1.2.6 图解实例

（1）在正文前按序插入节，留作后续插入目录等内容；对正文作分节处理，每章为单独一节。

根据题目要求的操作步骤如下：

① 将光标定位于第一章最前端，单击"页面布局"选项卡，在"页面设置"功能区中单击"分隔符"图标 `分隔符▼`，选择插入分节符类型为"下一页"。

② 再重复执行上述步骤两次，生成目录、图索引、表索引所在的节。

③ 将光标定位于除最后一章以外的每一章最末端，单击"页面布局"选项卡，在"页面设置"功能区中单击"分隔符"图标 `分隔符▼`，选择插入分节符类型为"下一页"。依次使每章成为独立的一节。

（2）对第四章内容采取分栏显示，内容分为两栏。

根据题目要求的操作步骤如下：

选中第四章中除章节名以外需分栏的正文，单击"页面布局"选项卡，在"页面设置"功能区中单击"分栏"图标下方的小三角，在出现的下拉式菜单中选择"更多分栏"，在弹出的"分栏"对话框（见图1-34）中选择"预设"为两栏；选择"分隔线"复选框，所选分栏部分即形成有分隔线的两栏排列。

（3）对正文第一章设置页面方向为纵向、纸张大小为 B5；第二章设置页面方向为横向、纸张大小为 A4；第三、第四章设置页面方向为纵向、纸张大小为 16 开。

根据题目要求的操作步骤如下。

① 将光标定位到第一章，单击"页面布局"选项卡的"页面设置"功能区右下角的小箭头，在弹出的如图 1-28 所示的界面设置页面方向为纵向、应用于"本节"；在弹出的如图 1-29 所示的界面中设置纸张大小为 B5、应用于"本节"。

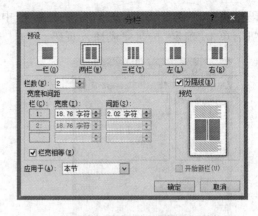

图 1-34 "分栏"对话框

② 将光标定位到第二章，单击"页面布局"选项卡的"页面设置"功能区右下角的小箭头，在弹出的如图 1-28 所示的界面中设置页面方向为横向、应用于"本节"；在弹出的如图 1-29所示的界面中设置纸张大小为 A4、应用于"本节"。

③ 将光标定位到第三章，单击"页面布局"选项卡的"页面设置"功能区右下角的小箭头，在弹出的如图 1-28 所示的界面中设置页面方向为纵向、应用于"本节"；在弹出的如图 1-29所示的界面中设置纸张大小为 16 开、应用于"插入点之后"。

（4）添加页脚，页码居中显示。要求：

① 正文前的节，页码采用"i，ii，iii，…"格式，页码连续；

② 正文中的节，页码采用"1，2，3，…"格式，页码连续；

③ 正文中每章为单独一节，页码总是从奇数页开始。

根据题目要求的操作步骤如下。

① 将光标定位在第一章，单击"页面布局"选项卡的"页面设置"功能区右下角的小箭头，在弹出的如图 1-30 所示的"版式"设置界面，设置节的起始位置为"奇数页"，应用于"插入点之后"，单击"确定"按钮。

② 准备插入页码，插入方法有以下两种。

方法一：直接使用插入页脚

a. 单击"插入"选项卡中的"页眉和页脚"功能区，选择"页脚"图标，在出现的下拉式的页脚编辑菜单中，选择"编辑页脚"，Word 就会切换到页脚编辑状态。

b. 由于本例是在正文前插入了三个节来生成目录等内容的，所以应将光标先定位到第一章第一页的页脚处，单击 链接到前一条页眉 取消"链接到前一个"。

c. 将光标定位在第一节的页脚处，单击 图标使页码居中显示，继而在弹出的页眉和页脚工具栏中单击"页码"图标 下部的小三角，在出现的下拉式菜单中选择"设置页码格式"，在弹出如图 1-35 所示的对话框中设置编号格式为"i，ii，iii，…"，设置起始页码为"i"，单击"确定"按钮完成插入页码。

d. 将光标定位在第一章第一页的页脚处，单击 图标使页码居中显示，继而在弹出的页眉和页脚工具栏中单击"页码"图标 下部的小三角，在出现的下拉式菜单中选择"设置页码格式",在弹出如图 1-36 所示的对话框中设置编号格式为"1,2,3,…",设置起始页码为"1",单击"确定"按钮完成插入页码。

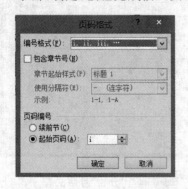

图 1-35　设置页码格式"i,ii,iii,…"

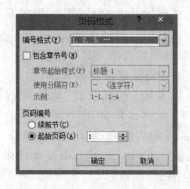

图 1-36　设置页码格式"1,2,3,…"

方法二:使用快捷方式

将光标定位在第一节,单击"插入"选项卡,单击"页眉和页脚"功能区中的"页码"图标,如图 1-37 在出现的下拉式菜单中选择插入页码位置为页面顶端、页面底端或是当前位置,之后选中插入的页码,再次单击"页码"图标下部的小三角,在出现的下拉式菜单中选择"设置页码格式",在如图 1-35 的对话框中修改想要的编号格式为"i,ii,iii,…"或是"1,2,3,…",单击"确定"按钮完成插入页码。

图 1-37　快捷方式插入页码

1.3　"引用"选项卡

引用标签所包含的 Word 功能是毕业论文排版最用得到的,也是 Word 2010 的高级应用功能的聚集地。本节将对引用标签的插入目录功能、插入脚注、尾注功能、插入题注功能、索引功能及交叉引用题注的功能进行举例学习。

1.3.1　正文题注、尾注的设置以及目录、图表目录生成修改实例

(1) 对正文中的图添加题注"图",位于图下方,居中。

① 编号为"章节号"-"图在章中的序号",例如,第 1 章中第 2 幅图,题注编号为 1-2;

② 图的说明使用图下一行的文字,格式同标号;
③ 图居中。
(2) 对正文中的表添加题注"表",位于表上方,居中。
① 编号为"章序号"-"表在章中的序号",例如,第 1 章中的第 1 张表,题注编号为 1-1;
② 表的说明使用表上一行的文字,格式同标号;
③ 表居中。
(3) 对正文中首次出现"Android"的地方插入尾注。添加文字"安卓是一个开源的开发平台"。
(4) 对正文中出现"如下图所示"的下图,使用交叉引用,改为"如图 $X-Y$"所示,其中"$X-Y$"为图题注的编号;对正文中出现"如下表所示"的"下表",使用交叉引用,改为"如表 $X-Y$ 所示",其中"$X-Y$"为表题注的编号。
(5) 在正文前按序插入三个节,使用"引用"中的目录功能,生成如下内容。
① 第 1 节:目录。其中:
a. "目录"两字使用样式"标题 1",并居中;
b. "目录"下为目录项。
② 第 2 节:图索引。其中:
a. "图索引"使用样式"标题 1",并居中;
b. "图索引"下为图索引项。
③ 第 3 节:表索引,其中:
a. "表索引"使用样式"标题 1",并居中;
b. "表索引"下为表索引项。
(6) 使用自动索引方式,建立索引自动标记文件"我的索引.docx",其中:标记为索引项的文字 1 为"关键字",主索引项 1 为"Android";标记为索引项的文字 2 为"次关键字",主索引项 2 为"Player"。使用自动标记文件,在文档"Word.docx"最后一页中创建索引。

1.3.2　题注的设置

题注是 Word 2010 提供的一种位于"引用"选项卡内的"题注"功能区,可以用来对文档中的图片及表格添加名称或用途说明。使用"题注"功能对长文档中的图片或是表格进行编号后,如果再进行图片或表格的增减,Word 2010 会自动变更图片或表格的编号(注意,新增加的图片或表格也必须是插入了题注)。

对于 Word 中提供的插入题注的功能,可以手动插入也可以使用"自动插入题注"功能。
(1) 手动插入题注的具体操作步骤可总结如下。
选择题注的插入位置,单击"引用"选项卡,找到"题注"功能区,单击"插入题注"图标 ,即出现如图 1-38 所示的"题注"对话框;
在该对话框中可以对图和表的题注进行插入操作:
① 在"题注"对话框中单击"新建标签"按钮;可根据自己的需要创建新的标签,如图 1-39 所示创建标签"图";

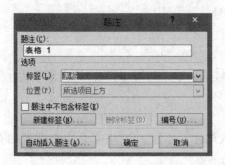
图1-38 "题注"对话框

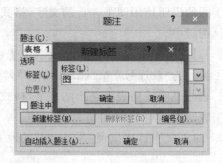
图1-39 "新建标签"对话框

② 单击"编号"按钮;可在图1-40中根据自己的需要创建题注的编号样式,单击"确定"按钮完成操作。

(2) 自动插入题注的具体操作步骤可总结为如下。

① 选择题注的插入位置,单击"引用"选项卡,找到"题注"功能区,单击"插入题注"图标 ,即出现如图1-38所示的"题注"对话框;单击左下角的"自动插入题注"按钮;

② 在如图1-41所示的"自动插入题注"的对话框内,在"插入时添加题注"列表框中选择"Microsoft Word 表格"或是"Microsoft Word 图片"项,继而单击"新建标签"按钮,可根据自己的需要创建新的标签;设置题注出现的位置;单击"编号"按钮,可以设置题注的编号样式;单击"确定"按钮生成题注。

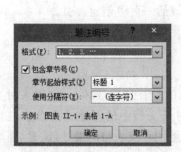
图1-40 "题注编号"对话框

图1-41 "自动插入题注"对话框

如果使用了复制、剪切、粘贴对图片或表格进行移动或者手动删除,题注是不会自动更新,如果想自动更新则要用Ctrl+A快捷键选中所有内容,并按下F9键更新所有的题注。也可逐一选中题注项,按F9键或是右键选择更新域来实现题注的更新。

1.3.3 尾注和脚注的设置

脚注和尾注都是对文本的补充说明。所不同的是脚注一般位于页面底端(如果需要可改为文字下方),可作为文档某处内容的注释,如添加在一篇论文首页下端的作者情况简介。而尾注默认是位于文档结尾(如果需要可改为节的结尾),如标记论文的引文的出处等。Word 2010 为用户提供添加脚注和尾注的功能。

添加脚注或尾注的步骤如下。

(1) 将光标移至文档中需要添加脚注或尾注之处,单击"引用"选项卡,找到"脚注"功能区,单击"插入脚注"图标 ，Word 会直接跳到页面底端,等到用户插入脚注文字;如果单击"引用"选项卡的"脚注"功能区中的"插入尾注"图标 ，Word 会直接跳到文档结尾,等待用户插入尾注文字。

(2) 如果用户不想将脚注、尾注插入到 Word 的默认位置,那么应该单击"引用"选项卡,找到"脚注"功能区右下角的小箭头,会弹出如图 1-42 所示的"脚注和尾注"对话框,用户可以在"位置",选中"脚注(或尾注)"单选按钮,选择插入脚注或尾注的插入位置,然后单击"确定"按钮。

(3) 在图 1-42 所示的"格式"区,用户可以创建自定义标记或是使用 Word 内置的编号格式。同时选择"起始编号"、"编号方式"等;单击"插入"按钮完成操作。

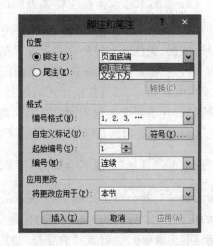

图 1-42 "脚注和尾注"对话框

由于 Word 所添加的脚注或尾注其实是由注释标记和对应的注释文字,这一对互相链接的部分组成的。所以添加脚注或尾注的最后一步是输入相应的注释文字。

(4) 在常规的页面视图,用户需要将脚注或尾注的文字输入页面底端或文档结尾的脚注或尾注的相应编号或标记的后面。

(5) 如果想要删除已经添加脚注或尾注:需要用户选择正文中文字,如 **Android**[1],Android 右上角的脚注标记,按下键盘上的 Delete 键删除脚注。同样的方法也可以删除尾注。

1.3.4 目录的生成

目录是用来显示整篇 Word 文档的结构的,它会列出整个文档中的各级标题以及标题在文档中相对应的页码。Word 2010 提供了目录的自动创建功能,包括目录、图目录、表目录的建立。Word 的目录提取是基于大纲级别和段落样式的,Word 内置了九级标题样式,即"标题 1"、"标题 2",…,"标题 9",分别对应大纲级别的 1,2,…,9。而所谓的大纲级别就是段落所处层次的级别编号。

Word 目录的插入方式可分为利用制表位进行的静态目录手动创建、基于标题样式的目录自动插入、基于大纲级别的目录生成。基于标题样式的目录自动插入,这种方式相对于其他来说,使用、更新起来都较为方便。

1. 基于标题样式的目录生成

当我们进行长文档排版时,为了使读者更了解文档的结构内容,通常会在正文之前插入目录。下面就介绍一下最常用的目录插入方式:基于标题样式的目录。

(1) 在生成目录之前首先要对正文中的章节名进行排版(这是因为目录是基于标题样式创建的):即为各个章节的标题段落应用相应的样式。一般来说章的标题使用"标题1"样式,节的标题使用"标题2",第三层次的标题使用"标题3",以此类推。修改样式和自动更新样式的详细步骤参见本书前面的内容。

(2) 如果上述 Word 系统内置样式满足不了用户的需求,则可以修改标题样式的格式,甚至新建样式。

(3) 参阅本章前面新建样式处的内容,在如图1-21界面中设定文章中相应的内容的标题级别(如 样式基准(B):　正文　　　　　　　　　　),之后对标题进行字体、字号、加粗、颜色等字体格式的定义及居中、左右缩进、行距等段落格式的定义。

(4) 一般来说目录是位于正文的前面的,所以采用如前所述的插入"分节符"的方法在正文前插入新的一节(这样便于之后进行页眉页脚的编辑,如果插入的是分页符,在进行页眉页脚的编辑时不便于生成不同的页眉页脚)。

(5) 光标定位到目录页的开始,添加"目录"二字,并设置好格式。回车新起一段,在"引用"选项卡,"目录"功能区中单击"目录"图标 下部的小箭头,在弹出的下拉式菜单中选择"插入目录",就会弹出如图1-43所示的界面,根据需求设置"显示级别"(如当文档的标题为:章的标题使用"标题1"样式,节的标题使用"标题2",第三层次的标题使用"标题3",则设"显示级别"为3级)。"制表符前导符"是用来表示目录中的左侧文字和右侧页码之间的内容样式的,可根据需求选择修改,一般来说其他不用修改,单击"确定"按钮后Word就自动生成目录。该目录包含有所选文本的目录标题并产生相应的页码。

(6) 如果目录生成之后又在文档中的某处插入了新的内容,就会引起其后的所有页码发生变化,对于使用基于标题的方法生成的目录,只需选中目录、单击鼠标右键,选择"更新域",

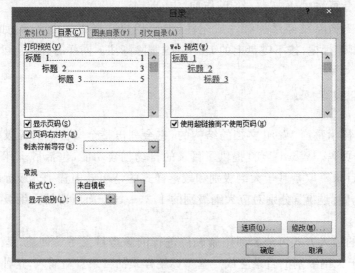

图1-43 基于标题的目录插入界面

更新页码或是整个域,则目录的相应内容将全部被更新。

注意:
● 目录生成后点选目录时目录文字会有灰色的底纹,这是 Word 的域底纹,打印时是不会打印出来的。

● 目录生成后,若有章节标题不在目录中,那么肯定是没有使用标题样式或使用不当;如果有非章节标题出现在目录中,那么肯定是这个出现在目录中的非章节标题内容所使用的样式基于了标题 1 或标题 2 这样的章节标题所用的标题级别,不是 Word 的目录生成有问题,请去文档相应位置检查修改。

2. 利用制表位进行的静态目录手动创建

这种生成目录的方式依靠 Word 提供的制表符(又称制表位),人工手动设置生成目录。制表符是 Word 提供的定位文字的工具,其功能是在不使用表格的情况下在垂直方向按列对齐文本。当制表符定义了之后,每按下一次 Tab 键,就会右移一个定义好的制表位;每按下一次 Backspace 键,就会左移一个定义好的制表位。

下面我们就利用制表符,结合通常目录均包含:章或节序号(如第一章)、章或节名(如引言)、页码的结构定义三个自定义制表符,形成目录。

(1) 首先单击"开始"选项卡,单击"段落"功能区右下角的小箭头,在弹出的如图 1-4 所示的"段落"对话框中单击左下角的"制表位"按钮。弹出如图 1-44 所示的"制表位"对话框,分别设置三个制表位;

(2) 第一个制表位的定义,在如图 1-44 所示的对话框中将"制表位位置"设为 3 字符(考虑章序号前留 3 字符位置),"对齐方式"选择"左对齐"单选按钮,"前导符"选择"无"单选按钮,单击"设置"按钮;

(3) 第二个制表位的定义,在如图 1-44 所示的对话框中将"制表位位置"设为 5 字符(考虑章名前留少许位置),"对齐方式"选择"左对齐"单选按钮,"前导符"选择"无"单选按钮,单击"设置"按钮;

(4) 第三个制表位的定义,在如图 1-44 所示的对话框中将"制表位位置"设为 35 字符(考虑在页面偏右的位置插入页码),"对齐方式"选

图 1-44 制表位的设置

择"右对齐"单选按钮,"前导符"选择"……"单选按钮,单击"设置"按钮,再单击"确定"按钮;

(5) 将光标移动到要建立目录的地方,输入"目录"二字,并设置好格式,回车新起一段,输入"第一章",按一次 Tab 键;输入"绪论",再按一次 Tab 键;输入页码"1",再按一次 Tab 键,则生成手动目录。

注意: 对于没有采用样式所产生相应目录,当文档中内容发生变化,导致页码等发生改变时,须将目录的页码全部手工更改一遍。

1.3.5 图表目录的生成

当一篇文档中的图或表格较多时,为了便于阅读和查找,我们首先会利用本书前面讲过的"题注"为文中的图或表格标号,之后还会依据这个标号设置图或表目录来使整个文档中的图或表的组织结构更加清晰。那么如何添加 Word 的图目录或表目录呢？

(1) 首先确定图或是表格已插入了相应的题注(具体做法参见本章前面的讲述),接下来就可以利用已经建立好的图题注或是表格题注来建立图目录或表目录。

(2) 一般来说图目录、表目录是位于正文的前面,所以采用如前所述的插入"分节符"的方法在正文前插入新的两节用来插入图目录、表目录(这样便于之后进行页眉页脚的编辑,如果插入的是分页符,在进行页眉页脚的编辑时不便于生成不同的页眉页脚)。

(3) 光标定位到图目录页的开始,添加"图目录"二字,并设置好格式。回车新起一段,单击"引用"选项卡,在"题注"功能区内,单击"插入表目录"图标 插入表目录。

(4) 在弹出如图 1-45 所示的对话框中,选择下部中间的"题注标签"为"图"或"图表"(这个依据具体情况而定,主要是看要排版的文档图片下的题注是"图"或"图表",还是其他),单击"确定"按钮就插入了图目录。

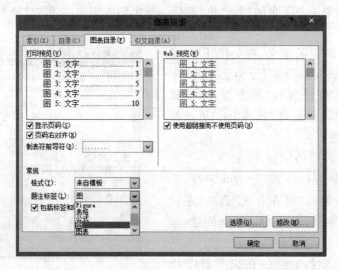

图 1-45　图表目录的建立

(5) 光标定位到表目录页的开始,添加"表目录"二字,并设置好格式。回车新起一段,单击"引用"选项卡,在"题注"功能区内,单击"插入表目录"图标 插入表目录。

(6) 在弹出如图 1-45 所示的对话框中,选择下部中间的"题注标签"为"表"或"表格"(这个依据具体情况而定,主要是看要排版的文档表格上面的题注是"表"或"表格",还是其他),单击"确定"按钮就插入了表目录。

1.3.6 索引的生成

索引就是根据一定需要,对书刊中的主要概念或各种关键字的出处进行标明,对页码进行显示,并按一定次序分条排列,以便快速检索查询的 Word 功能,是纸质图书中重要内容的标记和查阅指南。索引侧重于让用户找到要找的关键字等信息;上面讲到的目录侧重于显示整篇文章的结构。与目录和图表目录不同,索引不具有类似的完全自动生成的方法。

那么 Word 提供的图书编辑排版的索引功能如何使用呢?

从整体上讲索引的建立分为两部分:标记索引项、创建索引。标记索引项的方法分为手动标记和自动标记,我们首先介绍最常用的自动标记索引。

1. 自动索引的建立和创建索引

(1) 首先用新建 Word 文件的方法建立索引自动标记文件(*.docx),该文件将包含一个 N 行 2 列的表格(表格的行数依据建立索引的关键字等的数量而定);表格第一列输入要搜索并标记为索引项的文字内容,表格第二列输入同一行第一列文字的索引项(称之为主索引项);如果索引项不止一个,则在主索引项之后输入":",再输入其他的索引项(称之为次索引项)。

(2) 接下来打开要创建索引的 Word 文档,用鼠标选定文当中的关键字(如"Android");单选"引用"选项卡的"索引"功能区,单击"插入索引"图标 插入索引 ,在图 1-46 所示的对话框中单击"自动标记"按钮,在弹出的对话框中选择索引自动标记文件(上步建立的*.docx 文件),单击"打开"按钮。

(3) 将光标定位到要插入索引的位置,在"引用"选项卡的"索引"功能区中,单击"插入索引"图标 插入索引 ,在图 1-46 所示的对话框中单击"确定"按钮即可(如果需要也可对其他内容进行设置)。

2. 手动标记索引项以及创建索引

(1) 选中要创建索引的文字(如"Android"),单击"引用"选项卡中"索引"功能区的"标记索引项"图标 ,在弹出的如图 1-47 所示的对话框中单击"标记"按钮,此时在原文当中的"Android"后面将会出现"{XE ″Android″}"的标志,如果没有可以单击一下工具栏上的"显示/隐藏"按钮 ,可把这一标记显示出来。如果要把文档中所有出现"Android"的地方都索引出来,单击图 1-47 中的"标记全部"按钮,这样凡出现"Android"的地方都会被标记出来。

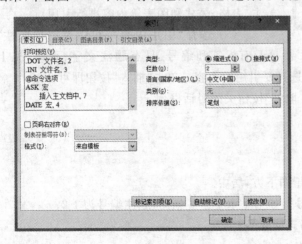

图 1-46 "索引"对话框

图 1-47 "标记索引项"对话框

(2) 做完上面的索引标记之后,就可以创建索引了,把光标移到文档要创键索引处,然后单击"插入索引"图标,在如图1-46所示的对话框中单击"确定"按钮,此时,一个索引就出现在光标处,如果前面选择的是"标记全部",则索引会标记出我们索引的某个词都出现在哪一页上。如果一个索引词在同一页多次出现,索引只会标记一次。

(3) 如果要对生成的索引格式进行调整,可在"索引"对话框中对有关项目进行选择、自定义或更改。

3. 更新索引

(1) 如果索引建立好之后又进行了文档内容的修改,那么就需要更新索引:在要更新的索引中单击鼠标,然后按 F9 键。

(2) 如果不想要建立了索引后文档中显示出的 XE 或 TA 等域的隐藏文字,那么可单击"显示/隐藏"按钮将其隐藏。

1.3.7 交叉引用

交叉引用是对 Word 文档中其他位置(如标题、脚注、书签、题注、编号段落)的内容的引用。从某种意义上说交叉引用类似于超链接,只不过交叉引用一般是在同一文档中互相引用,超链接则不然。下面将介绍交叉引用的使用方法。

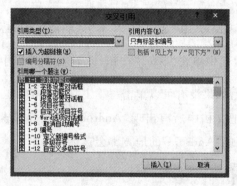

图 1-48 "交叉引用"对话框

(1) 首先选中 Word 文档中要进行交叉引用的文字,继而可选择"引用"选项卡的"题注"功能区中的"交叉引用"图标,将出现如图 1-48 的交叉引用对话框。

(2) 在图 1-48 所示的对话框中单击"引用类型"下拉列表框右侧的下拉按钮,选择引用类型(Word 可对编号项、标题、书签、脚注、尾注、表格、公式和图表等内容进行引用)。

(3) 选择"引用内容"(可以是整项题注、只有标签和编号、只有题注文字、页码、见上方/见下方),然后从"引用哪一个题注"中选择要引用的内容。单击"插入"按钮即可。

(4) 所有交叉引用完成后,可以单击"取消"按钮关闭对话框。

1.3.8 图解实例

(1) 对正文中的图添加题注"图",位于图下方,居中。
① 编号为"章节号"-"图在章中的序号",如第 1 章中第 2 幅图,题注编号为 1-2;
② 图的说明使用图下一行的文字,格式同标号;
③ 图居中。
(2) 对正文中的表添加题注"表",位于表上方,居中。

① 编号为"章序号"-"表在章中的序号",如第1章中的第1张表,题注编号为1-1;
② 表的说明使用表上一行的文字,格式同标号;
③ 表居中。

根据题目要求,在具体进行排版时,可将图和表的题注一起加上,其操作步骤如下。

① 光标定位在表标题或是图标题的文字最左侧,单击"引用"选项卡,单击"插入题注"图标;在出现的图1-38所示的对话框中,可以单击"自动插入题注"按钮或是直接单击"新建标签"按钮建立所需的新标签(见图1-49)。此处分别建立新标签图、表。

② 单击"编号"按钮,在图1-50所示对话中设置题注编号"格式"、"使用分隔符"等。

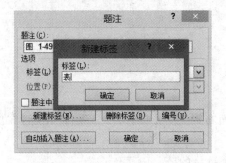 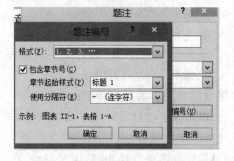

图1-49　建立新标签"表"　　　　　　图1-50　确定题注标号相关样式格式

③ 重复上述操作,分别添加图题注、表题注。完成操作后将图、表及其题注选中,单击 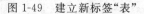 ,使其居中。

(3) 对正文中首次出现"Android"的地方插入尾注。添加文字"安卓是一个开源的开发平台"。

根据题目要求的操作步骤如下。

① 选择题目要求的插入位置,单击"引用"选项卡,单击"脚注"功能区右下角的小箭头,在弹出的如图1-51所示的对话框中根据题意选择"尾注"单选按钮,编辑"格式"内容,单击"确定"按钮完成设置。

② Word会自动跳转到尾注插入处,输入相应的注释文本内容即可。

(4) 对正文中出现"如下图所示"的下图,使用交叉引用,改为"如图X-Y"所示,其中"X-Y"为图题注的编号;对正文中出现"如下表所示"的"下表",使用交叉引用,改为"如表X-Y所示",其中"X-Y"为表题注的编号。

根据题目要求的操作步骤如下。

① 选中正文中出现"如下图所示"中的"下图"两字,单击"引用"选项卡中"题注"功能区的"交叉引用"图标 ,在弹出的如图1-48所示的对话框中,将"引用类型"设为"图"、"引用内容"设为"只有标签和编号",选用要引用的图题注,单击"插入"按钮。

图1-51　尾注的插入

② 选中正文中出现"如下表所示"中的"下表"两字,单击"引用"选项卡中"题注"功能区的

"交叉引用"图标 交叉引用，在弹出的如图1-48所示的对话框中，将"引用类型"设为"表"、"引用内容"设为"只有标签和编号"，选用要引用的表题注，单击"插入"按钮。

（5）在正文前按序插入三个节，使用"引用"中的目录功能，生成如下内容。

① 第1节：目录。其中：

a."目录"两字使用样式"标题1"，并居中；

b."目录"下为目录项。

② 第2节：图索引。其中：

a."图索引"使用样式"标题1"，并居中；

b."图索引"下为图索引项。

③ 第3节：表索引，其中：

a."表索引"使用样式"标题1"，并居中；

b."表索引"下为表索引项。

根据题目要求的操作步骤如下。

① 将光标定位到"第一章"的字样上，单击"页面布局"选项卡中的"分隔符"图标，在出现的下拉式菜单中选择插入分节符"下一页"。

② 重复上述分节操步骤，生成目录、图目录及表目录的节。

③ 在三个新建节的小黑点后，分别输入"目录"、"图索引"、"表索引"几个字。

④ 将光标定位到"目录"所在节中"目录"二字后方，按 Enter 键，另起一段之后单击"引用"选项卡中的"目录"图标，在出现的下拉式菜单中选择"插入目录"，在弹出的如图1-52所示的对话框中进行相应的设置，单击"确定"按钮，生成目录。

⑤ 将光标定位到"图索引"所在节中"图索引"三字后方，按 Enter 键，另起一段之后，单击"引用"选项卡中的"插入表目录"图标，在弹出的如图1-53所示对话框中设置题注标签为"图"，单击"确定"按钮，生成"图目录"。

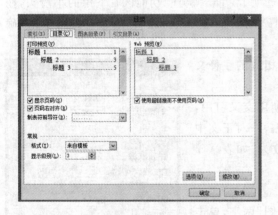

图1-52 目录的生成

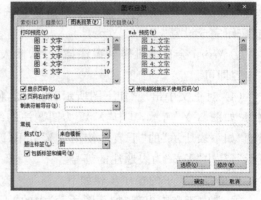

图1-53 图索引的建立

⑥ 将光标定位到"表索引"所在节中"表索引"三字后方，按 Enter 键，另起一段之后，单击"引用"选项卡中的"插入表目录"图标，在弹出的如图1-53所示的对话框中设置题注标签为"表"，单击"确定"按钮，生成"表目录"。

（6）使用自动索引方式，建立索引自动标记文件"我的索引.docx"，其中：标记为索引项的文字 1 为"关键字",主索引项 1 为"Android";标记为索引项的文字 2 为"次关键字",主索引项 2 为"Player"。使用自动标记文件,在文档"Word.docx"最后一页中创建索引。

根据题目要求的操作步骤如下。

① 在要求的位置单击右键,选择"新建"的"Microsoft Word 文档";将文件命名为"我的索引.docx",单击打开该文档。

② 单击"插入"选项卡的"表格"功能区中"表格"图标  下部的小三角,在出现的如图 1-54 所示的下拉式菜单中选择插入一个 2 行 2 列的表格,输入如表 1-1 所示的内容,保存关闭文档。

图 1-54 插入表格选择

表 1-1 索引标记文件中的表格

关键字	Android
次关键字	Player

③ 打开要创建索引的 *.docx 文件,将鼠标定位到要创建索引的位置(如文档的结尾),单击"引用"选项卡中的"插入索引"图标,在图 1-46 中选择"索引"选项卡,单击"自动标记"按钮,在弹出的文件选择界面找到并选择索引文件(上步建立的我的索引.docx),单击"打开"按钮。

④ 将光标定位到要插入索引的位置,单击"引用"中的"插入索引"图标,在图 1-46 中选择"索引"选项卡,单击"确定"按钮即可。

1.4 "文件"选项卡、"邮件"选项卡、"审阅"选项卡和"视图"选项卡

本节将以应用实例为引子,介绍"文件"选项卡、"邮件"选项卡、"审阅"选项卡和"视图"选项卡的主要功能区。包括"文件"选项卡的信息属性设置、选项设置、模板应用;"邮件"选项卡的邮件合并功能;"审阅"选项卡的批注、修订功能;"视图"选项卡的各种视图方式。

1.4.1 子文档、模板、邮件合并以及批注应用实例

(1) 在 E 盘的 Word 子文件下，新建文档 Sub1.docx、Sub2.docx、Sub3.docx。其中 Sub1.docx 中第一行内容为"第一章绪论"，样式为标题一；Sub2.docx 中第一行内容为"第二章安卓开发环境"，样式为标题一；Sub3.docx 中第一行内容为"第三章播放器测试"，样式为标题一。在 E 盘的 Word 子文件下再新建主控文档 Main.docx，按序插入 Sub1.docx、Sub2.docx、Sub3.docx 作为子文档，达到以 Main.docx 作为全稿的一个主控文档，然后将各章的文件作为子文档分别插进去形成一个整合体的目的。

(2) 修改"市内传真"模板，将其中"电话"右方添加"123456"，在 E 盘的 Word 子文件下保存为"我的传真"模板。根据"我的传真"模板，在 E 盘的 Word 子文件下，建立文档"传真.docx"，在发件人处填入"11111"；其他信息不用填写。

(3) 在 E 盘的 Word 子文件下，建立播放器测试信息(BF.xlsx)，如表 1-2 所示。再使用邮件合并功能，建立播放测试文件 BF_CS.docx。最后生成所有型号手机测试结果信息"CS.docx"。

表 1-2 播放器测试情况表

手机型号	测试次数
中兴	5 次
OPPO	4 次
三星	3 次
诺基亚	2 次

(4) 在 CS.docx 找到测试次数最少的手机信息，添加批注"这个测试次数最少"。

1.4.2 "文件"选项卡

Word 2010 的"文件"选项卡除了包含早期 Word 版本的常见功能(如保存、另存为、新建等)之外，还将一些功能(如信息功能区的属性设置、帮助功能区的选项设置等)添加其中。本节将主要介绍"文件"选项卡的"新建"功能区的模板应用以及"信息"功能区的属性设置、"帮助"功能区的选项设置。

1. 模板应用

所谓模板就是指一系列预先认定好的文字、排版、格式等，甚至还包含宏、自动图文集、自定义的工具栏等的样式集合。这些打包形成的可调用的模板也可以说是一种特殊的文件，在其他文件创建时使用它可以减少重复工作。当然不同功能的模板包含的元素也不尽相同。

模板包含共用模板和文档模板两种基本类型，共用模板包括 Normal 模板，所含设置适用于所有文档；文档模板(如备忘录和传真模板)所含设置仅适用于以该模板为基础的文档。当然 Word 也允许用户创建自己的文档模板。

使用 Word 模板时只要单击"文件"选项卡中的"新建"选项，Word 编辑窗口的右侧就会出现如图 1-55 所示的界面，单击"样本模板"，图 1-55 就会转换成图 1-56。在图 1-56 中，用户可选择所需的模板来进行基于模板的文档创建。

如果用户建立了自己的模板，在保存自定义模板时应注意：

单击"文件"选项卡的"保存"图标后，在弹出的"保存"对话框中应该选择保存类型为"Word 模板 *.dotx"；接下来再选择保存位置。

图 1-55　样本模板

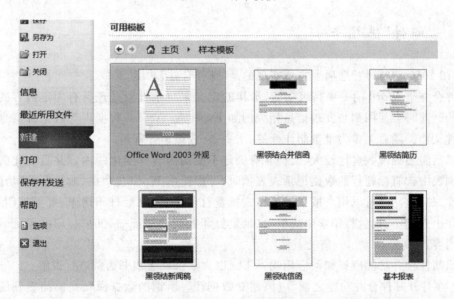

图 1-56　常用模板选择

2．属性设置

单击 Word 2010 的"文件"选项卡中"信息"功能区的"属性"图标,可出现如图 1-57 所示的下拉式菜单,选择"高级属性"设置可在图 1-58 所示对话框中设置摘要、常规、统计等内容。

3．选项功能

如图 1-55 所示,单击 Word 2010 的"文件"选项卡中"帮助"功能区的"选项"按钮,会弹出如图 1-59 所示的界面,可完成对 Word 2010 常规、显示、校对、保存、版式的相关设置。

图 1-57　属性设置下拉菜单

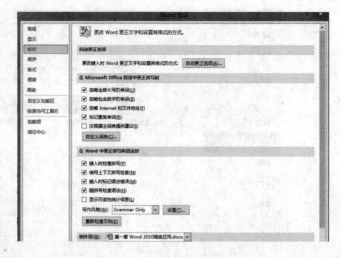

图 1-58　高级属性设置　　　　　图 1-59　Word 选项设置对话框

1.4.3 "邮件"选项卡

Word 2010 的"邮件"选项卡主要实现的是"邮件合并"功能。

邮件合并是 Word 的一项高级功能,最初的定义来自于批量处理具有固定内容的邮件文档工作的。此时会使用到与发送信息相关的如 Excel 表、Access 数据表等数据源信息来批量产生邮件文档。随后引申为批量制作标签、工资条、成绩单等资料。

所以当需要处理数量比较大、文档含有固定不变的内容和变化的内容并且变化的部分可以由数据表中含有标题行的数据记录表表示时,考虑使用 Word 提供的"邮件合并"功能。

通常"邮件合并"可以用来按统一的格式批量打印信封、批量打印请柬、批量打印工资条、批量打印个人简历、批量打印学生成绩单、批量打印各类获奖证书、批量打印准考证、明信片、信封等内容。

那么邮件合并功能应该如何应用呢?下面以大学录取通知书为例进行讲解。

(1) 在打开邮件合并功能之前,应该建立数据源。所谓的数据源就是前面提到的含有标题行的数据记录表,其中包含着相关的字段和记录内容。数据源表格可以是 Word、Excel、Access 等形式。例如,录取通知书的数据源可以用 Excel 建立包含学生姓名、性别、高考成绩和录取专业等信息的表格。

(2) 建立主文档,即含有固定不变的主体内容(如录取通知书抬头以及通知书内容中对每个考生都不变的部分)。

(3) 之后就可以准备把数据源合并到主文档中。

① 单击"邮件"选项卡,找到并单击"开始邮件合并"功能区的"选择收件人"图标,一般在出现的下拉式菜单中选择"使用现有列表"(前提是数据表已经建好并保存,否则单击"键入新列表"),选择建好的 Excel 表格(如 Chenji.xls),单击"打开"按钮,在弹出的"选择表格"窗口中,指定使用哪个工作簿,选择存有有用数据的工作簿(如"Sheet 1"),单击"确定"按钮完成

数据源的打开工作。

② 接下来就可以插入数据域了,比如插入要录取的新生的姓名:将光标定位到要插入新生姓名的地方,一般为主文档开头"同学:"之前。单击"邮件"选项卡,找到并单击"编写和插入域"功能区的"插入合并域"图标,在出现的下拉式菜单中选择"姓名"。

③ 重复上述操作,依次插入性别、高考成绩和录取专业等域。

(4) 之后就可以查看合并数据了:这需要单击"邮件"选项卡中的"预览结果"图标,就可以看到邮件合并之后的数据。

(5) 单击"邮件"选项卡的"完成"功能区中的"完成并合并"图标,在出现的下拉式菜单中选择"编辑单个文档",弹出如图 1-60 所示的,点击确定后生成邮件合并结果文档;在出现的下拉式菜单选择"打印文档",弹出如图 1-61 所示的对话框,单击"确定"按钮后直接生成打印文档送打印机。

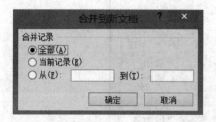

图 1-60　生成新文档

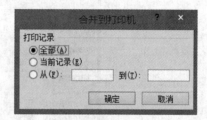

图 1-61　生成打印文档

注意:
● 如果想用一页纸打印多个邮件合并内容(如学生的期末成绩单),可以用 Word "开始"选项卡的替换图标,在弹出的"查找和替换"对话框的"查找内容"文本框内输入"^b",在"替换为"文本框内输入"^l",单击"全部替换"按钮即可。

● 在使用 Excel 工作簿做数据源时,必须保证 Excel 表格的第一行是字段名,数据行中间不能有空行。

1.4.4　"审阅"选项卡

Word 2010 的"审阅"选项卡包含拼写和语法检查、字数统计、简体繁体转换等诸多功能。下面主要介绍论文审阅中会用到的批注和修订功能。

1. 批注

批注,顾名思义就是当一篇文档被作者以外的人审阅时,审阅人添加的个人意见。通过选择"审阅"选项卡的"批注"功能区的"新建批注"图标,用户可以针对所选内容添加批注;通过单击"审阅"选项卡的"批注"功能区中的"删除"图标,用户可删除已有批注;通过单击"审阅"选项卡的"批注"功能区的"上一条"或"下一条"图标，用户可以浏览批注。

2. 修订

修订功能可以记录所有的修改，选择"审阅"选项卡的"修订"功能区中的"修订"图标，在出现的下拉式菜单选择"修订"之后，审稿人删除或添加的内容 Word 都会区别显示。

选择"审阅"选项卡的"修订"功能区中的"修订"图标，在出现的下拉式菜单中选择"修订选项"之后，会出现如图 1-62 的修订选项设置，用户可以按照自己的要求（如按照不同的作者），设置插入内容、删除内容的不同标记。

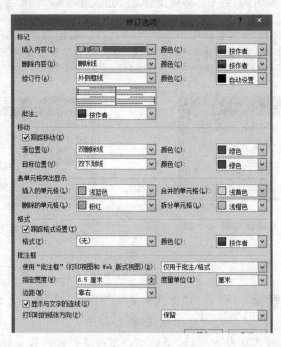

图 1-62　修订选项设置

选择"审阅"选项卡的"更改"功能区的"接受"图标，可以接受修订；选择"审阅"选项卡的"更改"功能区中的"拒绝"图标，可以拒绝修订。

1.4.5　"视图"选项卡

1. 视图方式

在使用 Word 2010 编辑文本时，不同的编辑目的可能导致我们对于同一文档每次查看的侧重点有所不同，有时注重内容、有时注重打印时的各种排版效果。针对于此，Word 2010 提供给用户多种不同的查看方式来满足不同的需要：草稿视图、Web 版式视图、页面视图、大纲视图、阅读版式等。

> Web版式视图：该视图方式将按照显示窗口的大小对文档进行显示。而Word的其他几种视图方式均是按页面大小进行显示的，这样可以方便用户浏览，特别是在Word编辑窗口拉的比页面一行文字宽度要窄的时候，可以减少左右移动光标的麻烦。特别适合预览、编辑具有网页效果的文本。

单选"视图"选项卡中的"Web版式视图"图标，可将文档显示方式切换到Web版式视图方式。

> 页面视图：该视图方式是按照用户设置的页面大小进行显示的，显示效果与实际打印页面时的效果一致。该视图方式下可以看到、编辑各种效果（如页眉、页脚、水印、分栏、图形对象、边框，甚至显示非打印字符：回车符、段落标记、制表符、空格等；这些非打印字符不会被打印出来，只是作为控制字符显示在屏幕上）。该视图方式适用于监控整个文档的总体效果。

单选"视图"选项卡中的"页面视图"图标，可将文档显示方式切换到页面视图方式。

> 大纲视图：该视图方式可以显示文档的层次结构（如章、节、标题等），方便用户看到清晰的文档概况。在该视图方式中，可通过折叠文档达到只查看某级标题的目的，也可以扩展文档来查看整个文档，或是通过拖动标题来移动、复制从而重新组织正文。但是在该视图方式中不显示页边距、页眉和页脚、图片和背景等，所以适合编辑含有大量章节、使用多重标题的长文档。

注意：在大纲视图方式下，会自动出现大纲工具栏，该工具栏包括主控文档的相关操作图标。另外，大纲视图要求文章具备诸如标题样式、大纲符号等表明文章结构的元素。否则不一定能显示出有效的大纲视图。

单击"视图"选项卡中的"大纲视图"图标，可将文档显示方式切换到大纲视图方式。

> 阅读版式视图：该视图方式在文字大小保持不变的情况下，缩小了Word文档编辑区，隐藏除"阅读版式"和"审阅"工具栏以外的所有工具栏并且自动分成多屏显示文档，适合阅读长文档。在该视图方式中可以进行简单的审阅性编辑工作。

单击"视图"选项卡中的"阅读版式视图"图标，可将文档显示方式切换到阅读版式视图方式。想要停止阅读版式时，要单击"阅读版式"工具栏上的"关闭"按钮或按Esc键，即可从阅读版式视图切换回原来的视图方式。

除了以上五种以外，还有以下几种显示模式值得一提。

> 文档结构图：是与"大纲视图"一样的层次化结构，独立于正文。勾选"视图"选项卡中"显示"功能区中的"导航窗格"后，Word会在文档编辑窗口左侧开辟一个显示文档的标题列表的新窗口。用户通过单击相应标题可直接浏览相对应的内容，就像是超级链接，这时Word编辑窗口左侧的"文档结构图"中会突出显示选中的标题。

> 打印预览方式：在打印之前，用于显示打印效果的文本显示方式。单击"文件"选项卡中的"打印"项，就可以切换到打印预览模式。Word 2010的打印预览界面（见图1-63）左侧显示了打印所需的设置（如纵向或横向、单面打印或手动双面打印等），右侧就是打印的预览效果。

2. 子文档

在进行文字编辑工作时，如果遇到一篇相当长的文档时，我们常用的一些操作都会显得不方便，那么可以考虑将此长文档分成几篇子文档，然后使用主控文档方式对这些子文档进行组织和管理。主控文档方式允许用户在不打开子文档的情况下创建包括全部子文档的交叉引用、目录和索引,甚至直接打印所有的子文档,拖放重排子文档。

图 1-63　打印设置

那么如何建立主控文档,插入子文档呢?从总体上看分为主控文档的建立和子文档的插入。

首先要建立好主控文档,其次要建立好独立存在于磁盘中的每一个子文档。这些子文档受主控文档控制,可在主控文档中打开,也可单独打开。

(1) 单击"文件"选项卡下的"新建"项,新建一个空白文档;或是单击"文件"选项卡下的"打开"项,打开要转换为主控文档的已存在文档。

(2) 单击"视图"选项卡下的"大纲视图"图标 ,切换到大纲视图方式,将弹出"大纲"工具栏。

接下来根据子文档的情况选择是插入子文档还是创建子文档。

(1) 插入子文档。这种适用于子文档已存在并且已经编辑好的情况,插入子文档到主控文档之后,可用主控文档将已有的文档整合组织起来。具体做法如下。

① 使用上述方法将主控文档切换到大纲视图,弹出"大纲"工具栏之后,将光标定位到要插入子文档的地方。

② 单击"大纲"工具栏中的"显示文档"图标 ,将弹出插入、创建图标,单击"插入"图标 ,出现"插入子文档"对话框(见图 1-64)。

③ 在"插入子文档"对话框的"查找范围"框的文件列表中逐级找到所要添加为子文档的文件,然后单击"打开"按钮。这样选定的文档就作为子文档插入到主控文档中了。

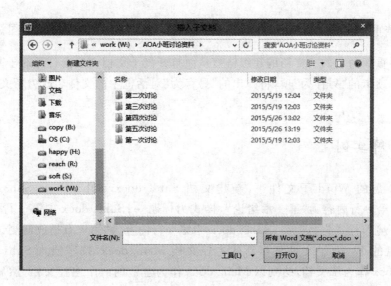

图 1-64 "插入子文档"对话框

（2）创建新的子文档。这种适用于子文档还没有建立的情况，可在编辑主控文档时，创建生成子文档。具体做法如下。

① 在主控文档中从无到有创建子文档——在作为主控文档的 Word 文件中将光标定位到要创建子文档之处，单击"大纲视图"模式下的"创建"图标，则插入处的文字前会出现（注意插入处的文字必须是应用了标题样式的），插入点下方会出现，用户可以在后输入子文档内容，当单击大纲视图模式下的"折叠子文档"图标，用户在后输入的子文档内容会自动生成一个新的 Word 文档；该子文档会以完整存储路径的形式出现在主控文档中。当单击大纲视图模式下的"展开子文档"图标时，用户在后输入的子文档内容会重新出现在主控文档中。

② 将主控文档中部分内容创建成为子文档——在主控文档中选定要划分子文档的内容，单击"大纲视图"模式下的"创建"图标，则用户选择的要作为子文档内容的文字前会出现（选定内容的第一个标题必须是每个子文档开头要使用的标题级别），假定标题级别为"标题 4"，那么在选定的内容中所有具有"标题 4"样式的段落都将创建为一个新的子文档。保存主文档的同时，Word 会自动保存创建的子文档，并且以子文档的第一行文本作为默认文件名。

（3）重命名子文档。

① 在创建子文档时，Word 会自动为子文档命名，会以子文档的第一行文本作为文件名保存该子文档。

② 将已有的文档作为子文档插入到主控文档中时，文档原来的名字就是插入后子文档的名字。

③ 用户可以为子文档重新命名。但不能用"资源管理器"来对子文档重命名或移动子文档，这将直接导致主控文档找不到子文档。

④ 子文档重命名的正确步骤为:打开主控文档→切换到大纲视图→单击图标 ,折叠子文档→单击要重新命名的子文档的超级链接从而打开该子文档→单击打开的子文档的编辑界面中"文件"选项卡的"另存为"项,将弹出的"另存为"对话框中的文件名改为新文件名,并单击"保存"按钮。

1.4.6 图解实例

(1) 在 E 盘的 Word 子文件下,新建文档 Sub1.docx、Sub2.docx、Sub3.docx。其中 Sub1.docx 中第一行内容为"第一章绪论",样式为标题一;Sub2.docx 中第一行内容为"第二章安卓开发环境",样式为标题一;Sub3.docx 中第一行内容为"第三章播放器测试",样式为标题一。在 E 盘的 Word 子文件下再新建主控文档 Main.docx,按序插入 Sub1.docx、Sub2.docx、Sub3.docx 作为子文档,达到以 Main.docx 作为全稿的一个主控文档,然后将各章的文件作为子文档分别插进去形成一个整合体的目的。

根据题目要求的操作步骤如下。

① 在 E 盘的 Word 子文件下,单击右键,在弹出的对话框中选择"新建"的"Microsoft Word 文档"选项来新建命名为 Sub1 的 Word 文档。重复同样的步骤建立 Sub2.docx 和 Sub3.docx。其中 Sub1.docx 中第一行内容为"第一章绪论",样式为标题一;Sub2.docx 中第一行内容为"第二章安卓开发环境",样式为标题一;Sub3.docx 中第一行内容为"第三章播放器测试",样式为标题一。

注意:.docx 为 Word 文档的扩展名,在新建文档命名时不要将其理解为文档的名字的一部分。

② 在 E 盘的 Word 子文件下,同上述步骤建立主控文档 Main.docx。

③ 双击打开主控文档 Main.docx,单击"视图"选项卡的"大纲视图"图标,将文档切换到大纲视图。

④ 使用"大纲"工具栏上的"插入"图标 插入,依次插入子文档 Sub1.docx、Sub2.docx、Sub3.docx。

(2) 修改"市内传真"模板,将其中"电话"右方添加"123456",在 E 盘的 Word 子文件下保存为"我的传真"模板。根据"我的传真"模板,在 E 盘的 Word 子文件下,建立文档"传真.docx",在发件人处填入"11111";其他信息不用填写。

根据题目要求的操作步骤如下。

第一步:

① 打开 Word 软件,单击"文件"选项卡中的"新建"项,在 Word 编辑界面右边区域会出现"样本模板"图标,单击该图标,在如图 1-56 所示的界面中双击选择"市内传真"模板。

② 在出现的模板文档中(见图 1-65)将其中"电话"右方添加"123456",保存到指定地址,关闭该模板。

注意:保存时先选择保存类型为文档模板,之后再选择保存路径。

③ 双击打开保存在 E 盘的 Word 子文件中的模板文件"我的传真",在该文档中在发件人处填入"11111",保存到指定路径,保存类型选 Word 文件。

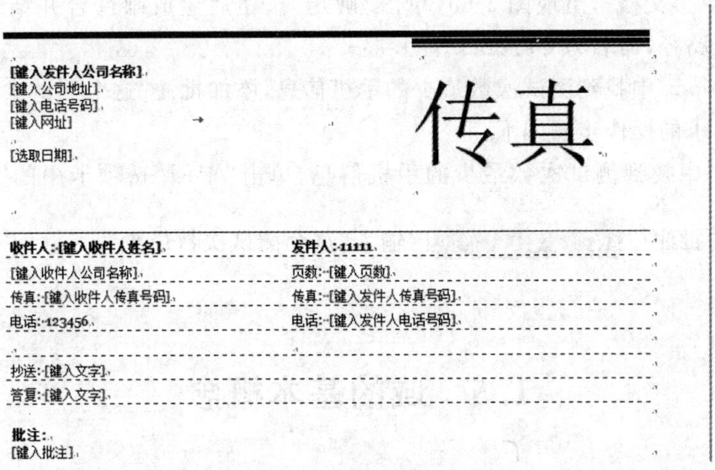

图 1-65 市内传真模板的应用

(3) 在 E 盘的 Word 子文件下,建立播放器测试信息(BF.xlsx),如表 1-2 所示。再使用邮件合并功能,建立播放测试文件 BF_CS.docx。最后生成所有型号手机测试结果信息"CS.docx"。

根据题目要求的操作步骤如下。

① 在 E 盘的 Word 子文件下,单击右键,在弹出的菜单中选择"新建"菜单项的"Microsoft Excel 文档"选项,建立名为 BF 的 Excel 文档。

② 打开 BF.xlsx;将表 1-2 的内容输入 Sheet1 中,单击右键,在弹出的菜单中选择"设置单元格格式",在"边框"选项卡内选加边框。

③ 在 E 盘的 Word 子文件下,单击右键,在弹出的菜单中选择"新建"菜单项的"Microsoft Word 文档",建立名为 BF_CS 的 Word 文档。打开 BF_CS.docx,在其中建立表格:先输入"手机测试"两字,居中,回车换行;之后单击"插入"选项卡中的"表格"图标(建立一个 2 行 2 列的表格)。

注意:第一行文字和整个表格居中对齐,表格中的内容在表格内居中对齐。效果如下所示。

手机测试	
型号	
次数	

● 单击"邮件"选项卡中的"选择收件人"图标 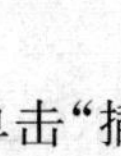 选择 收件人,在出现的下拉式菜单中选择"使用现有列表",选择建好的 BF.xlsx 的 Sheet1。

● 鼠标定位到"型号"之后的表格单元格中,单击"插入合并域"按钮,选择插入域"手机型号"。同样方法插入表格中的另一个域。此时一定要单击保存 BF_CS.docx。

● 单击"邮件"选项卡中的"完成"功能区的"完成并合并"图标  完成并合并,在出现的下拉式菜

单中选择"编辑单个文档",出现图 1-60,单击"确定"按钮后生成邮件合并结果文档。将生成文件保存到指定路径,命名为 CS.docx。

(4) 在 CS.docx 中找到测试次数最少的手机信息,添加批注"这个测试次数最少"。

根据题目要求的操作步骤如下:

在 CS.docx 中找到测试次数最少的手机信息,单击"审阅"选项卡中的"新建批注"图标,在出现的批注栏内输入"这个测试次数最少"。

1.5 域的基本概念

1.5.1 录取通知书创建实例

一年一度的高考又结束了,某高校的招生办正忙着为其录取的 2015 级新生制作录取通知书。请采用 Word 的邮件合并功能为今年新录取的新生制作各自的录取通知书。

1.5.2 域的概念

域的英文原意就是范围的意思,Word 中的域的原始意义是文档中的一些可能发生变化的数据内容或是邮件合并文档中的套用信函、标签的占位符。就比如我们前面已经讲到的题注、交叉引用、目录、索引等。

综合的说,域就是 Word 中的一种特殊命令(由一小段代码实现其功能)。完整的域由花括号{}(又名域特征字符)、域名、域参数及域开关构成。例如,在页脚中插入页码的域代码为{ PAGE\ * Arabic\ * MERGEFORMAT };其中 PAGE 是域名,\ * 后的部分为域开关;此例不包含域参数。

1. **域特征字符**

域特征字符就是组成完整的域最外层的{},它是按 Ctrl+F9 组合键插入的,生成效果为{ },其中的灰色为 Word 中的域标记;{}不是键盘直接输入的。也可在单击"插入"选项卡的"文档部件"中的"域"命令的方式连带生成。

2. **域名**

域名又称域类型,是 Word 域的名称,每个 Word 域都有一个唯一的名字,随着不同域开关的选择,可实现不同的域结果。

例如,{ PAGE \ * Arabic \ * MERGEFORMAT }所插入的页码格式为"1,2,3,…";而{ PAGE \ * ALPHABETIC \ * MERGEFORMAT }所插入的页码格式为"A,B,C,…"。

对于域名只能使用 Word 提供的那 70 多个关键字,其他的输入 Word 是不会识别为域名的。

3. 域参数

对于有相同域名的域代码可以由不同的域参数进行进一步说明,指出具体的设定。

例如,单击 Word 的"插入"选项卡的"文本"功能区中的"文档部件"图标下部的小三角,在下拉式菜单中选择"域"来插入域时,会弹出如图 1-66 所示的"域",在对话框中选择域的对话框"类别"为"文档信息",在"域名"的下拉列表框中选择"DocProperty",进而设置域属性。

图 1-66 "域"对话框

当选择 Author 时会生成域代码:在{ DOCPROPERTY Author \ * MERGEFORMAT }中 Author 是对域名 DocProperty 的进一步说明,说明此域插入的是作者的姓名。当选择 Page 时会生成域代码:在{ DOCPROPERTY Page \ * MERGEFORMAT }中 Page 是对域名 DocProperty 的进一步说明,说明此域插入的是总页码。

4. 域开关

域选项开关是特殊指令,在域中可触发特定的操作。如图 1-67 所示设置页码{ PAGE \ * Arabic\ * MERGEFORMAT },此例子中的域开关\ * 引领 Arabic,表示插入的页码的格式为阿拉伯数字 1,2,3,…的形式。

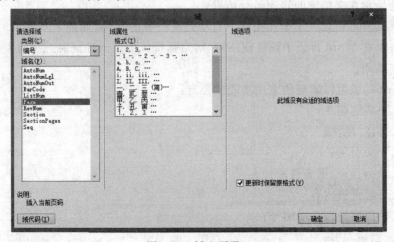

图 1-67 插入页码一

而如图 1-68 所示设置页码{ PAGE * alphabetic * MERGEFORMAT }中的域开关*引领 alphabetic,表示插入的页码的格式为字母 a,b,c,…的形式。

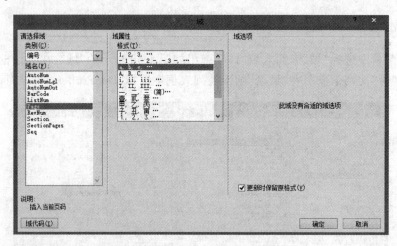

图 1-68　插入页码二

对于域参数和域开关,我们可以说域开关的设置对域的影响优于任何域参数。通常域会有一个或多个可选的开关,开关与开关之间使用空格进行分隔。Word 中给出了很多域开关,最常用的有以下几个。

➢ "*":文本格式开关,用于设定编号的格式、字母的大写和字符的格式,防止在更新域时对已有的域的域结果格式的改变。

➢ "\\#":数字格式开关,用于设定数字结果的显示格式,如小数的位数和货币符号的使用等。

➢ "\\@":日期格式开关,用于在含有日期或时间的域中设置日期或是时间的格式。

➢ "\\!":锁定结果,用于锁定域结果,可以防止更新由书签、"INCLUDETEXT"或"REF"域等插入的域。

5. 域结果

我们将插入域的显示结果称为域结果,进一步说其实 Word 的域就是一小段程序,所以域结果其实就是显示在文档中的程序运行结果。

由于域所具有可在无人工干预条件下自动完成任务的特性,如插入日期和时间并更新日期和时间。所以在 Word 排版中熟练使用域,可增强排版的灵活性同时减少重复操作,从而提高我们的工作效率。

使用 Word 的域可以实现的常用功能主要有:

(1)插入图表的题注;

(2)插入脚注、尾注;

(3)插入交叉引用;

(4)插入编制目录、图表目录;

(5)插入页眉页脚内容;

(6)对文档内容进行自动编号;

(7)插入、创建索引;

(8) 插入日期和时间；
(9) 应用邮件的自动合并功能；
(10) 创建数学公式等。

那么通常情况下,怎样实现常规的 Word 域的编辑应用呢？我们将在下节进行相关的介绍。

1.5.3 域的插入、编辑与更新

首先我们学习如何根据具体需求选择、插入一个域。

1. 插入域

1) 最简单的通过选项卡功能插入"域"

这种方法最适合 Word 一般用户使用,Word 所提供的所有的域都可以使用这种方法插入。先将光标定位到文档中要插入域的位置,单击"插入"选项卡的"文本"功能区的"文档部件"图标,在出现的下拉式菜单中选择"域"命令,则可以打开"域"对话框(见图 1-68)。

之后根据具体的应用需要在"域"对话框中的域"类别"下拉列表框中选择要插入的域的类别,如"编号"。在"域名"列表框所显示的该类包含的所有域名中,选中要插入的域名,如"Page"。此时"说明"处显示的"插入当前页码"就是这个域的功能说明。接下来在"格式"列表中选中需要的页码格式,单击"确定"按钮就可以把指定格式的页码插入到 Word 文档中。

2) 使用键盘插入域代码

对于那些对域代码的编辑比较熟悉的资深用户,可以用键盘直接输入域代码来创建域。具体方法是:将光标定位到文档中需要插入域的位置,按下 Ctrl＋F9 组合键插入域特征字符{ }；在"{ }"中间,按从左向右的顺序依次输入域名、域开关、域参数等。按下 Shift＋F9 组合键显示域结果。如显示的域结果不正确,可再次按下 Shift＋F9 组合键切换到显示域代码状态,重新对域代码进行修改编辑,直到显示的域结果正确为止。

2. 域的编辑

1) 显示或隐藏域代码

(1) 显示或者隐藏指定的域代码：首先单击需要编辑域代码的域结果,然后按下 Shift＋F9 组合键。

(2) 显示或者隐藏文档中所有的域代码：按下 Alt＋F9 组合键。

2) 锁定或解除域操作

(1) 要锁定某个域,以防止修改当前的域结果的方法是：单击此域,然后按下 Ctrl＋F11 组合键。

(2) 要解除锁定,以便对域代码进行更改的方法是：单击此域,然后按下 Ctrl＋Shift＋F11 组合键。

3) 解除域的链接

首先选择有关的域内容,然后按下 Ctrl＋Shift＋F9 组合键即可解除域的链接,此时当前的域结果就会变为常规文本而失去域的所有功能,以后它当然再也不能进行更新了。具体的表现为再选中此域结果文字就不会出现域文字的标志(灰色底纹就像{ })。用户若需要重新

更新信息，就必须在文档中插入同样的域才能达到目的。

3. 域的更新

当 Word 文档中的域结果没有显示出最新信息时，用户可采取以下措施进行域更新，以获得新的域结果。

（1）更新单个域：首先单击需要更新的域结果，然后按下 F9 键。

（2）更新一篇文档中所有域：用 Ctrl＋A 快捷键，选定整篇文档，然后按下 F9 键。

（3）选中要更新的域，单击鼠标右键，在弹出的菜单中选择"更新域"。

域的扩展应用如下。

1）处理 Word 不好实现的文字加上划线

单击要插入带上划线的文字处，按下 Ctrl＋F9 组合键，插入点处会出现 { }，在花括号中间输入 EQ 开关参数"EQ \x\to(分数)"，单击右键，在弹出的菜单中选择"切换域代码"，则出现分数。注意：在"EQ"与开关参数之间有一个空格。

2）用域输入分数

在 Word 中分数的输入通常是用公式编辑器来完成的，但是如果会用域，那么分数的输入更简单。比如要输入分数"1\3"，如果用域，那么首先将光标定位在文本中要输入分数的地方，按下 Ctrl＋F9 组合键，插入点处会出现 { }，在花括号"{ }"中间输入"EQ \f(1,3)"，此处 EQ 和后面的参数之间有一个空格，之后再按下 Shift ＋ F9 组合键，则在文档中出现域结果 $\frac{1}{3}$。

如果想插入 $1\frac{1}{3}$，则在域定义符"{ }"中输入"EQ1\f(1,3)"，单击 Shift ＋ F9 组合键，则在文档中出现域结果 $1\frac{1}{3}$。用域方法输入的分数在排版时会跟随其他文字一同移动，不会像使用公式编辑器作为对象插入的分数那样在排版时错位。

在"EQ1\f(1,3)"中，EQ 是域名，用来创建科学公式；\f 为域开关选项，用来创建分式公式。其他还有创建根式的开关选项\r、创建上标下标的开关选项\s、建立积分的开关选项\i 等。

1.5.4 图解实例

一年一度的高考又结束了，某高校的招生办正忙着为其录取的 2015 新生制作录取通知书。请采用 Word 的邮件合并功能为今年新录取的新生制作各自的录取通知书。

根据题目要求的操作步骤如下。

（1）首先查找整理上线的考生录取信息制作 Excel 表格，设为 Chenji.xlsx。接下来考虑使用 Word 邮件合并功能，在想要的存储位置单击右键，选择"新建 Microsoft Word 文档"建立成绩单范本文件 ChenjiA.docx。

（2）打开 ChenjiA.docx，在其中先输入"＊＊＊大学入学录取通知书"几字，居中，回车换行；之后输入"同学"两字，居中，回车换行；再输入"我校确定录取你进入我校＊＊＊学院＊＊＊专业学习。请你于 2015 年 8 月 28 日凭本录取通知到校报到。"，回车换行之后再输入＊＊＊大学，选择右对齐；回车换行之后再输入 2015 年 7 月 10 日，选择右对齐。

（3）单击"邮件"选项卡，找到并单击"开始邮件合并"功能区的"选择收件人"图标，在出现的下拉式菜单中选择"使用现有列表",选择建好的Chenji.xlsx的Sheet1。

(4) 鼠标定位到"同学"两字之前,单击"邮件"选项卡,找到并单击"编写和插入域"功能区的"插入合并域"图标,在出现的下拉式菜单中选择"姓名"。鼠标定位到"□□□学院"的"学院"两字之前,单击"编写和插入域"功能区的"插入合并域"图标,在出现的下拉式菜单中选择"学院",同样方法在"＊＊＊专业"的"专业"两字前插入相应的域,比如"专业"。此时一定要单击保存ChenjiA.docx。

(5) 单击"邮件"选项卡的"完成"功能区的"完成并合并"图标,在出现的下拉式菜单中选择"编辑单个文档",如图1-60所示,单击"确定"按钮后生成邮件合并结果文档。将生成文件保存到指定路径,命名为ChenjiB.docx。

1.6 Word中的常用域

1.6.1 使用域插入页眉和页脚实例

(1) 添加页脚,使用域插入页码,居中显示。要求:
① 正文前的节,页码采用"i,ii,iii,…"格式,页码连续;
② 正文中的节,页码采用"1,2,3,…"格式,页码连续;
③ 正文中每章为单独一节,页码总是从奇数页开始;
④ 更新目录、图索引和表索引。
(2) 添加正文的页眉。使用域,按以下要求添加内容,居中显示。其中:
① 对于奇数页,页眉中的文字为"章序号"+"章名";
② 对于偶数页,页眉中的文字为"节序号"+"节名"。

1.6.2 编号

1. 域 AutoNum

格式:{AUTONUM * 格式}
功能:插入自动编号。
使用方法:
(1) 单击"插入"选项卡的"文档部件"图标,在下拉式菜单中选择"域",在弹出的如图1-69所示的"域"对话框中选择类别为"编号",域名选择"AutoNum",选择相应的域属性和域选项。
(2) 例如,{AUTONUM * Arabic}。说明:* Arabic说明插入的是阿拉伯数字形式的自动编号。

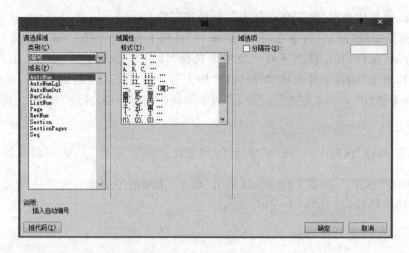

图 1-69　编号域

2. 域 Page

格式：{PAGE * 格式 }

功能：插入当前页码。

使用方法：

（1）单击"插入"选项卡中的"页眉"图标、"页脚"图标，选择编辑页眉或编辑页脚可插入此域；

（2）单击"插入"选项卡中的"页码"图标，选择插入页码可插入此域；

（3）单击"插入"选项卡中的"文档部件"图标，在下拉式菜单中选择"域"，在弹出的如图 1-69 所示的"域"对话框中选择类别为"编号"，域名选择"Page"，选择相应的域属性和域选项。

（4）例如，{PAGE * Arabic * MERGEFORMAT }。说明：* Arabic 说明插入的是阿拉伯数字形式的当前页码。

3. 域 RevNum

格式：{REVNUM * 格式}

功能：插入文档的保存次数。

使用方法：

（1）单击"插入"选项卡中的"文档部件"图标，在下拉式菜单中选择"域"，在弹出的如图 1-69 所示的"域"对话框中选择类别为"编号"，域名选择"RevNum"，选择相应的域属性和域选项。

（2）例如，{REVNUM * Arabic * MERGEFORMAT}。说明：* Arabic 说明插入的是阿拉伯数字形式的插入文档的保存次数。

4. 域 Section

格式：{SECTION * 格式 }

功能：插入当前节号。

使用方法：

（1）单击"插入"选项卡中的"文档部件"图标，在下拉式菜单中选择"域"，在弹出的如图 1-69 所示的"域"对话框中选择类别为"编号"，域名选择"Section"，选择相应的域属性和域选项。

(2) 例如,{SECTION * MERGEFORMAT }。

5. 域 SectionPage

格式:{SECTIONPAGES * 格式 }

功能:插入本节的总页数。

使用方法:

(1) 单击"插入"选项卡中的"文档部件"图标,在下拉式菜单中选择"域",在弹出的如图1-69所示的"域"对话框中选择类别为"编号",域名选择"SectionPage",选择相应的域属性和域选项。

(2) 例如,{SECTIONPAGES * Arabic * MERGEFORMAT }。说明:* Arabic 说明插入的是阿拉伯数字形式的本节的总页数。

6. 域 Seq

格式:{SEQ * 格式 }

功能:插入自动序列号。

使用方法:

(1) 单击"插入"选项卡中的"文档部件"图标,在下拉式菜单中选择"域",在弹出的如图1-69所示的"域"对话框中选择类别为"编号",域名选择"Seq",选择相应的域属性和域选项。

(2) 例如,{SEQ * MERGEFORMAT }。

1.6.3 文档信息

1. 域 Author

格式:{AUTHOR [\#数字格式] [* 格式] }

功能:"摘要信息"中文档作者的姓名。

使用方法:

(1) 单击"插入"选项卡中的"文档部件"图标,在下拉式菜单中选择"域",在弹出的如图1-70所示的"域"对话框中选择"类别"为"文档信息","域名"选择"Author",选择相应的域属性和域选项。

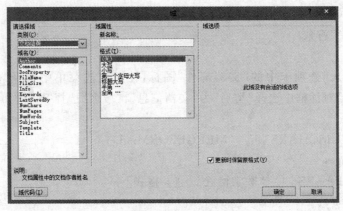

图1-70 文档信息域

(2) 例如,{AUTHOR * Upper * MERGEFORMAT }。Upper 表示大写格式。

2. 域 DocProperty

格式:{DOCPROPERTY 属性值 }

功能:插入在"选项"中选择的属性值。

使用方法:

(1) 单击"插入"选项卡中的"文档部件"图标,在下拉式菜单中选择"域",在弹出的如图1-70所示的"域"对话框中"选择"类别为"文档信息","域名"选择"DocProperty",选择相应的域属性和域选项。

(2) 例如,{DOCPROPERTY Author * MERGEFORMAT }。Author 为选择的属性值。

3. 域 FileName

格式:{FILENAME [\#数字格式][*格式]}

功能:文档的名称和位置。

使用方法:

(1) 单击"插入"选项卡中的"文档部件"图标,在下拉式菜单中选择"域",在弹出的如图1-70所示的"域"对话框中选择"类别"为"文档信息","域名"选择"FileName",选择相应的域属性和域选项。

(2) 例如,{FILENAME * Upper * MERGEFORMAT}。Upper 表示大写格式。

4. 域 FileSize

格式:{FILESIZE [\#数字格式][*格式]}

功能:活动文档的磁盘占用量。

使用方法:

(1) 单击"插入"选项卡中的"文档部件"图标,在下拉式菜单中选择"域",在弹出的如图1-70所示的"域"对话框中选择"类别"为"文档信息","域名"选择"FileSize",选择相应的域属性和域选项。

(2) 例如,{FILESIZE * Arabic \k * MERGEFORMAT }。Arabic 表示阿拉伯数字显示。

5. 域 NumChars

格式:{NUMCHARS [\#数字格式][*格式]}

功能:文档的字符数。

使用方法:

(1) 单击"插入"选项卡中的"文档部件"图标,在下拉式菜单中选择"域",在弹出的如图1-70所示的"域"对话框中选择"类别"为"文档信息","域名"选择"NumChars",选择相应的域属性和域选项。

(2) 例如,{NUMCHARS * MERGEFORMAT }。

6. 域 NumPages

格式:{NUMPAGES [\#数字格式][*格式]}

功能:文档的页数。

使用方法:

(1) 单击"插入"选项卡中的"文档部件"图标,在下拉式菜单中选择"域",在弹出的如图1-70所示的"域"对话框中选择"类别"为"文档信息","域名"选择"NumPages",选择相应的域属性和域选项。

(2) 例如,{NUMPAGES * Arabic * MERGEFORMAT}。Arabic表示阿拉伯数字显示。

7. 域 NumWords

格式:{NUMWORDS [\#数字格式] [* 格式]}

功能:文档的字数。

使用方法:

(1) 单击"插入"选项卡中的"文档部件"图标,在下拉式菜单中选择"域",在弹出的如图1-70所示的"域"对话框中选择"类别"为"文档信息","域名"选择"NumWords",选择相应的域属性和域选项。

(2) 例如,{NUMWORDS * Arabic * MERGEFORMAT}。Arabic表示阿拉伯数字显示。

8. 域 Title

格式:{TITLE [\#数字格式] [* 格式]}

功能:"摘要信息"中文档标题。

使用方法:

(1) 单击"插入"选项卡中的"文档部件"图标,在下拉式菜单中选择"域",在弹出的如图1-70所示的"域"对话框中选择"类别"为"文档信息","域名"选择"Title",选择相应的域属性和域选项。

(2) 例如,{TITLE * Upper * MERGEFORMAT}。Arabic表示阿拉伯数字显示。

1.6.4 日期和时间

1. 域 CreatDate

格式:{CREATEDATE [* 格式]}

功能:文档的创建日期。

使用方法:

(1) 单击"插入"选项卡中的"文档部件"图标,在下拉式菜单中选择"域",在弹出的如图1-71所示的"域"对话框中选择"类别"为"日期和时间","域名"选择"CreatDate",选择相应的域属性和域选项。

(2) 例如,{CREATEDATE \@ "yyyy'年'M'月'd'日'" * MERGEFORMAT}。

2. 域 Date

格式:{DATE [* 格式]}

功能:当前日期。

使用方法:

(1) 单击"插入"选项卡中的"文档部件"图标,在下拉式菜单中选择"域",在弹出的如图1-71所示的"域"对话框中选择"类别"为"日期和时间","域名"选择"Date",选择相应的域属性和域选项。

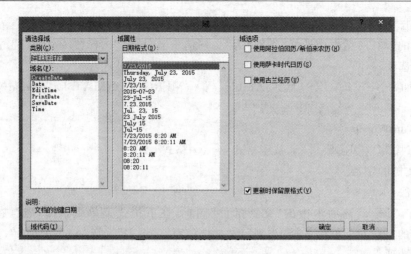

图 1-71　日期和时间域

(2) 例如，{DATE　* MERGEFORMAT }。

3．域 EditTime

格式：{EDITTIME　[* 格式]}

功能：文档编辑时间总计。

使用方法：

(1) 单击"插入"选项卡中的"文档部件"图标，在下拉式菜单中选择"域"，在弹出的如图 1-71 所示的"域"对话框中选择"类别"为"日期和时间"，"域名"选择"EditTime"，选择相应的域属性和域选项。

(2) 例如，{DATE　* MERGEFORMAT }。

4．域 PrintDate

格式：{PRINTDATE　[* 格式]}

功能：上次打印文档的日期。

使用方法：

(1) 单击"插入"选项卡中的"文档部件"图标，在下拉式菜单中选择"域"，在弹出的如图 1-71 所示的"域"对话框中选择"类别"为"日期和时间"，"域名"选择"PrintDate"，选择相应的域属性和域选项。

(2) 例如，{PRINTDATE　* MERGEFORMAT }。

5．域 SaveDate

格式：{SAVEDATE　[* 格式]}

功能：上次保存文档的日期。

使用方法：

(1) 单击"插入"选项卡中的"文档部件"图标，在下拉式菜单中选择"域"，在弹出的如图 1-71 所示的"域"对话框中选择"类别"为"日期和时间"，"域名"选择"SaveDate"，选择相应的域属性和域选项。

(2) 例如，{SAVEDATE　\@ "yyyy'年'M'月'd'日'"　* MERGEFORMAT }。

6．域 Time

格式：{TIME　[* 格式]}

功能:当前时间。

使用方法:

(1) 单击"插入"选项卡中的"文档部件"图标,在下拉式菜单中选择"域",在弹出的如图 1-71 所示的"域"对话框中选择"类别"为"日期和时间","域名"选择"Time",选择相应的域属性和域选项。

(2) 例如,{TIME * MERGEFORMAT }。

1.6.5 链接和引用

1. 域 StyleRef

格式:{STYLEREF "样式" [域开关]}

功能:插入具有类似样式的段落中的文本。

使用方法:

(1) 单击"插入"选项卡中的"文档部件"图标,在下拉式菜单中选择"域",在弹出的如图 1-72 所示的"域"对话框中选择"类别"为"链接和引用","域名"选择"StyleRef",选择相应的域属性和域选项。

(2) 例如:{STYLEREF "标题 1" \n * MERGEFORMAT }。

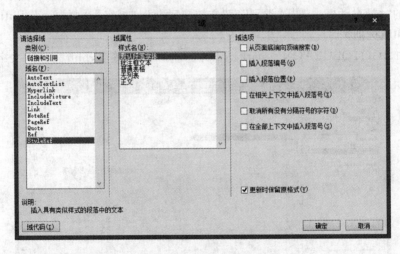

图 1-72 链接和引用域

2. 域 PageRef

格式:{PAGEREF 书签名 [域开关]}

功能:插入包含指定书签的页码。

使用方法:

(1) 先设置书签。

(2) 单击"插入"选项卡中的"文档部件"图标,在下拉式菜单中选择"域",在弹出的如图 1-72 所示的"域"对话框中选择"类别"为"链接和引用","域名"选择"PageRef",选择相应的域属性和域选项。

(3) 例如,{PAGEREF mark1 * MERGEFORMAT };其中 mark1 为设置好的

书签。

3. 域 Ref

格式：{REF　书签名　[域开关]}

功能：插入用书签标记的文本。

使用方法：

（1）单击"插入"选项卡中的"文档部件"图标，在下拉式菜单中选择"域"，在弹出的如图1-72所示的"域"对话框中选择"类别"为"链接和引用"，"域名"选择"Ref"，选择相应的域属性和域选项。

（2）例如，{REF　mark1 \d}。

1.6.6 文档自动化

域 GoToButton

格式：{GOTOBUTTON　书签名显示文字}

功能：将插入点移至新位置，又称插入跳转命令。

使用方法：

（1）单击"插入"选项卡中的"文档部件"图标，在下拉式菜单中选择"域"，在弹出的如图1-73所示的"域"对话框中选择"类别"为"文档自动化"，"域名"选择"GoToButton"，选择相应的域属性和域选项。

（2）例如，{GOTOBUTTON　mark1 hhh}，mark1为标签名，hhh为显示文字。

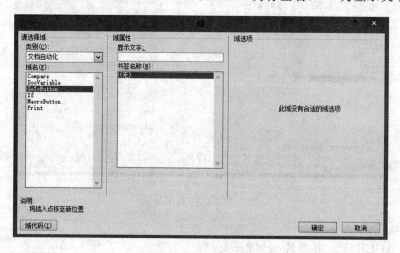

图1-73　文档自动化域

1.6.7 索引和目录

1. 域 XE

格式：{XE"文字"　[域开关]}

功能：标记索引项。

使用方法：

(1) 单击"插入"选项卡中的"文档部件"图标，在下拉式菜单中选择"域"，在弹出的如图1-74所示的"域"对话框中选择"类别"为"索引和目录"，"域名"选择"XE"，选择相应的域属性和域选项。

(2) 例如，{ XE "部分" \y "buf"}；此例中"部分"即为文字内容。

图1-74 索引和目录域

2．域 TC

格式：{TC ［域开关］}

功能：标记目录项。

使用方法：

(1) 单击"插入"选项卡中的"文档部件"图标，在下拉式菜单中选择"域"，在弹出的如图1-74所示的"域"对话框中选择"类别"为"索引和目录"，"域名"选择"TC"，选择相应的域属性和域选项。

(2) 例如，{TC aaa\1}，但TC域在Word中不显示，单击"显示/隐藏"按钮可显示。

3．域 TOC

格式：{TOC ［域开关］}

功能：创建目录。

使用方法：

(1) 单击"插入"选项卡中的"文档部件"图标，在下拉式菜单中选择"域"，在弹出的如图1-74所示的"域"对话框中选择"类别"为"索引和目录"，域名选择"TOC"，选择相应的域属性和域选项。

(2) 例如，{ TOC \ * MERGEFORMAT }。

4．域 Index

格式：{ INDEX ［域开关］}

功能：创建索引。

使用方法：

(1) 单击"插入"选项卡中的"文档部件"图标，在下拉式菜单中选择"域"，在弹出的如

图1-74所示的"域"对话框中选择"类别"为"索引和目录","域名"选择"Index",选择相应的域属性和域选项。

（2）例如,{INDEX * MERGEFORMAT },之前要有XE域建立,以XE域为对象收集所有索引项。

1.6.8 图解实例

添加页脚,使用域插入页码,居中显示。要求：
（1）正文前的节,页码采用"i,ii,iii,…"格式,页码连续；
（2）正文中的节,页码采用"1,2,3,…"格式,页码连续；
（3）正文中每章为单独一节,页码总是从奇数页开始；
（4）更新目录、图索引和表索引。
添加正文的页眉。使用域,按以下要求添加内容,居中显示。其中：
（1）对于奇数页,页眉中的文字为"章序号"+"章名"；
（2）对于偶数页,页眉中的文字为"节序号"+"节名"。
根据题目要求的操作步骤如下。
1）首先设置奇偶页不同等

将光标定位到"第一章"的"域"上,单击"页面布局"选项卡的"页面设置"功能区右下角小箭头调出"页面设置"对话框,选择"版式"选项卡,在图1-75所示的界面中,"节的起始位置"选为"奇数页",勾选"奇偶页不同"复选框,"应用于"选择"插入点之后",单击"确定"按钮。

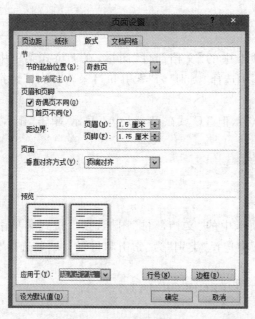

图1-75 页面设置

单击"插入"选项卡中的"页眉"图标,选择"编辑页眉",将光标定位到"第一章"的第一页的页眉上,单击 链接到前一条页眉 取消与上节相同；将光标定位到"第一章"的第二页的页眉上,单

击 ![链接到前一条页眉] 取消与上节相同；将光标定位到"第一章"的第一页的页脚上，单击 ![链接到前一条页眉] 取消与上节相同；将光标定位到"第一章"的第二页的页脚上，单击 ![链接到前一条页眉] 取消与上节相同。

2）接下来插入页码

将光标定位到"目录"页的页脚上，单击 ![居中图标] 使页码居中，单击"插入"选项卡中的"文档部件"图标，在下拉式菜单中选择"域"，在如图 1-76 所示的"域"窗口中，"类别"选择"编号"项，"域名"选择"Page"项，在"格式"中选择所需页码的样式"i,ii,iii,…"，单击"确定"按钮完成设置。选中已插入的页码域i，单击"插入"选项卡中的"页码"图标，在出现的下拉式菜单中选择"设置页码格式"，在弹出的"页码格式"对话框（见图 1-77）中，选择数字格式为"i,ii,iii,…"，单击"确定"按钮。

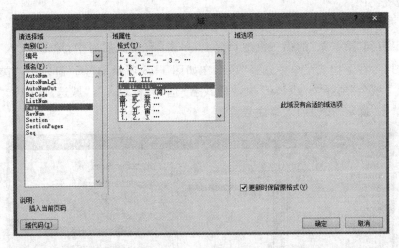

图 1-76 "域"窗口

将光标定位到"图索引"页的页脚上，单击居中图标 ![居中图标] 使页码居中，单击"插入"选项卡中的"文档部件"图标，在下拉式菜单中选择"域"，在如图 1-76 所示域窗口中，"类别"选择"编号"项，"域名"选择"Page"项，在"格式"中选择所需页码的样式"i,ii,iii,…"，单击"确定"按钮完成设置。选中已插入的页码域i，单击"插入"选项卡中的"页码"图标，在出现的下拉式菜单中选择"设置页码格式"，在弹出的"页码格式"对话框（见图 1-77）中，选择数字格式为"i,ii,iii,…"，单击"确定"按钮。

图 1-77 "页码格式"对话框

将光标定位到"表索引"页的页脚上，单击 ![居中图标] 使页码居中，单击"插入"选项卡中的"文档部件"图标，在下拉式菜单中选择"域"，在如图 1-76 所示的域窗口中，"类别"选择"编号"项，"域名"选择"Page"项，在"格式"中选择所需页码的样式"i,ii,iii,…"，单击"确定"按钮完成设置。选中已插入的页码域i，单击"插入"选项卡中的"页码"图标，在出现的下拉式菜单中选择"设置页码格式"，在弹出的"页码格式"对话框(见图1-77)中,选择数字格式为"i,ii,iii,…",单击"确定"按钮。

将光标定位到"第一章"的第一页的页脚上,单击 ≡ 使页码居中,单击"插入"选项卡中的"文档部件"图标,在下拉式菜单中选择"域",在如图1-76所示的"域"窗口中,"类别"选择"编号"项,"域名"选择"Page"项,在"格式"中选择所需页码的样式"1,2,3,…",将"页码编号"选为"起始页"为1,单击"确定"按钮完成设置。

将光标定位到"第一章"的第二页的页脚上,单击 ≡ 使页码居中,单击"插入"选项卡中的"文档部件"图标,在下拉式菜单中选择"域",在如图1-76域窗口中,"类别"选择"编号"项,"域名"选择"Page"项,在"格式"中选择所需页码的样式"1,2,3,…",单击"确定"按钮完成设置。

3) 更新目录等

将光标定位到"目录"页的目录域,右键选择更新域,更新整个目录。重复上述动作更新"图索引"、"表索引"。

4) 插入页眉

将光标定位到"第一章"的第一页的页眉上,单击 ≡ 使页眉居中,单击"插入"选项卡中的"文档部件"图标,在下拉式菜单中选择"域",在如图1-78所示的"域"窗口中,"类别"选择"链接和引用"项,"域名"选择"StyleRef"项,"样式名"选择"标题1","域选项"勾选"插入段落编号"复选框,单击"确定"按钮插入章序号。

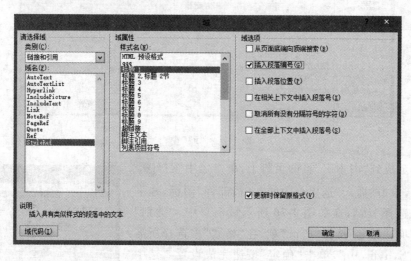

图1-78 链接和引用域

再将光标定位到"第一章"的第一页的页眉上,单击 ≡ 使页眉居中,单击"插入"选项卡中的"文档部件"图标,在下拉式菜单中选择"域",在如图1-78所示的"域"窗口中,"类别"选择"链接和引用"项,"域名"选择"StyleRef"项,"样式名"选择"标题1","域选项"什么也不选,单击"确定"按钮插入章名。

将光标定位到"第一章"的第二页的页眉上,单击 ≡ 使页眉居中,单击"插入"选项卡中的"文档部件"图标,在下拉式菜单中选择"域",在如图1-78所示的域窗口中,"类别"选择"链接和引用"项,"域名"选择"StyleRef"项,"样式名"选择"标题2","域选项"勾选"插入段落编号"复选框,单击"确定"按钮插入节序号。

再将光标定位到"第一章"的第二页的页眉上,单击■使页眉居中,单击"插入"选项卡中的"文档部件"图标,在下拉式菜单中选择"域",在如图 1-78 所示的域窗口中,"类别"选择"链接和引用"项,"域名"选择"StyleRef"项,"样式名"选择"标题 2","域选项"什么也不选,单击"确定"按钮插入节名。

习　题

1. 自行上网查找关于十字花科植物的科普介绍的资料,完成相关文字的录入。
2. 对正文进行排版,其中:
(1) 设置样式"标题一",单击"修改":设置文字效果为阴影、居中,对大标题应用修改后的"标题一";选中"正文"单击"修改":"楷体_GB2312"、段落之段后 0.5 行、1.5 倍行距,对文中其他文字应用修改后的"正文"样式。
(2) 找到"页面设置"功能,打开"页面设置"对话框,修改页边距:上边距 4 厘米,下边距 1.5 厘米。
(3) 找到"页眉和页脚"功能区,进入"页眉和页脚"视图,光标置于页眉位置处,去除页眉横线。左页脚插入页码。
(4) 光标定位在页眉,选择插入"图片"功能,插入"剪切画",选择"花卉"样子的图片文件,设置图片的版式为"嵌入式",并调整图片尺寸及位置;在页眉右侧插入艺术字"十字花科"。
(5) 找到"页面布局"功能,打开"水印"对话框,选择"文字水印"单选按钮,输入文字"美丽的十字花科",其他采用系统默认值,单击"确定"按钮,完成水印效果设置。
3. 对正文进行排版,其中:
(1) 选中章名选用"样式"功能区的"标题 1",并居中;选中所有章名,单击右键"设项目符号和编号"的"多级符号"格式为第 X 章,其中 X 为自动排序。
(2) 同样对小节名使用样式"标题 2",左对齐;编号格式为多级符号,X.Y,X 为章数字序号,Y 为节数字序号(如 1.1),设置方法同上。
(3) 选"引用"选项卡中的"插入题注",对正文中的图添加题注"图",位于图下方,居中。说明:编号为"章节号"-"图在章中的序号",例如,第 1 章中第 2 幅图,题注编号为 1-2,图的说明使用图下一行的文字,格式同标号。
(4) 选择"页面布局"→"分隔符"→"分页符"→"奇数页",在正文前按序插入节,使用"引用"功能区的目录功能完成下述要求。
① 生成目录。其中,"目录"使用样式"标题 1",并居中;"目录"下为目录项。
② 生成图索引。其中,"图索引"使用样式"标题 1",并居中;"图索引"下为图索引项。
(5) 对正文作分节处理,每章为单独一节。"页眉页脚"居中显示,而且完成如下操作:
① 对于除目录页及图索引页的奇数页,页眉中的文字为"章序号"+"章名";
② 对于除目录页及图索引页的偶数页,页眉中的文字为"摘自百度搜索"。

第 2 章　Excel 2010 高级应用

Excel 2010 是一种电子表格处理软件,是 Office 2010 套装办公软件的一个重要组件,目前已被广泛应用于财务、金融、行政、人事、统计等众多领域。它具有超强的数据分析能力,能够创建预算,分析调查结果、财务数据等;能够根据表格的具体数据创建多种类型的图表。本章将主要学习 Excel 的普通公式建立、数组公式建立与修改以及几大类主要函数的应用,简单讲解 Excel 的基本操作。

2.1　基 本 操 作

2.1.1　建立并格式化 Excel 表格实例

实例一:
打开素材"零件检测结果表_1.xlsx",在 Sheet4 的 A1 单元格中输入分数 1/3。

实例二:
打开素材"员工资料表_1.xlsx"文件,然后按下述要求完成操作。
(1) 在 Sheet5 的 A1 单元格中设置为只能录入 5 位数字或文本。当录入位数错误时,提示错误原因,样式为"警告",错误信息为"只能录入 5 位数字或文本"。
(2) 在 Sheet1 的"职务"列中使用条件格式,将"高级工程师"的字体设置为红色、加粗;将"中级工程师"的字体设置为蓝色、倾斜;其他不变。

2.1.2　工作表的创建

Excel 文件称为工作簿,每个工作簿中可以创建多个工作表,默认的有三张工作表:Sheet1、Sheet2、Sheet3。

创建工作表的操作步骤如下。
1. 插入表格
单击工作表选项卡右侧的"插入工作表"图标,如图 2-1 所示,在最后添加工作表。

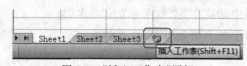

图 2-1　"插入工作表"图标

或选中某工作表选项卡后,单击右键,在弹出的快捷菜单中选择"插入"命令,或选择"开始"选项卡→"单元格"功能区→"插入"→"插入工作表"命令,如图 2-2 所示,即可在所选工作表前插入工作表。

注意:

● 如需更改工作表名称,则应双击工作表选项卡,工作表选项卡高亮显示后,输入名称,按 Enter 键后确认输入。也可右键单击工作表选项卡,在弹出的快捷菜单中选择"重命名"命令,进行修改。

● 如需改变工作表位置,则先要选定需移动的工作表,即单击工作表选项卡,再用鼠标拖动到指定位置即可。

2. 输入数据,设置数据有效性

在 Excel 表格中可以输入数字、文本、日期和时间等类型的数据,但有些特殊数据如分数,若直接输入,将会自动转换为其他数据。因此,要输入分数时,需先输入"0"和一个空格,再输入分数,如图 2-3 所示,按 Enter 键即可完成输入。

图 2-2 "插入工作表"命令

图 2-3 输入分数

数据有效性,即通过设置输入条件,控制用户输入单元格的数据或值的类型,避免非法数据的录入。

设置数据有效性的步骤如下。

(1) 选择一个或多个需要输入控制的单元格。

(2) 选择"数据"选项卡→"数据工具"功能区→"数据有效性"命令,如图 2-4 所示,打开"数据有效性"对话框,如图 2-5 所示。

图 2-4 "数据有效性"命令

图 2-5 "数据有效性"对话框

(3) 在"设置"选项卡中设置具体的输入条件。

(4) 在"输入信息"选项卡中,设置用户选择单元格后打算输入时显示的提示信息,引导其输入合法数据。

(5)在"出错警告"选项卡中,设置用户输入无效数据后显示的警告信息。

(6)单击"确定"按钮,完成设置。

2.1.3 设置单元格格式

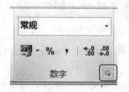

图 2-6 "打开对话框"图标

通过设置单元格格式,改进显示格式,使之更加美观、符合用户需求。

设置单元格格式的步骤如下。

(1)选择一个或多个需要设置的单元格。

(2)单击"开始"选项卡→"数字"功能区中的"打开对话框"图标,如图 2-6 所示,或右键单击,在弹出的快捷菜单中选择"设置单元格格式"命令,打开"设置单元格格式"对话框,如图 2-7 所示。

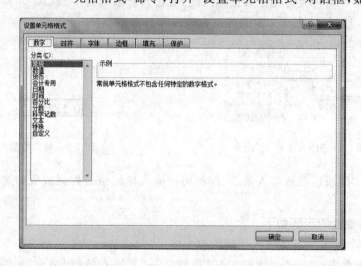

图 2-7 "设置单元格格式"对话框

(3)在"数字"选项卡中进行数字分类(数据类型)的设置。

(4)在"对齐"选项卡中进行单元格内容对齐方式的设置或做合并单元格的操作。

(5)在"字体"选项卡中进行单元格字符格式的设置。

(6)在"边框"选项卡中进行单元格边框线型、颜色等的设置。

(7)单击"确定"按钮,完成设置。

2.1.4 条件格式与自动套用格式

通过设置条件格式,让单元格中的数据在符合指定条件时突出显示。

设置条件格式的步骤如下。

(1)选择要应用条件格式的单元格或单元格区域。

(2)打开"开始"选项卡→"样式"功能区→"条件格式"菜单,如图 2-8 所示,选择相应的菜单项进行设置。

（3）在"突出显示单元格规则"或"项目选取规则"菜单下，选择相应的条件菜单项进行设置。

（4）选择"新建规则"命令，可建立在"突出显示单元格规则"或"项目选取规则"菜单下没有的规则。

（5）选择"管理规则"命令，可在打开的"条件格式规则管理器"对话框中查看、修改条件格式。

自动套用格式，即将 Excel 预先定义好的表格格式，套用于一些常用的表格数据上，可大大简化格式化的设置工作。

使用自动套用格式的步骤如下。

（1）选择要套用的单元格数据区域。

（2）选择"开始"选项卡→"样式"功能区→"套用表格格式"命令，在弹出的格式选项界面中选择一种表格样式后，如图 2-9 所示，打开"套用表格格式"对话框，在其中确认应用范围，单击"确定"按钮即可。

图 2-8　"条件格式"菜单

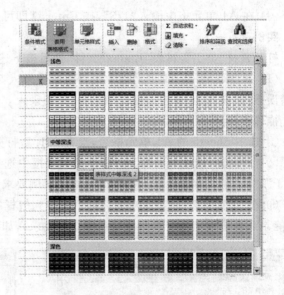

图 2-9　"套用表格格式"选项界面

2.1.5　图解实例

根据上述的知识点，针对 2.1.1 所述实例，进行如下解题操作。

实例一：

打开素材"零件检测结果表_1.xlsx"，在 Sheet4 的 A1 单元格中输入分数 1/3。

操作步骤：

（1）选中 Sheet4 的 A1 单元格后，参考 2.1.3，打开"设置单元格格式"对话框。

（2）在"数字"选项卡下的"分类"列表中，选择"分数"项，如图 2-10 所示，单击"确定"按钮完成设置。

65

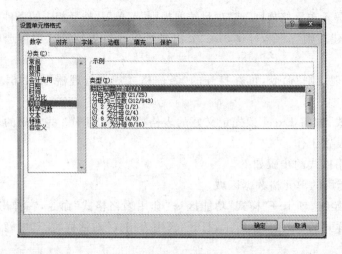

图 2-10 "数字"选项卡

(3) 在 A1 单元格中输入"1/3",按 Enter 键即可。

实例二:

打开素材"员工资料表_1.xlsx"文件,然后按下述要求完成操作。

(1) 在 Sheet5 的 A1 单元格中设置为只能录入 5 位数字或文本。当录入位数错误时,提示错误原因,样式为"警告",错误信息为"只能录入 5 位数字或文本"。

操作步骤:

① 选中 Sheet5 的 A1 单元格后,参考 2.1.2,打开"数据有效性"对话框。

② 在"设置"选项卡中的"允许"下拉列表框中选择"文本长度","数据"下拉列表框中选择"等于","长度"文本框中输入"5"(此处参照案例要求),如图 2-11 所示。

③ 在"出错警告"选项卡中的"样式"下拉列表框中选择"警告","错误信息"文本框中输入"只能录入 5 位数字或文本"(此处参照案例要求),如图 2-12 所示,单击"确定"按钮完成设置。

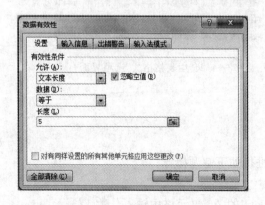

图 2-11 "设置"选项卡

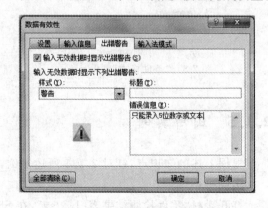

图 2-12 "出错警告"选项卡

(2) 在 Sheet1 的"职务"列中使用条件格式,将"高级工程师"的字体设置为红色、加粗;将"中级工程师"的字体设置为蓝色、倾斜;其他不变。

操作步骤:

① 选中 Sheet1 的"职务"列数据区域后,选择"开始"选项卡→"样式"功能区→"条件格

式"→"突出显示单元格规则"→"等于"命令,如图 2-13 所示,打开"等于"对话框。

图 2-13 "突出显示单元格规则"菜单

② 在文本框中输入"高级工程师",在"设置为"下拉列表框中选择"自定义格式"项,打开"设置单元格格式"对话框,在"字体"选项卡中,设置字体为红色、加粗,如图 2-14 所示,连续单击"确定"按钮完成设置。

图 2-14 设置"条件 1"

③ 重复步骤①、②,在"等于"对话框的文本框中输入"中级工程师"(此处参照案例要求),在"设置单元格格式"对话框的"字体"选项卡中,设置的字体为蓝色、倾斜。

2.2 普通公式的应用

2.2.1 简单报表计算实例

实例一:
打开素材"房产销售_2.xlsx"文件,然后利用公式,计算 Sheet1 中的房价总额(房价总额的计算公式为:"面积*单价")。

实例二:

打开素材"气温比较_2.xlsx"文件,然后按下述要求完成操作。

(1) 使用 IF 函数,对 Sheet1 中的"温度较高的城市"列进行自动填充。

(2) 利用函数,根据 Sheet1 中的结果,符合以下条件的进行统计。

① 杭州这半个月以来的最高气温和最低气温;

② 上海这半个月以来的最高气温和最低气温。

2.2.2 普通公式编辑

公式就是对工作表中的数据进行计算和处理的表达式,以"="开始,由操作数和运算符两个基本部分组成的,如"=3*C2+SUM(B2:B13)"。

操作数可以是常量、单元格引用、函数等。

1. 操作数

1) 常量

常量是直接输入到公式中的数字或文本,如示例公式中的"3"。

2) 单元格引用

单元格引用,即通过引用单元格的地址(列标+行号,如示例公式中的C2),使用单元格的数据进行计算。根据公式所在的单元格即目标单元格的位置发生变化时,公式中单元格引用的变化情况,分为相对引用、绝对引用和混合引用。

(1) 相对引用是指公式中引用的单元格地址,会因为目标单元格(公式所在的单元格)位置的变化而发生对应变化。

如将存放在 F2 单元格中的公式:"=3*C2+SUM(B2:B13)",复制到 F3 单元格,F3 中的公式变化为:"=3*C3+SUM(B3:B14)",变化规律为目标单元格的"行号"每增加1(从2变到3),公式中单元格引用的"行号"也自动加1。若在 F 列继续向下复制,公式中的单元格引用将依此规律发生变化。

◇ 思考1:若将 F2 单元格中的公式复制到 G2 或 E2 单元格(向右或向左复制),公式中的单元格引用会发生什么变化? 请总结变化规律。

(2) 绝对引用是指公式中引用的单元格地址在任何情况下都保持不变,与目标单元格的位置变化无关。在某些情况下,不希望调整公式中单元格引用的位置,则可使用绝对引用。其引用方式是在单元格的列标和行号前都加上"$"符。

如不希望上例公式中的单元格引用"B2:B13"在复制到其他单元格时发生变化,则需采用绝对引用,公式应改为:"=3*C2+SUM($B$2:$B$13)",无论公式复制到何处,其引用的位置始终是"B2:B13"区域。

(3) 混合引用是在单元格引用中既有相对引用,又有绝对引用,有"相对列绝对行"和"绝对列相对行"两种形式。

如上例 F2 单元格中的公式,将单元格引用"B2:B13"改为混合引用:"=3*C2+SUM(B$2:B$13)",将公式向上或向下复制(目标单元格的行号发生变化)时,"B$2:B$13"保持不变;将公式向左或向右复制(目标单元格的列标发生变化)时,"B$2:B$13"中的列号"B"将按照相对引用的变化规律发生改变,即复制到 G2 单元格时,公式变化为:"＝3＊D2＋SUM(C$2:C$13)"。(请结合思考 1)

以上实例引用的是同一工作表中的单元格数据,如需引用同一工作簿中其他工作表中的单元格,则应使用三维引用,格式为

＝工作表名称！单元格地址

如要引用其他工作簿中某一工作表的单元格,则需使用如下格式:

＝[工作簿名称]工作表名称！单元格地址

注意:所有的符号,如！(感叹号)、:(冒号)、()(括号)等均为英文标点符号。下同。

3) 函数

函数是 Excel 预先定义的特殊公式,使用一些称为参数的特定数值按特定的结构或顺序执行计算、分析等数据处理任务。其一般的格式为

函数名(参数 1,参数 2,……)

以求和函数 SUM 为例,它的语法是:"SUM(number1,number2,…)"。其中"SUM"为函数名,具有唯一性,它体现了函数的功能和用途。函数名后紧跟括号,括号中是参数,多个参数之间用逗号分隔。

(1) 参数。

参数是函数中最复杂的组成部分,是函数的输入值,它规定了函数的运算对象、顺序或结构等,使得用户可以对某个单元格或区域进行处理。如 SUM 函数的参数"number1,number2,…"为求和的加数。参数的个数依具体的函数而定,分无参数函数和有参数函数。无参数函数,如返回当前日期和时间的函数 Now()。但大部分函数至少需要一个参数,参数还可分为必要参数和可选参数。如上例中的"SUM(B2:B13)",有一个参数"B2:B13",即求的是B2 至 B13 单元格区域中数据的和。

(2) 返回值。

大部分函数都有返回值,即通过函数计算得到的结果。如 SUM 函数的返回值为加法计算后的和。上例中的"SUM(B2:B13)"返回 B2 至 B13 单元格区域中的数据之和,为一个数值。需要特别注意的是,函数作为公式中的某一部分时,需直接把它当作返回的值来使用,而不要从函数角度来对待。如上例"＝3＊C2＋SUM(B2:B13)",直接把"SUM(B2:B13)"当作一个数值来用,假设"SUM(B2:B13)"返回值为 269,则该公式计算的为"3＊C2＋269"的值。

2. 运算符

运算符用于指定公式内执行计算的类型,分为算术运算符、比较运算符、文本运算符和引用运算符,见表 2-1。

算术运算符用于连接数值数据完成基本的数学运算;比较运算符用于比较数值的大小关系,运算结果为逻辑值"TRUE"或"FALSE";文本运算符用于将两个文本字符串连成一个文本字符串;引用运算符用于对单元格区域进行合并计算,生成一个联合引用。

每个运算符都有一个优先级,公式按照运算符优先级从高到低的顺序进行计算。但括号"()"能改变计算的顺序,可将需要优先计算的式子用括号括起来。因此,建议大家不必死记运算符的优先级顺序,可充分利用括号来改变顺序,满足实际需求。

表 2-1　运算符

类型	运算符	含义	示例
算术运算符	＋	加	3＋C2
	－	减	10－5
	＊	乘	5＊2
	／	除	10/3
	％	百分比	50％
	^	乘幂	3^2
比较运算符	＝	等于	A1＝B1
	＞	大于	A1＞B1
	＜	小于	A1＜B1
	＞＝	大于等于	A1＞＝B1
	＜＝	小于等于	A1＜＝B1
	＜＞	不等于	A1＝＜＞B1
文本运算符	＆	连接符	"浙江"&"杭州",结果为"浙江杭州"
引用运算符	：(冒号)	区域运算符,生成两个引用之间所有单元格的引用	A1:C5 表示引用从 A1 到 D5 之间所有的单元格
	,(逗号)	联合运算符,将多个引用合并为一个引用	SUM(A1:A5,D1:D5) 表示引用 A1:A5 和 D1:D5 两个单元格区域
	(空格)	交集运算符,产生对两个单元格引用共有的单元格的引用	SUM(A1:E1,D1:D3) 表示引用 A1:E1 和 D1:D3 两个单元格区域相交的 D1 单元格

3. 公式的编辑

公式的编辑操作如下。

1) 输入公式

(1) 选中目标单元格,即需要输入公式的单元格。

(2) 输入"＝"后,再根据需要输入表达式,可直接在单元格中输入,也可在编辑栏中输入,如图 2-15 所示。

(3) 对于函数,可直接单击编辑栏左边的"插入函数"图标 *fx*,在打开的"插入函数"对话框中选择所需函数(可先在"类别"下拉列表框中选择函数类别,"函数"列表框中将列出该类别下的函数,然后在缩小范围后的"函数"列表中寻找所需函数,选中即可,见图 2-16),并单击"确定"按钮,打开"函数参数"对话框,根据需要输入各参数,如图 2-17 所示。最后单击"确定"按钮即可。

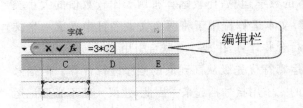

图 2-15　编辑栏输入公式

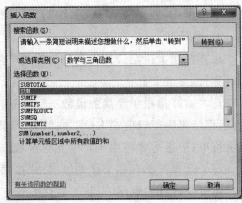

图 2-16　"插入函数"对话框

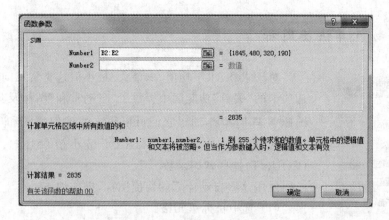

图 2-17 "函数参数"对话框

通过"公式"选项卡→"函数库"功能区中的命令、图标也可加入函数,如图 2-18 所示。

注意:如果参数为单元格引用,可直接用鼠标选取所需单元格,此时,单元格引用将自动输入其中。

图 2-18 "函数库"功能区

(4)输入结束后,按 Enter 键确认输入内容,也可单击编辑栏左边的"输入"图标 ✓ 进行确认,此时单元格中将显示公式的运算结果,如图 2-19 所示。若输入有误,则可单击编辑栏左边的"取消"图标 ✗ ,取消输入内容。

图 2-19 单元格显示运算结果

2)修改公式

(1)选中需要修改公式的单元格,此时编辑栏中显示该公式,然后在编辑栏中进行修改。

(2)如需修改函数参数,为方便修改,可先单击相应的函数名,再单击"插入函数"图标 f_x ,打开"函数参数"对话框后修改,避免修改后造成格式等方面的错误。

(3)修改完毕,单击编辑栏左侧的"输入"图标 ✓ (或按 Enter 键)确认。

3)复制公式

复制公式是将公式应用于其他单元格的操作,通常采用拖动填充柄的方式将公式复制到邻近单元格。

图 2-20 填充柄

(1)选中存放公式的单元格。

(2)移动光标至单元格右下角,待光标变成黑色十字时,表示鼠标已定位于填充柄上,如图 2-20 所示。此时按住鼠标左键,沿行(对行计算)或沿列(对列计算),拖动至最后一个需要计算的单元格,完成公式的复制和计算。

2.2.3 自动计算快捷图标

图 2-21 自动计算快捷图标

对于求和、求平均值、求最大/最小值这类常见问题,在"开始"选项卡的"编辑"功能区中提供了"自动求和"图标及其右侧的下拉图标,通过它们可以很方便地使用求和(SUM)、平均值(AVERAGE)、最大值(MAX)、最小值(MIN)、单元格计数(COUNT)这些常用函数。

使用这些自动计算的快捷图标,操作如下。

(1) 选中目标单元格。

(2) 单击"自动求和"图标或其右侧的下拉图标,在其中选择所需函数,如图 2-21 所示,此时单元格中出现函数,确认参数或重新设置参数后,按 Enter 键即可。

2.2.4 图解实例

根据上述的知识点,针对 2.2.1 所述实例,进行如下解题操作。

实例一:

打开素材"房产销售_2.xlsx"文件,然后利用公式,计算 Sheet1 中的房价总额(房价总额的计算公式为:"面积 * 单价")。

公式分析:

根据"房价总额=面积 * 单价",在 I3 单元格(房价总额)中的公式为:"=F3 * G3"。

操作步骤:

(1) 选中 Sheet1 的 I3 单元格后,在编辑栏中输入"=",然后用鼠标选取 F3 单元格(面积),再输入" * ",最后再用鼠标选取单元格 G3(单价),单击"输入"图标 后完成公式"=F3 * G3"的输入,如图 2-22 所示。

图 2-22 输入公式

(2) 鼠标左键拖动 I3 单元格的填充柄,向下复制公式至最后的 I26 单元格即可。

实例二:

打开素材"气温比较_2.xlsx"文件,然后按下述要求完成操作。

(1) 使用 IF 函数,对 Sheet1 中的"温度较高的城市"列进行自动填充。

公式分析:

温度较高的城市:如果杭州的温度高于上海的温度,则为杭州,否则为上海。因此,采用 IF 函数,在 D3 单元格(温度较高的城市)中的公式为:"=IF(B3>=C3,"杭州","上海")"。

第 2 章　Excel 2010 高级应用

操作步骤：

① 选中 Sheet1 的 D3 单元格后，单击"插入函数"图标 f_x（此种情况下"="自动输入），在打开的"插入函数"对话框中，选择"逻辑"类别下的"IF"函数。单击"确定"按钮后，打开"函数参数"对话框。

② 在第一个参数 Logical_test（设定的逻辑条件）中，输入逻辑表达式："B3>=C3"（表示判断杭州的气温高于上海的温度），其中，单元格引用可由鼠标直接选取后自动输入；在第二个参数 Value_if_true（当逻辑表达式的值为"TRUE"时的返回值）中，输入"杭州"；在第三个参数 Value_if_false（当逻辑表达式的值为"FALSE"时的返回值）中，输入"上海"，如图 2-23 所示。

注意： 参数 Value_if_true 和 Value_if_false 中的引号""""可由计算机自动输入。

③ 单击"确定"按钮完成公式（函数）"=IF(B3>=C3,"杭州","上海")"的输入。

④ 鼠标左键拖动 D3 单元格的填充柄，向下复制公式至最后的 D17 单元格即可。

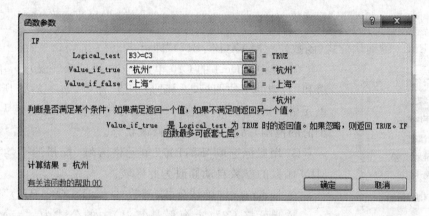

图 2-23　输入"IF"函数参数

(2) 利用函数，根据 Sheet1 中的结果，对符合以下条件的进行统计。

① 杭州这半个月以来的最高气温和最低气温；
② 上海这半个月以来的最高气温和最低气温。

公式分析：

杭州最高气温：

杭州气温中的最大值，因此采用 MAX 函数，公式为："=MAX(B3:B17)"。

杭州最低气温：

杭州气温中的最小值，因此采用 MIN 函数，公式为："=MIN(B3:B17)"。

上海的最高气温和最低气温分析同上。

操作步骤：

① 选中 Sheet1 的 C19 单元格（杭州最高气温）后，单击"自动求和"右侧的下拉图标，选择"最大值"命令，如图 2-24 所示。此时单元格中出现"MAX"函数，其后括号中的参数（为需要从中找出最大值的范围）高亮显示，处于修改状态。

② 用鼠标选取"B3:B17"单元格区域（杭州的平均气温）后，MAX 函数的参数自动修改为此区域，如图 2-25 所示。

图 2-24　插入"MAX"函数　　　　图 2-25　修改"MAX"函数参数

③ 按 Enter 键确认公式(函数)"＝MAX(B3:B17)"即可。

④ 选中 Sheet1 的 C20 单元格(杭州最低气温)后,单击"自动求和"右侧的下拉图标,选择"最小值"命令,如图 2-26 所示。此时单元格中出现"MIN"函数,其后括号中的参数(为需要从中找出最小值的范围)高亮显示,处于修改状态。

⑤ 用鼠标选取"B3:B17"单元格区域(杭州的平均气温)后,MIN 函数的参数自动修改为此区域。

⑥ 按 Enter 键确认公式(函数)"＝MIN（B3:B17)"即可。

⑦ 单元格 C21(上海最高气温)中的公式为:"＝MAX(C3:

图 2-26　插入"MIN"函数　　C17)",参考步骤①～③输入。

⑧ 单元格 C22(上海最低气温)中的公式为:"＝MIN(C3:C17)",参考步骤④～⑥输入。

2.3　逻辑函数与函数嵌套

2.3.1　逻辑函数与函数嵌套的应用实例

实例一:

打开素材"服装采购_3.xlsx"文件,使用 IF 逻辑函数,对 Sheet1 中的"折扣"列进行填充。

◆ 要求:根据"折扣表"中的商品折扣率,利用相应的函数,将其折扣率填充到采购表中的"折扣"列中。

实例二:

打开素材"三科成绩_3.xlsx"文件,使用逻辑函数,判断 Sheet1 中每个同学的每门功课是否均高于全班单科平均分。

◆ 要求：如果是，保存结果为 TRUE；否则，保存结果为 FALSE；将结果保存在表中的"优等生"列。

◆ 注意：

优等生条件为每门功课均高于全班单科平均分。

实例三：

打开素材"学生体育成绩表_3.xlsx"文件，使用 IF 函数和逻辑函数，对 Sheet1"学生成绩表"中的"结果 1"和"结果 2"列进行填充。

◆ 要求：

填充的内容根据以下条件确定：(将男生、女生分开写进 IF 函数当中)

(1) 结果 1：如果是男生，成绩<14.00，填充为"合格"；

成绩>=14.00，填充为"不合格"；

如果是女生，成绩<16.00，填充为"合格"；

成绩>=16.00，填充为"不合格"；

(2) 结果 2：如果是男生，成绩>7.50，填充为"合格"；

成绩<=7.50，填充为"不合格"；

如果是女生，成绩>5.50，填充为"合格"；

成绩<=5.50，填充为"不合格"。

2.3.2 逻辑函数

逻辑函数是用来判断真假值，或者进行复合检验的函数。本节将介绍该类别下的条件函数 IF、逻辑与运算函数 AND、逻辑或运算 OR 函数。

1. 条件函数 IF

功能：用于执行真假值判断后，根据逻辑测试的真假值返回不同的结果。

格式：IF(logical_test,value_if_true,value_if_false)

参数：Logical_test 为需要判断的逻辑条件，是计算结果为 TRUE 或 FALSE 的任意值或表达式；Value_if_true 为当 Logical_test 的值为 TRUE 时，函数的返回值；Value_if_false 为当 Logical_test 的值为 FALSE 时，函数的返回值。

示例：在 C2 单元格中输入函数："=IF(A2>=60,"及格","不及格")"，若单元格 A2=70，则函数的返回值为""及格""，即 C2 中显示"及格"；若单元格 A2=50，则函数的返回值为""不及格""，即 C2 中显示"不及格"。

2. 逻辑与运算函数 AND

功能：进行逻辑与运算，即当所有条件都满足时，函数返回 TRUE 值；只要有一个条件不满足，函数就返回 FALSE 值。

格式：AND(logical1,logical2,…)

参数：Logical1,Logical2,… 为待检验的逻辑表达式，最多有 255 个，必须能计算出逻辑值(TRUE 或者 FALSE)，或者为包含逻辑值的数组或引用。

示例："=AND(C2>60,C2<80)"，若单元格 C2=70，则函数的返回值为"TRUE"；若单元格 C2=50，则函数的返回值为"FALSE"。

3. 逻辑或运算函数 OR

功能：进行逻辑或运算，即只要有一个条件满足时，函数返回 TRUE 值；所有条件都不满足时，函数返回 FALSE 值。

格式：OR(logical1,logical2,…)

参数：Logical1,Logical2,…为待检验的逻辑表达式，最多有 255 个，必须能计算出逻辑值（TRUE 或者 FALSE），或者为包含逻辑值的数组或引用。

示例："=OR(B2＞60,C2＞60)"，若单元格 B2=70,C2=50，则函数的返回值为"TRUE"；若单元格 B2=40,C2=50，则函数的返回值为"FALSE"。

2.3.3 函数嵌套

函数嵌套，即一个函数是另一个函数的参数。

函数嵌套的操作要点如下。

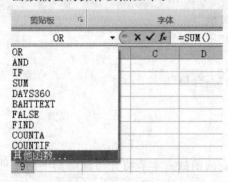

图 2-27 在函数下拉列表中插入嵌套函数

(1) 某一函数参数中的函数，即嵌套的函数，必须在编辑栏左边的函数下拉列表中选择，如图 2-27 所示，若列表中没有出现所需函数，则应选择"其他函数"项，打开"插入函数"对话框后进行选择，而无法通过单击"插入函数"图标 f_x 等方法来插入嵌套函数。当选定嵌套的函数后，立即出现该函数的参数对话框。

(2) 可根据需要，通过在编辑栏中单击相应的函数名，来改变参数对话框，即出现所单击函数的参数对话框。

(3) 当函数及其嵌套的函数都完成参数的设置后，再单击参数对话框上的"确定"按钮完成操作；若为数组函数，则需同时按 Ctrl+Shift+Enter 三个键来完成数组函数的输入(2.4 中将对数组函数有详细讲解)。

2.3.4 图解实例

根据上述的知识点，针对 2.3.1 所述实例，进行如下解题操作。

实例一：

打开素材"服装采购_3.xlsx"文件，使用 IF 逻辑函数，对 Sheet1 中的"折扣"列进行填充。

◆ 要求：根据"折扣表"中的商品折扣率，利用相应的函数，将其折扣率填充到采购表中的"折扣"列中。

公式分析：

总体思路为：将采购数量与折扣表中的数量标准作比较，得出其相应的折扣率。

比较的过程为：首先判断"采购数量＞=300"(IF 函数的第一个参数 Logical_test)，如果条件成立，结果为"10%"(IF 函数的第二个参数 Value_if_true)，如果不成立，再继续判断(IF 函数的第三个参数 Value_if_false 中嵌套 IF 函数，即第 1 层嵌套的 IF 函数)；继续判断"采购数量>=200"(第 1 层嵌套的 IF 函数的第一个参数 Logical_test),如果条件成立,结果为"8%"(第 1 层嵌套的 IF 函数的第二个参数 Value_if_true),如果不成立,再继续判断(第 1 层嵌套的 IF 函数的第三个参数 Value_if_false 中再嵌套 IF 函数,即第 2 层嵌套的 IF 函数);继续判断"采购数量>=100"(第 2 层嵌套的 IF 函数的第一个参数 Logical_test),如果条件成立,结果为"6%"(第 2 层嵌套的 IF 函数的第二个参数 Value_if_true),如果不成立,结果为"0%"(第 2 层嵌套的 IF 函数的第三个参数 Value_if_false)。

综上分析,在 E11 单元格(折扣)中的公式为

"=IF(B11>=300,10%,IF(B11>=200,8%,IF(B11>=100,6%,0%)))"

操作步骤:(公式中的单元格引用可用鼠标选中单元格后自动输入)

(1) 选中 Sheet1 的 E11 单元格后,单击"插入函数"图标 f_x,在打开的"插入函数"对话框中,选择"逻辑函数"类别下的"IF"函数,单击"确定"按钮后,打开"函数参数"对话框。

(2) 在第一个参数 Logical_test 中,输入"B11>=300";在第二个参数 Value_if_true 中,输入"10%";在第三个参数 Value_if_false 中,插入"IF"函数(在编辑栏左边的函数下拉列表中选择,见图 2-28),打开第 1 层嵌套函数 IF 的"函数参数"对话框。

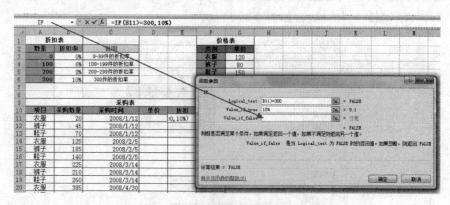

图 2-28 最外层"IF"函数参数对话框

(3) 第一个参数 Logical_test 中,输入"B11>=200";在第二个参数 Value_if_true 中,输入"8%";在第三个参数 Value_if_false 中,插入"IF"函数(在编辑栏左边的函数下拉列表中选择,见图 2-29),打开第 2 层嵌套函数 IF 的"函数参数"对话框。

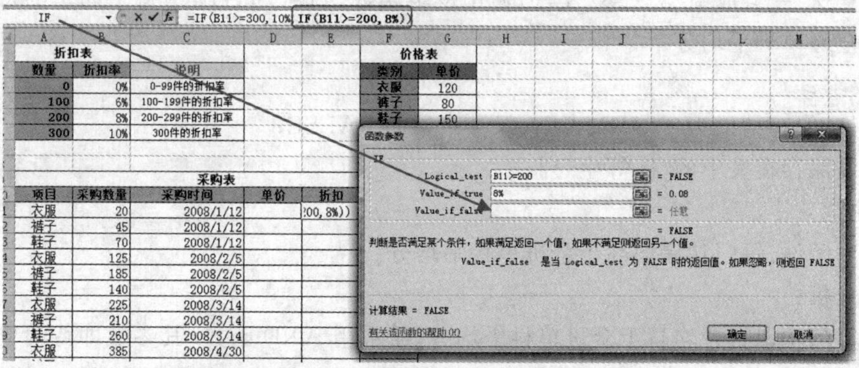

图 2-29 第 1 层嵌套的"IF"函数参数对话框

(4) 在第一个参数 Logical_test 中,输入"B11>=100";在第二个参数 Value_if_true 中,输入"6%";在第三个参数 Value_if_false 中,输入"0%",如图 2-30 所示。

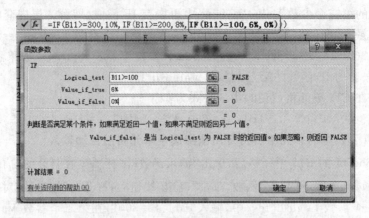

图 2-30　第 2 层嵌套的"IF"函数参数对话框

(5) 单击"确定"按钮完成公式(函数):"=IF(B11>=300,10%,IF(B11>=200,8%,IF(B11>=100,6%,0%)))"的输入,如图 2-31 所示。

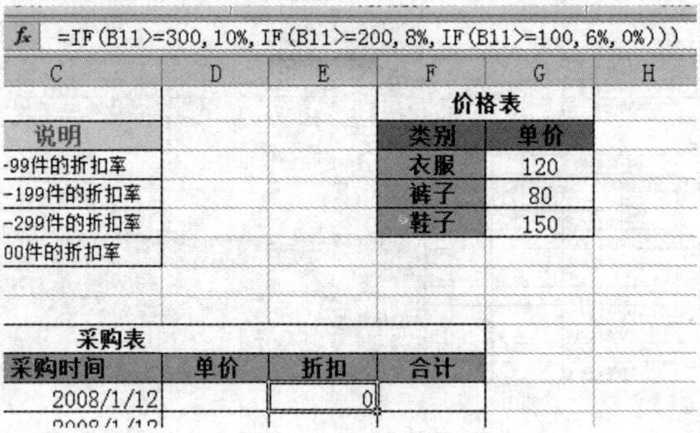

图 2-31　确认输入公式

(6) 鼠标左键拖动 E11 单元格的填充柄,向下复制公式至 E43 单元格。

实例二:

打开素材"三科成绩_3.xlsx"文件,使用逻辑函数,判断 Sheet1 中每个同学的每门功课是否均高于全班单科平均分。

◆ 要求:

如果是,保存结果为 TRUE;否则,保存结果为 FALSE;

将结果保存在表中的"优等生"列。

◆ 注意:

优等生条件:每门功课均高于全班单科平均分。

公式分析:

判断每门功课是否均高于全班单科平均分,需采用 AND 函数,其参数即待检验的逻辑表达通式为:某同学某门功课成绩>全班该门功课平均分。其中,平均分采用 AVERAGE 函数计算,即语文平均分为"AVERAGE(C2:C39)",数学平均分为"AVERAGE(D2:D39)",英语平均分为"AVERAGE(E2:E39)"。每门功课均需要进行判断,因此在 I2 单元格(优等生)中的公式为:"=AND(C2>AVERAGE(C2:C39),D2>AVERAGE(D2:D39),E2>AVERAGE(E2:E39))"

"优等生"列其余单元格的计算方法同上,可将 I2 中的公式向下复制至 I39,但公式需改为:"=AND(C2>AVERAGE(C$2:C$39),D2>AVERAGE(D$2:D$39),E2>AVERAGE(E$2:E$39))"后,再向下复制。(请参考本节实例一的公式分析,考虑修改原因)

操作步骤:

(1) 选中 Sheet1 的 I2 单元格后,单击"插入函数"图标 f_x,在打开的"插入函数"对话框中,选择"逻辑函数"类别下的"AND"函数。单击"确定"按钮后,打开"函数参数"对话框。

(2) 在第一个参数 Logical1 中,输入"C2>",在其后插入"统计"类别下的"AVERAGE"函数(在编辑栏左边的函数下拉列表中选择,如图 2-32 所示),打开 AVERAGE 的"函数参数"对话框。

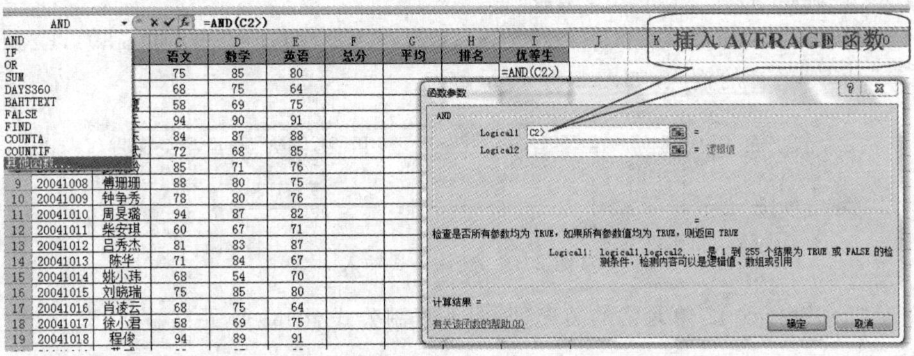

图 2-32 插入嵌套的"AVERAGE"函数

(3) 在第一个参数 Number1 中,用鼠标选取 C2:C39 单元格区域(语文分数列)后,在行号前输入"$",即"C$2:C$39",如图 2-33 所示。

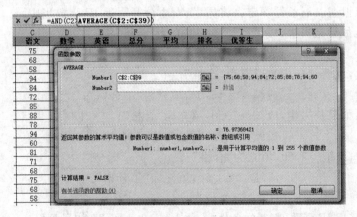

图 2-33 嵌套的"AVERAGE"函数参数对话框

(4) 在编辑栏中单击"AND"函数,返回 AND"函数参数"对话框,此时完成 AND 函数的第一个参数 Logical1:"C2>AVERAGE(C$2:C$39)"的输入;可将 Logical1 复制到 Logical2、Logical3 中,并在 Logical2 中,将"C"改为"D",即"D2>AVERAGE(D$2:D$39)",在

Logical3 中,将"C"改为"E",即"E2>AVERAGE(E$2:E$39)",如图 2-34 所示。

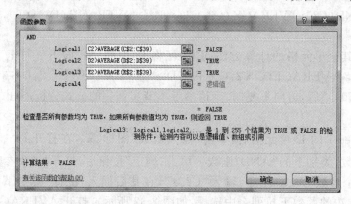

图 2-34 "AND"函数参数对话框

(5) 单击"确定"按钮完成公式(函数):
"=AND(C2>AVERAGE(C$2:C$39),D2>AVERAGE(D$2:D$39),E2>AVERAGE(E$2:E$39))"的输入,如图 2-35 所示。

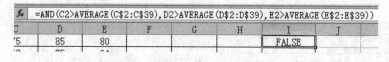

图 2-35 确认公式输入

(6) 鼠标左键拖动 I2 单元格的填充柄,向下复制公式至 I39 单元格。

实例三:

打开素材"学生体育成绩表_3.xlsx"文件,使用 IF 函数和逻辑函数,对 Sheet1"学生成绩表"中的"结果 1"和"结果 2"列进行填充。

◆ 要求:

填充的内容根据以下条件确定:(将男生、女生分开写进 IF 函数当中)

(1) 结果 1:如果是男生,成绩<14.00,填充为"合格";
　　　　　　成绩>=14.00,填充为"不合格";
如果是女生,成绩<16.00,填充为"合格";
　　　　　　成绩>=16.00,填充为"不合格";

(2) 结果 2:如果是男生,成绩>7.50,填充为"合格";
　　　　　　成绩<=7.50,填充为"不合格";
如果是女生,成绩>5.50,填充为"合格";
　　　　　　成绩<=5.50,填充为"不合格"。

公式分析:

"结果 1"列采用 IF 函数,判断的条件(参数 Logical_test)为:如果是男生,并且百米成绩<14 秒,或者,如果是女生,并且百米成绩<16 秒;当条件成立,显示"合格"(参数 Value_if_true);若条件不成立,则显示"不合格"(参数 Value_if_false)。

参数 Logical_test,需要使用 OR 函数,将条件 1——如果是男生,并且百米成绩<14 秒,和条件 2——如果是女生,并且百米成绩<16 秒,进行逻辑或运算,即只要其中有一个条件成

立(返回 TRUE 值),OR(条件 1,条件 2)就返回 TRUE 值。

条件 1,需要使用 AND 函数,将条件 1-1——男生,条件 1-2——百米成绩<14 秒,进行逻辑与运算,即必须两个条件同时成立(都返回 TRUE 值),AND(条件 1-1,条件 1-2)才返回 TRUE 值。

由此,条件 1 为:AND(性别="男",百米成绩<14);同理,条件 2 为:AND(性别="女",百米成绩<16)。则参数 Logical_test 为:OR(AND(性别="男",百米成绩<14),AND(性别="女",百米成绩<16))。

综上分析,在 F3 单元格(结果 1)中的公式为

"=IF(OR(AND(D3="男",E3<14),AND(D3="女",E3<16)),"合格","不合格")"

"结果 2"列的分析、计算方法同上,在 H3 单元格(结果 2)中的公式为"=IF(OR(AND(D3="男",G3>7.5),AND(D3="女",G3>5.5)),"合格","不合格")",请自行分析、思考。

操作步骤:

(1) 选中 Sheet1 的 F3 单元格后,单击"插入函数"图标 f_x,在打开的"插入函数"对话框中,选择"逻辑函数"类别下的"IF"函数,单击"确定"按钮后,打开"函数参数"对话框。

(2) 在第一个参数 Logical_test 中,插入"逻辑函数"类别下的"OR"函数(在编辑栏左边的函数下拉列表中选择,见图 2-36),打开 OR"函数参数"对话框。

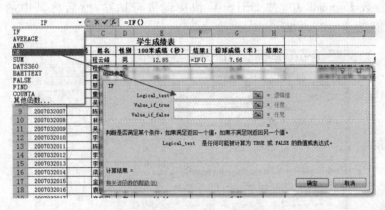

图 2-36 插入嵌套的"OR"函数

(3) 在第一个参数 Logical1 中,插入"逻辑函数"类别下的"AND"函数(在编辑栏左边的函数下拉列表中选择,见图 2-37),打开 AND"函数参数"对话框。

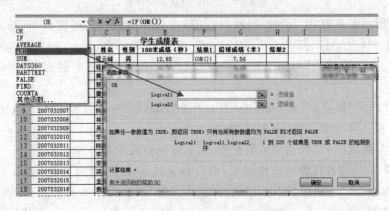

图 2-37 插入嵌套的"AND"函数

(4) 在第一个参数 Logical1 中,输入"D3="男"";在第二个参数 Logical2 中,输入"E3<14",如图 2-38 所示。

注意:输入时,所有的符号,如""(引号)、<(小于号)等均为英文标点符号。

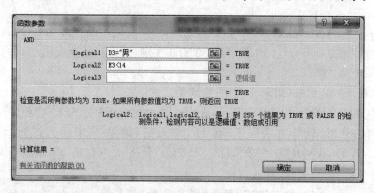

图 2-38 "AND"函数参数设置

(5) 在编辑栏中单击"OR"函数,返回 OR"函数参数"对话框,此时完成 OR 函数的第一个参数 Logical1:"AND(D3="男",E3<14)"的输入,将该参数选中后按 Ctrl+C 快捷键进行复制;在第二个参数 Logical2 中,按 Ctrl+V 快捷键进行粘贴,然后将其中的""男""修改为""女"",将"14"修改为"16",如图 2-39 所示。

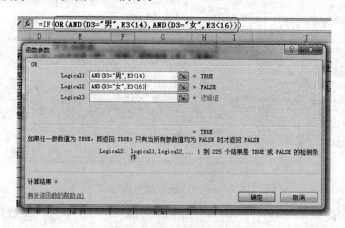

图 2-39 "OR"函数参数设置

(6) 在编辑栏中单击"IF"函数,返回 IF"函数参数"对话框,此时完成 IF 函数的第一个参数 Logical_test:"OR(AND(D3="男",E3<14),AND(D3="女",E3<16))"的输入;在第二个参数 Value_if_true 中输入"合格";在第三个参数 Value_if_false 中输入"不合格",如图 2-40 所示。

(7) 单击"确定"按钮,完成公式:"=IF(OR(AND(D3="男",E3<14),AND(D3="女",E3<16)),"合格","不合格")"的输入,如图 2-41 所示。

(8) 鼠标左键拖动 F3 单元格的填充柄,向下复制公式至 F30 单元格。

(9) "结果 2"列的计算填充操作同上,请自行完成。注意,因为之前"结果 1"列计算时用过的函数都会出现在"常用函数"中,因此在"插入函数"对话框中选择所需函数时,可在"常用函数"类别下选择。

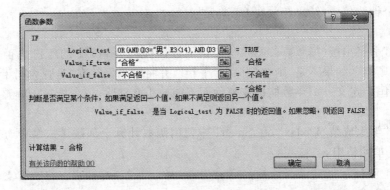

图 2-40 "IF"函数参数设置

图 2-41 确认公式输入

2.4 数组公式与数学函数

2.4.1 数组公式与数学函数的应用实例

实例一：

打开素材"三科成绩_4.xlsx"文件，使用数组公式，对 Sheet1 计算总分和平均分，将其计算结果保存到表中的"总分"列和"平均分"列当中。

实例二：

打开素材"服装采购_4.xlsx"文件，使用 SUMIF 函数，统计各种商品的采购总量和采购总金额，将结果保存在 Sheet1 中的"统计表"当中。

实例三：

打开素材"气温比较_4.xlsx"文件，将 Sheet1 复制到 Sheet2 中，在 Sheet2 中，重新编辑数组公式，将 Sheet2 中的"相差的温度值"中的数值取其绝对值（均为正数）。

实例四：

打开素材"通讯费年度计划表_4.xlsx"文件，使用 INT 函数，计算 Sheet1 中"通讯费年度计划表"的"预计报销总时间"列。

◆ 要求：

(1) 每月以 30 天计算；

(2) 将结果填充在"预计报销总时间"列中。

实例五：

打开素材"零件检测结果表_4.xlsx"，在 Sheet4 中，使用函数，将 B1 中的时间四舍五入到最接近的 15 分钟的倍数,结果存放在 C1 单元格中。

实例六:

打开素材"书籍出版(闰年)_4.xlsx",使用函数,判断 Sheet2 中的年份是否为闰年,如果是,结果保存"闰年",如果不是,则结果保存"平年",并将结果保存在"是否为闰年"列中。

◆ 说明:闰年定义——年数能被 4 整除而不能被 100 整除,或者能被 400 整除的年份。

实例七:

打开素材"学生成绩_4.xlsx",在 Sheet1 中使用函数计算全部数学成绩中奇数的个数,结果存放在 A41 单元格中。

2.4.2 数组公式

数组是单元格的集合或是一组处理的值的集合。数组公式,即输入一单个公式,它执行多个输入操作并产生多个结果,每个结果可各占一个单元格。数组公式可以看成是有多重数值的公式,其优点在于可以把一组数据当成一个整体来处理,传递给公式、函数。

数组公式的操作和普通公式类似,但要记住一点:数组公式是将同一类型的数据当作一个整体来处理的。如 2.2.4 的实例一,若采用数组公式,则公式为:"{=F3:F26*G3:G26}",数组公式的特点为用大括号"{}"框住的公式,如图 2-42 所示。该公式是将两组数据——"F3:F26"单元格区域的数据和"G3:G26"单元格区域的数据,进行整体的乘法处理后,得到多个结果:F3*G3 的乘积、F4*G4 的乘积、……、F26*G26 的乘积。因此,在输入数组公式前,需要先将目标单元格区域"I3:I26"选中,最后公式计算的多个结果才能依次显示其中,此类数组公式称为多单元格公式,即把数组公式放到一个和其产生的结果个数一致的单元格区域内,可以呈现各个计算的结果值,而位于一个单元格中的数组公式称为单元格公式。

通过和 2.2.4 实例一的普通公式相比较,不难看出,数组公式可以对一批单元格统一进行处理,而无需对每个单元格一一应用公式。

鉴于初学者对数组公式的理解可能存在困难,加之多单元格公式和普通公式在很多应用上具有通用性(很多问题既可以用普通公式解决,也可以用数组公式解决),因此,在操作时两者容易混淆。表 2-2 是对两者在操作上异同的比较,在实际运用时要注意区别。

表 2-2 数组公式与普通公式的操作异同

步骤		数组公式	普通公式
输入公式	1	若为多单元格公式,需选中目标单元格区域,如上例中的 I3:I26	选中一个目标单元格,通常是目标区域中的第一个单元格,如 2.2.4 实例一中的 I3 单元格
	2	输入"="	
输入公式	3	在编辑栏中输入公式,注意: 　　当要输入单元格引用时,可直接用鼠标选中单元格后自动输入 　　当需要函数时,单击"插入函数"图标 f_x ,选择所需函数后进行参数设置 公式或函数中需要将一组单元格数据整体处理时,可用鼠标选取该单元格区域后自动输入,如上例中的 F3:F26 和 G3:G26	
	4	同时按 Ctrl+Shift+Enter 三个键确认公式的输入,公式自动用"{}"框起,如果是多个结果,则计算结果将依次显示于目标单元格区域,如图 2-44 所示	按 Enter 键确认公式的输入后,目标单元格中显示计算结果,拖动该单元格的填充柄至目标区域的最后一个单元格,公式将一一应用于目标区域的所有单元格,并将结果显示其中

续　表

步骤		数组公式	普通公式
修改公式	1	选中包含同一数组公式的目标单元格区域	选中需要修改的目标单元格
	2	在编辑栏中修改公式 注意：编辑修改时，数组公式的“{}”自动消失	
	3	同时按 Ctrl＋Shift＋Enter 三个键，确认修改	按 Enter 键确认修改
		按“取消”图标 取消修改	

注意：

● 对于同时按 Ctrl＋Shift＋Enter 三个键的操作，建议先按 Ctrl＋Shift 键，按住的同时再按 Enter 键，以保证 Enter 键不会先于其他两键被按下，否则数组公式将不成立，不会出现大括号“{}”。

● 数组公式可以同时对多组数据进行处理，即公式可以有多个数组参数，要保证每个数组参数行、列数都相同，同时，目标单元格区域的大小最好与产生的结果个数保持一致。

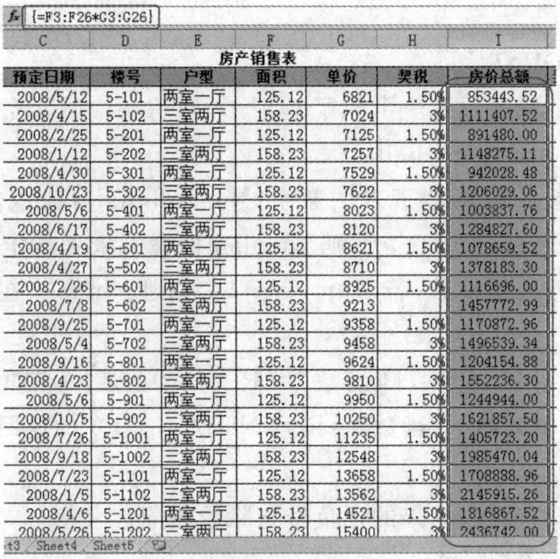

{=F3:F26*G3:G26}

房产销售表

预定日期	楼号	户型	面积	单价	契税	房价总额
2008/5/12	5-101	两室一厅	125.12	6821	1.50%	853443.52
2008/4/15	5-102	三室两厅	158.23	7024	3%	1111407.52
2008/2/25	5-201	两室一厅	125.12	7125	1.50%	891480.00
2008/1/12	5-202	三室两厅	158.23	7257	3%	1148275.11
2008/4/30	5-301	两室一厅	125.12	7529	1.50%	942028.48
2008/10/23	5-302	三室两厅	158.23	7622	3%	1206029.06
2008/5/6	5-401	两室一厅	125.12	8023	1.50%	1003837.76
2008/6/17	5-402	三室两厅	158.23	8120	3%	1284827.60
2008/4/19	5-501	两室一厅	125.12	8621	1.50%	1078659.52
2008/4/27	5-502	三室两厅	158.23	8710	3%	1378183.30
2008/2/26	5-601	两室一厅	125.12	8925	1.50%	1116696.00
2008/7/8	5-602	三室两厅	158.23	9213		1457772.99
2008/9/25	5-701	两室一厅	125.12	9358	1.50%	1170872.96
2008/5/4	5-702	三室两厅	158.23	9458	3%	1496539.34
2008/9/16	5-801	两室一厅	125.12	9624	1.50%	1204154.88
2008/4/23	5-802	三室两厅	158.23	9810	3%	1552236.30
2008/5/6	5-901	两室一厅	125.12	9950	1.50%	1244944.00
2008/10/5	5-902	三室两厅	158.23	10250	3%	1621857.50
2008/7/26	5-1001	两室一厅	125.12	11235	1.50%	1405723.20
2008/9/18	5-1002	三室两厅	158.23	12548	3%	1985470.04
2008/7/23	5-1101	两室一厅	125.12	13658	1.50%	1708888.96
2008/1/5	5-1102	三室两厅	158.23	13562	3%	2145915.26
2008/4/6	5-1201	两室一厅	125.12	14521	1.50%	1816867.52
2008/5/26	5-1202	三室两厅	158.23	15400	3%	2436742.00

图 2-42　完成数组公式输入

2.4.3　数学函数

数学函数主要用于数学计算，如求和函数 SUM、求平均值函数 AVERAGE、求最大值函数 MAX、求最小值函数 MIN 等。上述函数较为简单、常用，因此，不再赘述。下面将着重介绍条件求和函数 SUMIF、求绝对值函数 ABS、取整函数 INT 和四舍五入函数 ROUND。

1. 条件求和函数 SUMIF

功能：对单元格区域内符合指定条件的数值进行求和计算。

格式：SUMIF(range，criteria，sum_range)

参数：Range 为用于条件判断的单元格区域；Criteria 为指定的条件表达式；Sum_range 为

需要进行求和计算的数值所在的单元格区域。

示例:"=SUMIF(D2:D11,">=10",F2:F11)",在"D2:D11"区域中符合条件">=10"的单元格,对与这些符合条件的单元格对应的,在"F2:F11"区域中的单元格求和。

2. 求绝对值函数 ABS

功能:计算一个数的绝对值,返回值为参数的绝对值。

格式:ABS(number)

参数:Number 为需要计算其绝对值的实数。

示例:"=ABS(A1)",若单元格 A1=-10.5,则函数的返回值为"10.5"。

3. 取整函数 INT

功能:将任意实数向下取整为最接近的整数(向下取整的意思为:取整后的数不能大于取整前的实数)。

格式:INT(number)

参数:Number 为需要取整的任意一个实数。

示例:"=INT(A1)",若单元格 A1=9.56,则函数的返回值为"9";若单元格 A1=-10.2,则函数的返回值为"-11"。

4. 四舍五入函数 ROUND

功能:根据指定位数,四舍五入一个数字。

格式:ROUND(number,num_digits)

参数:Number 为需要进行四舍五入的数字;Num_digits 为指定位数,Number 按此位数进行四舍五入的处理:若 Num_digits>0,则 Number 四舍五入到指定的小数位;若 Num_digits=0,则 Number 四舍五入到整数;若 Num_digits<0,则 Number 在整数部分按指定位数四舍五入。

示例:若单元格 A1=16.4572,则函数"=ROUND(A1,2)"的返回值为"16.46";"=ROUND(A1,0)"的返回值为"16";函数"=ROUND(A1,-1)"的返回值为"20"。

5. 取余函数 MOD

功能:返回两数相除的余数,结果的正负号与除数相同。

格式:MOD(number,divisor)

参数:Number 为被除数;Divisor 为除数,不能为 0。

示例:"=MOD(25,A1)",若单元格 A1=4,则函数的返回值为"1";若单元格 A1=-4,则函数的返回值为"-3"。

2.4.4 图解实例

根据上述的知识点,针对 2.4.1 所述实例,进行如下解题操作。

注意:输入公式(函数)时,所有的符号,如()(括号)等均为英文标点符号。

实例一:

打开素材"三科成绩_4.xlsx"文件,使用数组公式,对 Sheet1 计算总分和平均分,将其计算结果保存到表中的"总分"列和"平均分"列当中。

公式分析：

总分＝语文＋数学＋英语，"C2:C39"为语文列，"D2:D39"为数学列，"E2:E39"为英语列，因此，在 F2:F39（总分列）中的数组公式为："{＝C2:C39＋D2:D39＋E2:E39}"；

平均分＝总分/3，因此，在 G2:G39（平均分列）中的数组公式为："{＝F2:F39/3}"。

操作步骤：

（1）选中 Sheet1 的 F2:F39 单元格区域后，在编辑栏中输入"＝"，然后用鼠标选取 C2:C39 单元格区域后，输入"＋"，再用鼠标选取 D2:D39 单元格区域后，输入"＋"，最后用鼠标选取 E2:E39 单元格区域，如图 2-43 所示。

（2）完成公式输入后，同时按 Ctrl＋Shift＋Enter 三个键确认，此时，F2:F39 中显示计算结果，编辑栏中出现数组公式："{＝C2:C39＋D2:D39＋E2:E39}"，如图 2-44 所示。

（3）计算平均分的数组公式操作同上，请自行完成。

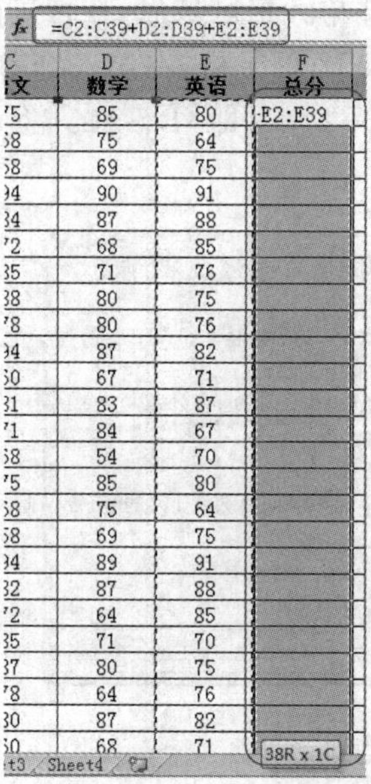

图 2-43　输入数组公式 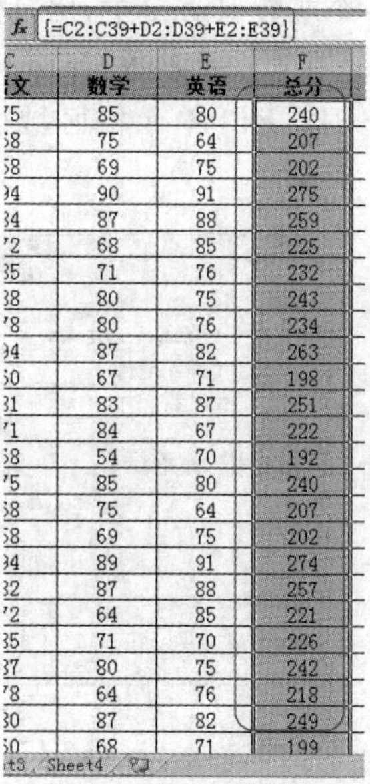　　　　　图 2-44　完成数组公式

实例二：

打开素材"服装采购_4.xlsx"文件，使用 SUMIF 函数，统计各种商品的采购总量和采购总金额，将结果保存在 Sheet1 中的"统计表"当中。

公式分析：

统计各种商品的采购总量：

计算衣服的总采购量，即对项目为衣服的采购数量求和，此时条件判断的单元格区域为"A11:A43"（项目列，SUMIF 函数的第一个参数 Range），条件为"等于衣服"，即"＝I2"（SUMIF 函数的第二个参数 Criteria，但输入时需要舍去"＝"），进行求和计算的区域为"B11:B43"（采购数量列，SUMIF 函数的第三个参数 Sum_range），因此，在 J12（衣服的总采购量）中的公式为："＝SUMIF(A11:A43,I12,B11:B43)"。

裤子和鞋子的总采购量，计算方法同上，可将 J12 中公式向下复制至 J13、J14，但公式中的条件区域"A11:A43"、求和区域"B11:B43"在向下复制的过程中要保持不变,但向下复制时,相对引用的行号会发生变化,因此需采用"相对列绝对行"的混合引用方式,即公式改为:"=SUMIF(A＄11:A＄43,I12,B＄11:B＄43)"后,再向下复制。

统计各种商品的采购总金额:

分析、计算的方法同上,将求和计算的区域改为"F11:F43"(金额合计列)即可,因此,在K12(衣服的总采购金额)中的公式为:"=SUMIF(A＄11:A＄43,I12,F＄11:F＄43)",再向下复制公式至K13、K14。

操作步骤:

(1) 选中Sheet1的J12单元格后,单击"插入函数"图标 f_x,在打开的"插入函数"对话框中,选择"数学与三角函数"类别下的"SUMIF"函数。单击"确定"按钮后,打开"函数参数"对话框。

(2) 在第一个参数Range中,用鼠标选取A11:A43单元格区域后,在行号前输入"＄",即"A＄11:A＄43";在第二个参数Criteria中,用鼠标选取I2单元格;在第三个参数Sum_range中,用鼠标选取B11:B43单元格区域后,在行号前输入"＄",即"B＄11:B＄43",如图2-45所示。

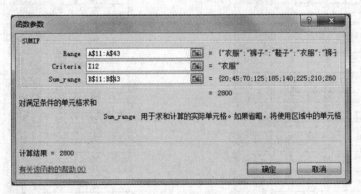

图2-45 "SUMIF"函数参数对话框

(3) 单击"确定"按钮完成公式(函数)"=SUMIF(A＄11:A＄43,I12,B＄11:B＄43)"的输入,如图2-46所示。

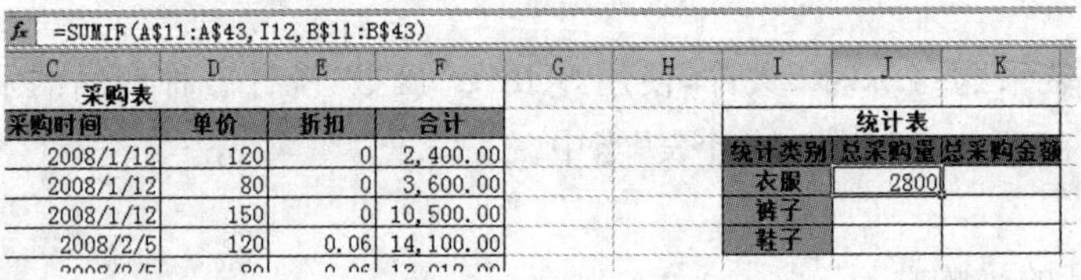

图2-46 确认输入公式

(4) 鼠标左键拖动J12单元格的填充柄,向下复制公式至J13、J14单元格。

(5) 统计各种商品的采购总金额操作同上,请自行完成。注意,因为在统计各种商品的采购总量时使用过SUMIF函数,因此在"插入函数"对话框中选择SUMIF函数时,可在"常用函数"类别下选择。

实例三：

打开素材"气温比较_4.xlsx"文件，将Sheet1复制到Sheet2中，在Sheet2中，重新编辑数组公式，将Sheet2中的"相差温度值"中的数值取其绝对值（均为正数）。

公式分析：

采用求绝对值函数ABS，对"相差温度值"——"B3:B17－C3:C17"取绝对值，因此，在E3:E17中修改数组公式为："{＝ABS(B3:B17－C3:C17)}"。

操作步骤：

（1）单击Sheet1行号和列标的交叉位置（全选工作表中所有单元格的快捷按钮），如图2-47所示。选中整个Sheet1后，按Ctrl＋C快捷键进行"复制"。

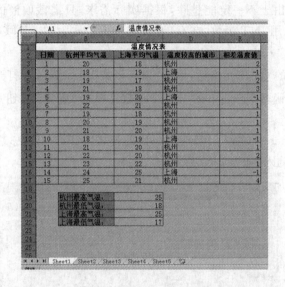

图2-47　全选Sheet1工作表

（2）对准Sheet2中的A1单元格，按Ctrl＋V快捷键进行"粘贴"。

（3）选择Sheet2的E3:E17单元格区域，在编辑栏中将数组公式修改为："＝ABS(B3:B17－C3:C17)"（在"＝"后输入"ABS("，在公式最后输入")"），如图2-48所示。

（4）同时按Ctrl＋Shift＋Enter三个键确认输入后，数组公式修改为："{＝ABS(B3:B17－C3:C17)}"，此时，"相差温度值"中的数值均修改为正数，如图2-49所示。

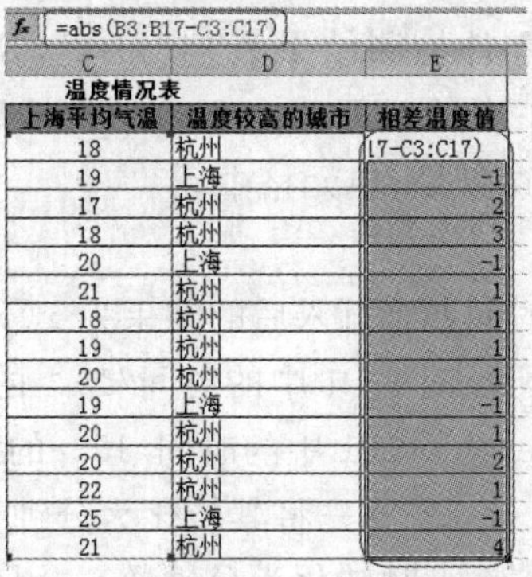

图2-48　修改数组公式 　　　　　图2-49　确认修改

实例四：

打开素材"通讯费年度计划表_4.xlsx"文件，使用 INT 函数，计算 Sheet1 中"通讯费年度计划表"的"预计报销总时间"列。

➢ 要求：

（1）每月以 30 天计算；

（2）将结果填充在"预计报销总时间"列中。

公式分析：

预计报销总时间＝截止时间－起始时间，时间单位为"天"，根据要求（1），将时间单位改为月，则预计报销总时间＝（截止时间－起始时间）/30，因此，在 G4（预计报销总时间）中的公式为："(F4－E4)/30"。由于不一定能整除，根据实际需求，只需截取商的整数部分，加之商（时间）为正值，因此，可采用 INT 函数，在 G4 单元格中的公式为："＝INT((F4－E4)/30)"。

操作步骤：

（1）选中 Sheet1 的 G4 单元格后，单击"插入函数"图标 f_x，在打开的"插入函数"对话框中，选择"数学与三角函数"类别下的"INT"函数。单击"确定"按钮后，打开"函数参数"对话框。

（2）在参数 Number 中，输入计算时间（月）的公式："(F4－E4)/30"，其中单元格引用可直接用鼠标选中后自动输入，如图 2-50 所示。

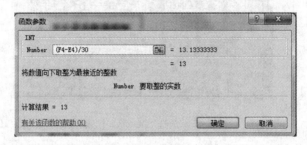

图 2-50 "INT"函数参数对话框

（3）单击"确定"按钮完成公式（函数）"＝INT((F4－E4)/30)"的输入，如图 2-51 所示。

图 2-51 确认输入公式

（4）鼠标左键拖动 G4 单元格的填充柄，向下复制公式至 G26 单元格。

实例五：

打开素材"零件检测结果表_4.xlsx"，在 Sheet4 中，使用函数，将 B1 中的时间四舍五入到最接近的 15 分钟的倍数，结果存放在 C1 单元格中。

公式分析：

设 B1 中的时间四舍五入后的结果为 x（分钟数），则 x 是 15 的倍数，能整除 15，$x/15$ 的商为：利用 ROUND 函数对＜B1 中的时间/15＞的商进行四舍五入取整后的结果。Round 函数的第一个参数 Number 为：＜B1 中的时间/15＞的商，第二个参数 Num_digits 为：0。因 B1 中的时间格式为"hh:mm:ss"，需要先将其转化为分钟数后，再除以 15，转化的方法为：时间＊1440（1440＝24＊60，即一天 24 小时转化为分钟数）。因此 $x/15$ 的商为"＝ROUND(B1＊1440/15,0)"。

由上，x 为："＝ROUND(B1＊1440/15,0)＊15"，即为所求结果（分钟数）。最后还需将 x 转化为"hh:mm:ss"的格式显示，即作除以 1440 的计算。因此，最后 C1 单元格中的公式为"＝ROUND(B1＊1440/15,0)＊15/1440"。

操作步骤：

（1）选中 Sheet4 的 C1 单元格后，单击"插入函数"图标 f_x，在打开的"插入函数"对话框中，选择"数学与三角函数"类别下的"ROUND"函数。单击"确定"按钮后，打开"函数参数"对话框。

（2）在第一个参数 Number 中，输入公式："B1＊1440/15"，其中单元格引用可直接用鼠标选中后自动输入；第二个参数 Num_digits 中输入"0"，如图 2-52 所示。

图 2-52　"ROUND"函数参数对话框

（3）单击"确定"按钮完成函数"＝ROUND(B1＊1440/15,0)"的输入，如图 2-53 所示。

（4）鼠标定位于编辑栏，在 ROUND 函数后输入"＊15/1440"，单击"输入"图标 ✓ 完成公式"＝ROUND(B1＊1440/15,0)＊15/1440"的输入，如图 2-54 所示。

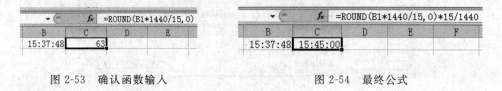

图 2-53　确认函数输入　　　　　　　图 2-54　最终公式

实例六：

打开素材"书籍出版（闰年）_4.xlsx"，使用函数，判断 Sheet2 中的年份是否为闰年，如果是，结果保存"闰年"，如果不是，则结果保存"平年"，并将结果保存在"是否为闰年"列中。

◆ 说明：闰年定义——年数能被 4 整除而不能被 100 整除，或者能被 400 整除的年份。

公式分析：

总体思路为：判断年份是否为闰年（IF 函数的第一个参数 Logical_test），如果是，结果为"闰年"（IF 函数的第二个参数 Value_if_true），如果不是，结果为"平年"（IF 函数的第三个参数 Value_if_false）。

IF 函数的第一个参数——判断年份是否为闰年：根据闰年定义，需满足条件 1——年数能被 4 整除而不能被 100 整除，或者，条件 2——能被 400 整除的年份。因此，条件判断需采用 OR 函数，条件 1 和条件 2 为其参数：只要其中有一个条件成立（返回 TRUE 值），OR(条件 1，条件 2)就返回 TRUE 值。

OR 函数的条件 1 参数——年数能被 4 整除而不能被 100 整除：既要满足条件 1-1——年数能被 4 整除，又要满足条件 1-2——年数不能被 100 整除。因此，需要采用 AND 函数，条件 1-1 和条件 1-2 为其参数：必须两个条件同时成立（都返回 TRUE 值），AND（条件 1-1，条件 1-2)才返回 TRUE 值。

能被整除的判断，采用比较表达式：余数＝0；不能被整除的判断，采用比较表达式：余数＜＞0。余数采用 MOD 函数获得。条件 1-1——年数能被 4 整除，比较表达式为：MOD(年份，4)＝0；条件 1-2——年数不能被 100 整除，比较表达式为：MOD(年份，100)＜＞0；条件 2——能被 400 整除的年份，比较表达式为：MOD(年份，400)＝0。

由此，条件 1 为：AND(MOD(年份，4)＝0，MOD(年份，100)＜＞0)，则 IF 的第一个参数 Logical 为：OR(AND(MOD(年份，4)＝0，MOD(年份，100)＜＞0)，MOD(年份，400)＝0)。

综上分析，在 B2 单元格（是否为闰年）中的公式为

"＝IF(OR(AND(MOD(A2，4)＝0，MOD(A2，100)＜＞0)，MOD(A2，400)＝0)，"闰年"，"平年")"

操作步骤：

(1) 选中 Sheet2 的 B2 单元格后，单击"插入函数"图标 f_x，在打开的"插入函数"对话框中，选择"逻辑函数"类别下的"IF"函数，单击"确定"按钮后，打开"函数参数"对话框。

(2) 在第一个参数 Logical_test 中，插入"逻辑函数"类别下的"OR"函数（在编辑栏左边的函数下拉列表中选择，如图 2-55 所示，打开 OR"函数参数"对话框。

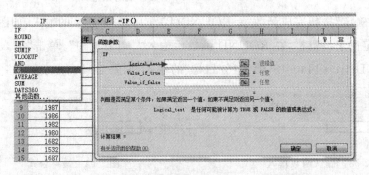

图 2-55 在"IF"函数中嵌套"OR"函数

(3) 在第一个参数 Logical1 中，插入"逻辑函数"类别下的"AND"函数（在编辑栏左边的函数下拉列表中选择，见图 2-56)，打开 AND"函数参数"对话框。

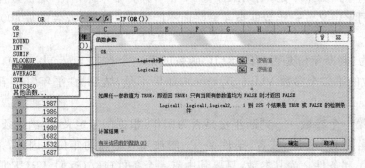

图 2-56 在"OR"函数中嵌套"AND"函数

(4) 在第一个参数 Logical1 中,输入"MOD(A2,4)=0";在第二个参数 Logical2 中,输入"MOD(A2,100)<>0",如图 2-57 所示。

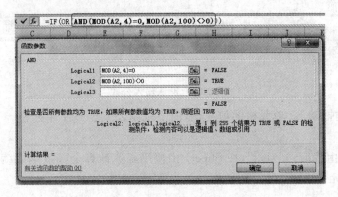

图 2-57 "AND"函数参数对话框

(5) 在编辑栏中单击"OR"函数,返回 OR"函数参数"对话框,此时完成 OR 函数的第一个参数 Logical1:"AND(MOD(A2,4)=0,MOD(A2,100)<>0)"的输入;在第二个参数 Logical2 中,输入"MOD(A2,400)=0",如图 2-58 所示。

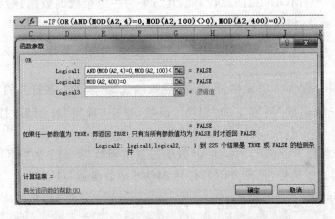

图 2-58 "OR"函数参数对话框

(6) 在编辑栏中单击"IF"函数,返回 IF"函数参数"对话框,此时完成 IF 函数的第一个参数 Logical_test:"OR(AND(MOD(A2,4)=0,MOD(A2,100)<>0),MOD(A2,400)=0)"的输入;在第二个参数 Value_if_true 中输入"闰年";在第三个参数 Value_if_false 中输入"平年",如图 2-59 所示。

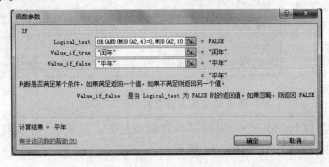

图 2-59 "IF"函数参数对话框

(7)单击"确定"按钮,完成公式:"=IF(OR(AND(MOD(A2,4)=0,MOD(A2,100)<>0),MOD(A2,400)=0),"闰年","平年")"的输入,如图2-60所示。

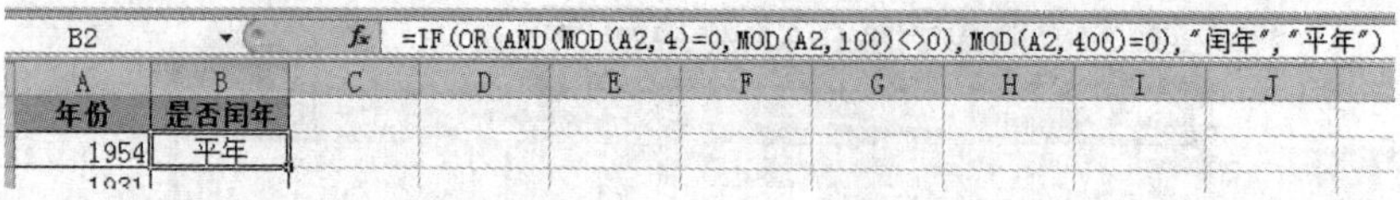

图2-60 确认输入公式

(8)鼠标左键拖动B2单元格的填充柄,向下复制公式至B21单元格。

实例七:

打开素材"学生成绩_4.xlsx",在Sheet1中使用函数计算全部数学成绩中奇数的个数,结果存放在A41单元格中。

公式分析:

某数的奇偶性,可通过除以2的余数是否为1来进行判定:如果余数为1,则是奇数;如果余数为0,则是偶数。因此,奇数的个数,可通过余数(1)之和来计算得出。

首先可通过MOD函数和数组公式,将全部数学成绩(F3:F24单元格区域)除以2后的余数求出,即公式为:"={MOD(F3:F24,2)}",其结果为一组余数的数据;然后将这组余数作为参数传递给SUM函数,将这组余数值求和,即最后的公式为

"={SUM(MOD(F3:F24,2))}"

操作步骤:

(1)选中Sheet1的A41单元格后,单击"插入函数"图标 f_x ,在打开的"插入函数"对话框中,选择"数学与三角函数"类别下的"SUM"函数,单击"确定"按钮后,打开"函数参数"对话框。

(2)在第一个参数Number1中,插入"数学与三角函数"类别下的"MOD"函数(在编辑栏左边的函数下拉列表中选择,见图2-61),打开MOD"函数参数"对话框。

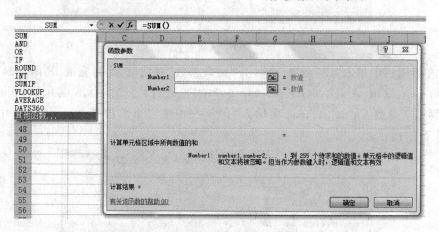

图2-61 插入嵌套的"MOD"函数

(3)在第一个参数Number中,通过鼠标选取F3:F24区域后,自动输入"F3:F24";在第二个参数Divisor中,输入"2",如图2-62所示。

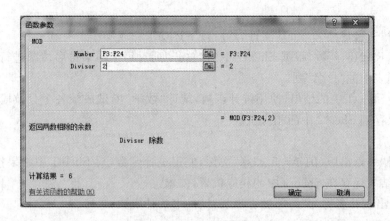

图 2-62 "MOD"函数参数对话框

（4）完成参数设置后，同时按 Ctrl+Shift+Enter 三个键确认，完成数组公式："={SUM(MOD(F3:F24,2))}"的输入，如图 2-63 所示。

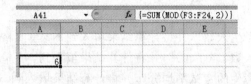

图 2-63 确认输入公式

2.5 查找函数与统计函数

2.5.1 查找函数与统计函数的应用实例

实例一：

打开素材"服装采购_5.xlsx"文件，使用 VLOOKUP 函数，对 Sheet1 中的商品单价进行自动填充。

◆ 要求：根据"价格表"中的商品单价，利用 VLOOKUP 函数，将其单价自动填充到采购表中的"单价"列中。

◆ 注意：函数中参数如果需要用到绝对地址的，请使用绝对地址进行答题，其他方式无效。

实例二：

打开素材"停车收费_5.xlsx"文件，使用 HLOOKUP 函数，对 Sheet1 中的停车单价进行自动填充。

◆ 要求：根据 Sheet1 中的"停车价目表"价格，利用 HLOOKUP 函数对"停车情况记录表"中的"单价"列根据不同的车型进行自动填充。

实例三:

打开素材"三科成绩_5.xlsx"文件,然后按下述要求完成操作。

(1) 使用 RANK 函数,根据 Sheet1 中的"总分"列对每个同学排名情况进行统计,并将排名结果保存到表中的"排名"列。

(2) 根据 Sheet1 中的结果,使用统计函数,统计"数学"考试成绩各个分数段的同学人数,将统计结果保存到 Sheet2 中的相应位置。

实例四:

打开素材"书籍出版(闰年)_5.xlsx"文件,使用统计函数,对 Sheet1 中结果按以下条件进行统计,并将结果保存在 Sheet1 中的相应位置,要求:

(1) 统计出版社名称为"高等教育出版社"的书的种类数;

(2) 统计订购数量大于 110 且小于 850 的书的种类数。

实例五:

打开素材"等级考试_5.xlsx"文件,使用统计函数,根据以下要求对 Sheet1 中"学生成绩表"的数据进行统计。

◆ 要求:

(1) 统计"考 1 级的考生人数",并将计算结果填入到 N2 单元格中;

(2) 统计"考试通过人数(>=60)",并将计算结果填入到 N3 单元格中;

(3) 统计"全体 1 级考生的考试平均分",并将计算结果填入到 N4 单元格中。

(其中,计算时候的分母直接使用"N2"单元格的数据)

实例六:

打开素材"图书订购信息表_5.xlsx"文件,使用 COUNTBLANK 函数,对 Sheet1 中的"图书订购信息表"中的"订书种类数"列进行填充。

◆ 注意:

(1) 其中"1"表示该同学订购该图书,空格表示没有订购;

(2) 将结果保存在 Sheet1 中的"图书订购信息表"中的"订书种类数"列。

实例七:

打开素材"公务员考试_5.xlsx"文件,在 Sheet1 中,设定第 31 行中不能输重复的数值。

2.5.2 查找函数

查找函数能按指定的条件对数据进行快速地查询,用于查找(查看)表格或列表中的值。本节将介绍该类别下的纵向查找函数 VLOOKUP 和横向查找函数 HLOOKUP。

1. 纵向查找函数 VLOOKUP

功能:在表格或数组的首列查找指定的数据,并由此返回表格或数组中该数据所在行中指定列处的值。

格式:VLOOKUP(lookup_value,table_array,col_index_num,range_lookup)

参数:Lookup_value 为要查找的数据,可以是数值、单元格引用或文本字符串;Table_array 为要在其首列查找数据的数据表格,可以使用单元格区域或区域名称等;Col_index_num 为要返回的值位于 Table_array 中的列序号,即第几列,是一个数字;Range_lookup 为匹配类型,是一个逻辑值。

Range_lookup 取值说明:如果取值为 TRUE 或省略不填,则查找等于或仅次于 Lookup_value 的值,而只有当 Table_array 首列的值以升序排列时,才能找到正确的值,否则,VLOOKUP 不能返回正确的数据;如果取值为 FALSE,则查找完全符合的数据,Table_array 首列的值无需排序,若找不到,函数返回错误值"#N/A"。如果"查找值"为文本时,Range_lookup 取值一般应为 FALSE。

示例:如果学号列:A2=200901、A3=200902、A4=200903,成绩列:B2=90、B3=72、B4=56,如图 2-64 所示,则函数"=VLOOKUP(200903,A2:B4,2,TRUE)"的返回值为"56"(B4 单元格的值),即要查找的值"200903"在查找区域"A2:B4"首列的"A4"单元格中,即行号为"4",而要返回的值在查找区域"A2:B4"的第"2"列,即 B 列,因此返回 B4 单元格的值。(注:因"A2:B4"首列:A2=200901、A3=200902、A4=200903,按升序排列,因此参数 Range_lookup 的取值为"TRUE"。)

2. 横向查找函数 HLOOKUP

功能:在表格或数组的首行查找指定的数据,并由此返回表格或数组中该数据所在列中指定行处的值。

格式:HLOOKUP(lookup_value,table_array,row_index_num,range_lookup)

参数:Lookup_value 为要查找的数据;Table_array 为要在其首行查找数据的数据表格;Row_index_num 为要返回的值位于 Table_array 中的行序号,即第几行,是一个数字;Range_lookup 为匹配类型,是一个逻辑值。

参数 Lookup_value、Table_array 以及 Range_lookup 的取值情况与 VLOOKUP 函数类似。

示例:如果水果行:A1="苹果"、B1="梨"、C1="香蕉",单价行:A2=8.8、B2=7.8、C2=3.8,如图 2-65 所示,则公式"=HLOOKUP("梨",A1:C2,2,FALSE)"的返回值为"7.8"(B2 单元格的值),即要查找的值""梨""在查找区域"A1:C2"首行的"B1"单元格中,即列标为"B",而要返回的值在查找区域"A1:C2"的第"2"行,因此返回 B2 单元格的值。(注:因"A1:C2"首行:A1="苹果"、B1="梨"、C1="香蕉",并未按升序排列,因此参数 Range_lookup 的取值为"FALSE")

图 2-64 成绩表

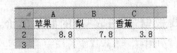

图 2-65 水果价格表

2.5.3 统计函数

统计函数用于对数据区域进行统计分析,如较为常用的计数函数 COUNT。本节将着重介绍该类别下的排位统计函数 RANK、条件计数函数 COUNTIF 以及空单元格计数函数 COUNTBLANK。

1. 排位统计函数 RANK

功能：返回一个数值在一组数值中的排位，常用于计算某一数值在某一区域内的排名。

格式：RANK(number,ref,order)

参数：Number 为需要计算其排位的一个数字；Ref 为排位的参照数值区域；Order 为排位的方式，是一个数字：若为 0 或省略，得到的就是 Number 在 Ref 中从大到小的排名（降序排名）；若取非 0 值，得到的则是 Number 在 Ref 中从小到大的排名（升序排名）。

示例：如果 A1=72、A2=83、A3=67、A4=33、A5=90，则函数"=RANK(A2,A1:A5)"的返回值为"2"，函数"=RANK(A2,A1:A5,1)"的返回值为"4"。

2. 条件计数函数 COUNTIF

功能：用于计算某个区域中满足给定条件的单元格个数。

格式：COUNTIF(range,criteria)

参数：Range 为需要计算其中满足条件的单元格数目的单元格区域；Criteria 为确定哪些单元格将被计算在内的条件，其形式可为数字、表达式或文本。

示例：如果 A1=72、A2=56、A3=67、A4=33、A5=90，则函数"=COUNTIF(A1:A5,"<60")"的返回值为"2"，函数"=COUNTIF(A1:A5,90)"的返回值为"1"。

3. 空单元格计数函数 COUNTBLANK

功能：用于计算某个区域中空白单元格的数目。

格式：COUNTBLANK(range)

参数：Range 为需要计算其中空白单元格数目的区域。

示例：如果 A1=72、A2=56、A3=""、A4=33、A5=""，则函数"=COUNTBLANK(A1:A5)"的返回值为"2"。

2.5.4 图解实例

根据上述的知识点，针对 2.5.1 所述实例，进行如下解题操作。

注意：输入公式（函数）时，所有的符号，如（）(括号)等均为英文标点符号。

实例一：

打开素材"服装采购_5.xlsx"文件，使用 VLOOKUP 函数，对 Sheet1 中的商品单价进行自动填充。

◆ 要求：根据"价格表"中的商品单价，利用 VLOOKUP 函数，将其单价自动填充到采购表中的"单价"列中。

◆ 注意：函数中参数如果需要用到绝对地址的，请使用绝对地址进行答题，其他方式无效。

公式分析：

单价采用 VLOOKUP 函数进行填充的方法为：将单价对应的项目（第一个参数 Lookup_value），在价格表区域 F3:G5（第二个参数 Table_array）的首列中进行搜索，找到后，即确定了要填充的单价所在的行，而单价数据又位于价格表区域 F3:G5 中的第 2 列（第三个参数 Col_index_num），由此便可确定要填充的单价所在的单元格。由于价格表区域 F3:G5 的首列并没有按升序排列，为了查找完全符合的数据，第四个参数 Range_lookup 取值应为 FALSE。

因此,在 D11 单元格(单价)中的公式为:"=VLOOKUP(A11,F3:G5,2,FALSE)"。

"单价"列其余单元格的计算方法同上,可将 D11 中的公式向下复制至 D43,但公式中的搜索区域"F3:G5"在向下复制的过程中要保持不变,但向下复制时,相对引用的行号会发生变化,因此需采用"相对列绝对行"的混合引用方式,即公式改为:"=VLOOKUP(A11,F＄3:G＄5,2,FALSE)"后,再向下复制。

操作步骤:

(1) 选中 Sheet1 的 D11 单元格后,单击"插入函数"图标 f_x,在打开的"插入函数"对话框中,选择"查找与引用函数"类别下的"VLOOKUP"函数。单击"确定"按钮后,打开"函数参数"对话框。

(2) 在第一个参数 Lookup_value 中,用鼠标选取 A11 单元格(项目);在第二个参数 Table_array 中,用鼠标选取 F3:G5 单元格区域后,在行号前输入"＄",即"F＄3:G＄5";在第三个参数 Col_index_num 中,输入"2";在第四个参数 Range_lookup 中,输入"FALSE",如图 2-66 所示。

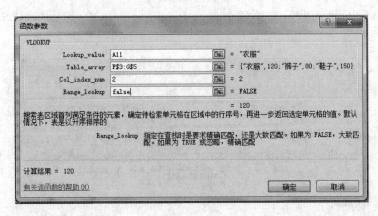

图 2-66 "VLOOKUP"函数参数对话框

(3) 单击"确定"按钮完成公式(函数)"=VLOOKUP(A11,F＄3:G＄5,2,FALSE)"的输入,如图 2-67 所示。

(4) 鼠标左键拖动 D11 单元格的填充柄,向下复制公式至 D34 单元格。

图 2-67 确认输入公式

实例二:

打开素材"停车收费_5.xlsx"文件,使用 HLOOKUP 函数,对 Sheet1 中的停车单价进行自动填充。

◆ 要求:根据 Sheet1 中的"停车价目表"价格,利用 HLOOKUP 函数对"停车情况记录表"中的"单价"列根据不同的车型进行自动填充。

公式分析:

单价采用 HLOOKUP 函数进行填充的方法为:将单价对应的车型(第一个参数 Lookup_value),在停车价目表区域 A2:C3(第二个参数 Table_array)的首行中进行搜索,找到后,即确定了要填充的单价所在的列,而单价数据又位于停车价目表区域 A2:C3 中的第 2 行(第三个参数 Row_ index_num),由此便可确定要填充的单价所在的单元格。由于停车价目表区域A2:C3的首行并没有按升序排列,为了查找完全符合的数据,第四个参数Range_lookup取值应为FALSE。

因此,在C9单元格(单价)中的公式为"=HLOOKUP(B9,A2:C3,2,FALSE)"。

"单价"列其余单元格的计算方法同上,可将C9中的公式向下复制至C39,但公式中的搜索区域"A2:C3"在向下复制的过程中要保持不变,但向下复制时,相对引用的行号会发生变化,因此需采用"相对列绝对行"的混合引用方式,即公式改为:"=HLOOKUP(B9,A＄2:C＄3,2,FALSE)"后,再向下复制。

操作步骤:

(1) 选中Sheet1的C9单元格后,单击"插入函数"图标 *fx*,在打开的"插入函数"对话框中,选择"查找与引用函数"类别下的"HLOOKUP"函数。单击"确定"按钮后,打开"函数参数"对话框。

(2) 在第一个参数Lookup_value中,用鼠标选取B9单元格(车型);在第二个参数Table_array中,用鼠标选取A2:C3单元格区域后,在行号前输入"＄",即"A＄2:C＄3";在第三个参数Row_index_num中,输入"2";在第四个参数Range_lookup中,输入"FALSE",如图2-68所示。

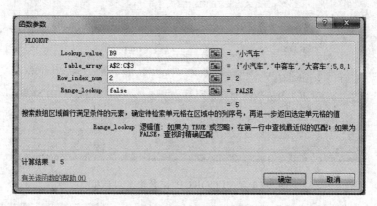

图2-68 "HLOOKUP"函数参数对话框

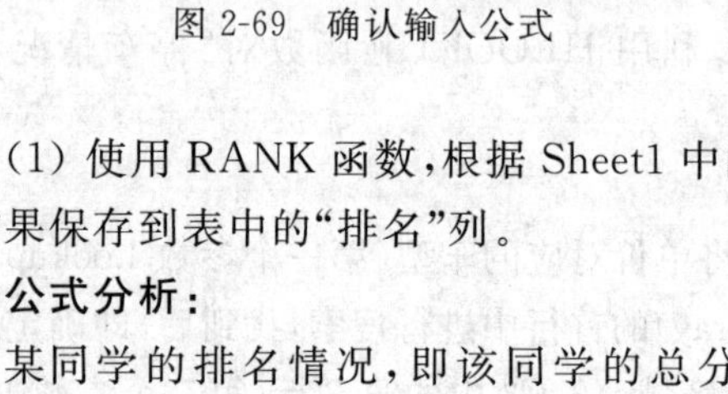

(3) 单击"确定"按钮完成公式(函数)"=HLOOKUP(B9,A＄2:C＄3,2,FALSE)"的输入,如图2-69所示。

(4) 鼠标左键拖动C9单元格的填充柄,向下复制公式至C39单元格。

图2-69 确认输入公式

实例三:

打开素材"三科成绩_5.xlsx"文件,然后按下述要求完成操作。

(1) 使用RANK函数,根据Sheet1中的"总分"列对每个同学排名情况进行统计,并将排名结果保存到表中的"排名"列。

公式分析:

某同学的排名情况,即该同学的总分(RANK函数的第一个参数Number)在总分列(RANK函数的两个参数Ref)中按升序(RANK函数的第三个参数Order省略)进行排位的名次。

因此，在 H2 单元格（排名）中的公式为："=RANK(F2,F2:F39)"。

"排名"列其余单元格的计算方法同上，可将 H2 中的公式向下复制至 H39，但公式中的总分区域"F2:F39"在向下复制的过程中要保持不变，但向下复制时，相对引用的行号会发生变化，因此需采用"相对列绝对行"的混合引用方式，即公式改为"=RANK(F2,F$2:F$39)"后，再向下复制。

操作步骤：

① 选中 Sheet1 的 H2 单元格后，单击"插入函数"图标 fx，在打开的"插入函数"对话框中，选择"兼容性"类别下的"RANK"函数。单击"确定"按钮后，打开"函数参数"对话框。

② 在第一个参数 Number 中，用鼠标选取 F2 单元格（总分）；在第二个参数 Ref 中，用鼠标选取 F2:F39 单元格区域后，在行号前输入"＄"，即"F＄2:F＄39"；第三个参数 Order 省略不输，如图 2-70 所示。

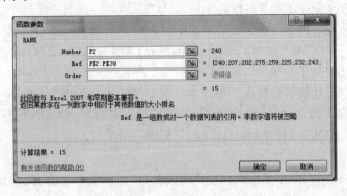

图 2-70 "RANK"函数参数对话框

③ 单击"确定"按钮完成公式（函数）"=RANK(F2,F＄2:F＄39)"的输入，如图 2-71 所示。

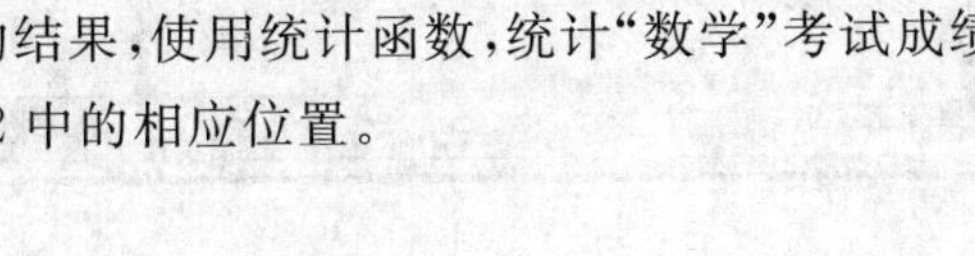

图 2-71 确认输入公式

④ 鼠标左键拖动 H2 单元格的填充柄，向下复制公式至 H39 单元格。

（2）根据 Sheet1 中的结果，使用统计函数，统计"数学"考试成绩各个分数段的同学人数，将统计结果保存到 Sheet2 中的相应位置。

公式分析：

统计数学分数大于等于 0，小于 20 的人数，因分数不可能为小于 0 的数，因此统计分数小于 20 的人数即可。方法为：采用 COUNTIF 函数，在数学分数范围内（第一个参数 Range 为 Sheet1 的 D2:D39 单元格区域），统计"<20"（第二个参数 Criteria）的单元格数目。因此，在 B2 单元格中的公式为"=COUNTIF(Sheet1!D2:D39,"<20")"。

统计数学分数大于等于 20，小于 40 的人数，方法为：首先统计分数小于 40 的人数，方法同上,公式为"=COUNTIF(Sheet1!D2:D39,"<40")",因小于40的人数中,包含了小于20的人数,因此,需要将小于20的人数(公式为"=COUNTIF(Sheet1!D2:D39,"<20")")减去剩下的,便是大于等于20且小于40的人数。因此,在B3单元格中的公式为"=COUNTIF(Sheet1!D2:D39,"<40")-COUNTIF(Sheet1!D2:D39,"<20")"。

"统计结果"列其余单元格的计算方法同上,可将B3中的公式向下复制至B6,但公式中的数学分数区域"Sheet1!D2:D39"在向下复制的过程中要保持不变,但向下复制时,相对引用的行号会发生变化,因此需采用"相对列绝对行"的混合引用方式,即公式改为"=COUNTIF(Sheet1!D$2:D$39,"<40")-COUNTIF(Sheet1!D$2:D$39,"<20")"后,再向下复制。可先将B2中的公式修改为:"=COUNTIF(Sheet1!D$2:D$39,"<20")",再向下复制至B3后,再在此基础上形成B3中的公式。

复制结束后,需要将B4单元格(统计数学分数大于等于40,小于60的人数)中,函数的第二个参数分别修改为""<60""和""<40"",即公式为:"=COUNTIF(Sheet1!D$2:D$39,"<60")-COUNTIF(Sheet1!D$2:D$39,"<40")"。

将B5单元格(统计数学分数大于等于60,小于80的人数)中,函数的第二个参数(条件参数)分别修改为:""<80""和""<60"",即公式为:"=COUNTIF(Sheet1!D$2:D$39,"<80")-COUNTIF(Sheet1!D$2:D$39,"<60")"。

将B6单元格(统计数学分数大于等于80,小于等于100的人数)中,函数的第二个参数(条件参数)分别修改为:""<=100""和""<80"",即公式为"=COUNTIF(Sheet1!D$2:D$39,"<=100")-COUNTIF(Sheet1!D$2:D$39,"<80")"。

操作步骤:

(1) 选中Sheet2的B2单元格后,单击"插入函数"图标 f_x,在打开的"插入函数"对话框中,选择"统计函数"类别下的"COUNTIF"函数,如图2-80所示。单击"确定"按钮后,打开"函数参数"对话框。

(2) 在第一个参数Range中,用鼠标选取Sheet1中D2:D39单元格区域后,在行号前输入"$",即"Sheet1!D$2:D$39";在第二个参数Criteria中,输入"<20",如图2-72所示。

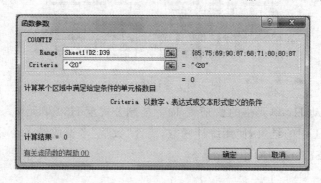

图2-72 "COUNTIF"函数参数对话框

(3) 单击"确定"按钮完成公式(函数)"=COUNTIF(Sheet1!D$2:D$39,"<20")"的输入,如图2-73所示。

(4) 鼠标左键拖动B2单元格的填充柄,向下复制公式至B3单元格,如图2-74所示。

图 2-73 确认输入公式 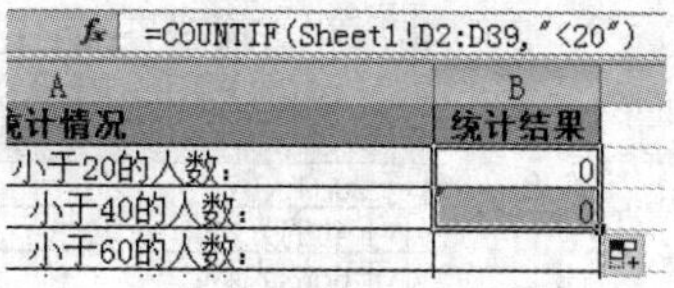　　　　　图 2-74 拖动 B2 单元格填充柄至 B3 单元格

（5）选中 B3 单元格，在其编辑栏中，将"＜20"，修改为"＜40"。

（6）鼠标选取修改后的函数："COUNTIF(Sheet1!D＄2:D＄39,"＜40")"，按 Ctrl＋C 快捷键进行复制，并在其后输入减号"－"，按 Ctrl＋V 快捷键，将函数粘贴在减号后，并将其中的"＜40"修改为"＜20"，按"输入"图标  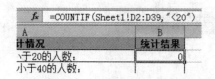 完成公式："＝COUNTIF(Sheet1!D＄2:D＄39,"＜40")－COUNTIF(Sheet1!D＄2:D＄39,"＜20")"的输入，如图 2-75 所示。

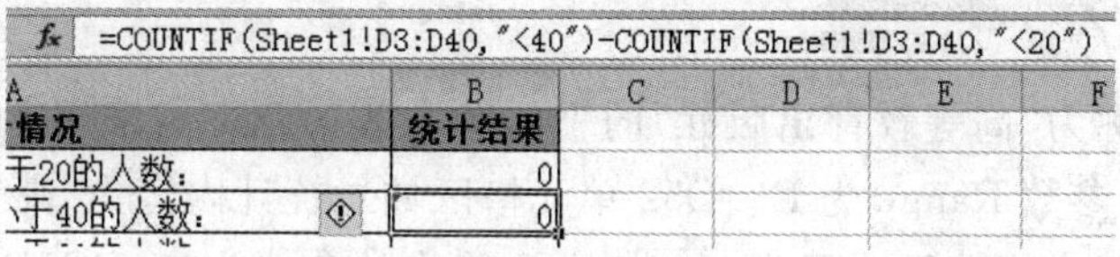

图 2-75 B3 单元格公式

（7）鼠标左键拖动 B3 单元格的填充柄，向下复制公式至 B6 单元格。

（8）选中 B4 单元格，将公式中的"＜40"和"＜20"分别修改为"＜60"和"＜40"，按 Enter 键确认公式："＝COUNTIF(Sheet1!D＄2:D＄39,"＜60")－COUNTIF(Sheet1!D＄2:D＄39,"＜40")"，如图 2-76 所示。

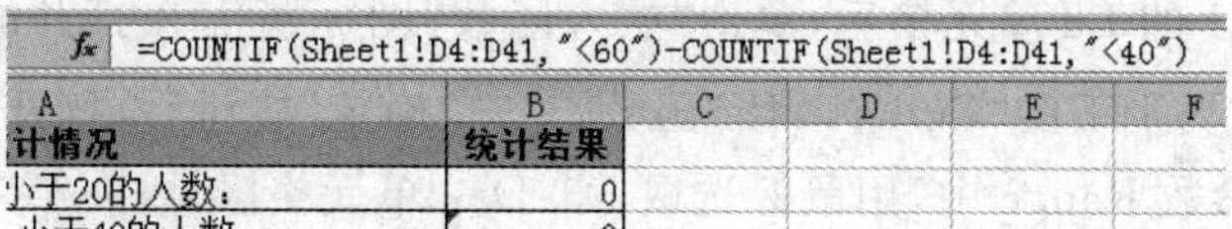

图 2-76 B4 单元格公式

（9）选中 B5 单元格，将公式中的"＜40"和"＜20"分别修改为"＜80"和"＜60"，按 Enter 键确认公式："＝COUNTIF(Sheet1!D＄2:D＄39,"＜80")－COUNTIF(Sheet1!D＄2:D＄39,"＜60")"，如图 2-77 所示。

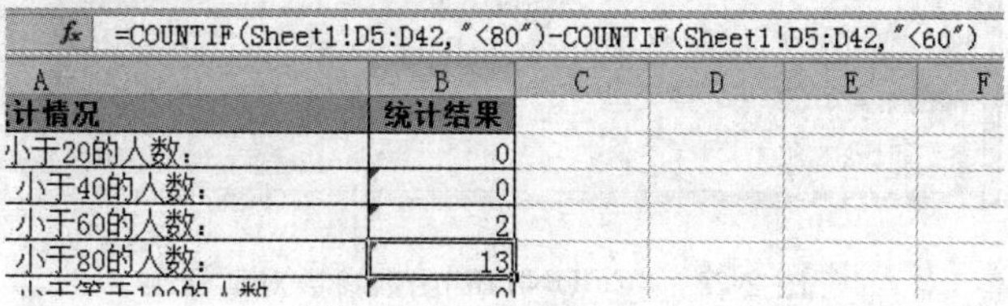

图 2-77 B5 单元格公式

（10）选中 B6 单元格，将公式中的"＜40"和"＜20"分别修改为"＜＝100"和"＜80"，按 Enter 键确认公式："＝COUNTIF(Sheet1!D＄2:D＄39,"＜＝100")－COUNTIF(Sheet1!D＄2:D＄39,"＜80")"，如图 2-78 所示。

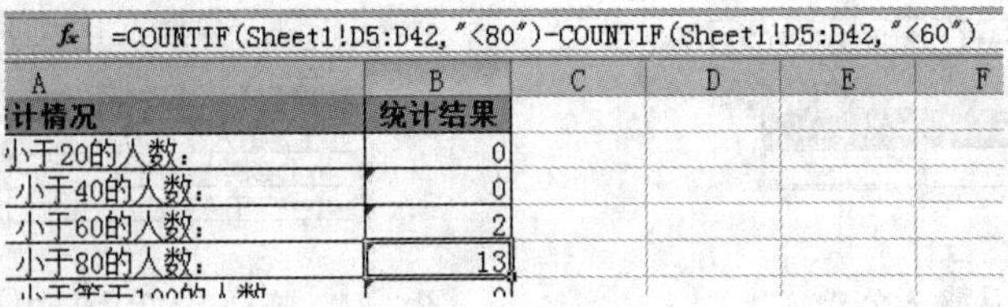

图 2-78 B6 单元格公式

实例四：

打开素材"书籍出版（闰年）_5.xlsx"文件，使用统计函数，对 Sheet1 中结果按以下条件进行统计，并将结果保存在 Sheet1 中的相应位置，要求：

（1）统计出版社名称为"高等教育出版社"的书的种类数；

（2）统计订购数量大于 110 且小于 850 的书的种类数。

公式分析：

统计出版社名称为"高等教育出版社"的书的种类数，方法为：采用 COUNTIF 函数，在出版社范围内（第一个参数 Range 为 D3:D52 单元格区域），统计内容为"高等教育出版社"（第二个参数 Criteria）的单元格数目。因此，在 L2 单元格中的公式为"＝COUNTIF(D3:D52,"高等教育出版社")"。

统计订购数量大于 110 且小于 850 的书的种类数，可参考实例三中统计各个分数段人数的方法，在 L3 单元格中的公式为"＝COUNTIF(G3:G52,">110")－COUNTIF(G3:G52,">=850")"。

操作步骤：

（1）选中 Sheet1 的 L2 单元格后，单击"插入函数"图标 f_x ，在打开的"插入函数"对话框中，选择"统计函数"类别下的"COUNTIF"函数，单击"确定"按钮后，打开"函数参数"对话框。

（2）在第一个参数 Range 中，用鼠标选取 D3:D52 单元格区域；在第二个参数 Criteria 中，输入"高等教育出版社"，如图 2-79 所示。

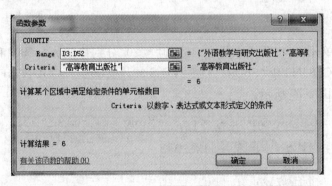

图 2-79 "COUNTIF"函数参数对话框

（3）单击"确定"按钮完成公式（函数）"＝COUNTIF(D3:D52,"高等教育出版社")"的输入，如图 2-80 所示。

补充说明：在公式中要表示文本字符串时，就需要使用双引号（英文标点符号）来将这个文本"包围"，如""高等教育出版社""。一般情况下，计算机会自动识别，加上引号，但某些情况下,需要自己手动输入。诸如""1""之类的数字内容的文本,计算机无法判别其属于数值类型还是文本类型,因此需要手动输入引号。

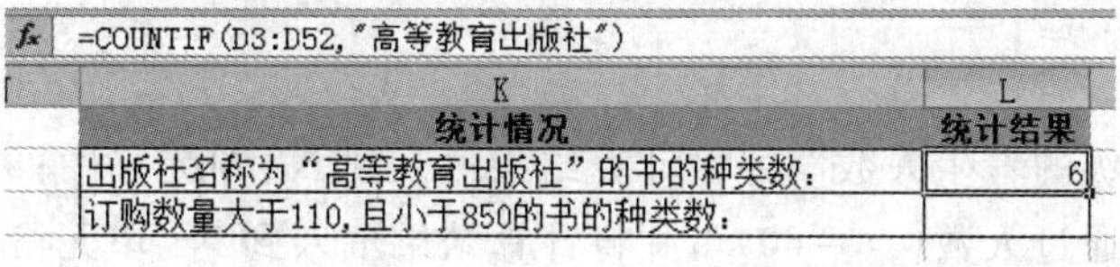

图 2-80 确认输入公式

(4) 选中 Sheet1 的 L3 单元格后,单击"插入函数"图标 f_x,在打开的"插入函数"对话框中,选择"常用函数"下的"COUNTIF"函数,单击"确定"按钮后,打开"函数参数"对话框。

(5) 在第一个参数 Range 中,用鼠标选取 G3:G52 单元格区域;在第二个参数 Criteria 中,输入">110",如图 2-81 所示。

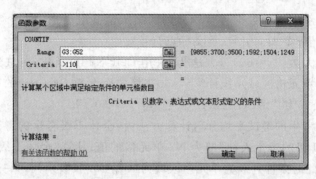

图 2-81 "COUNTIF"函数参数对话框

(6) 单击"确定"按钮完成公式(函数)"=COUNTIF(G3:G52,">110")"的输入,如图 2-82 所示。

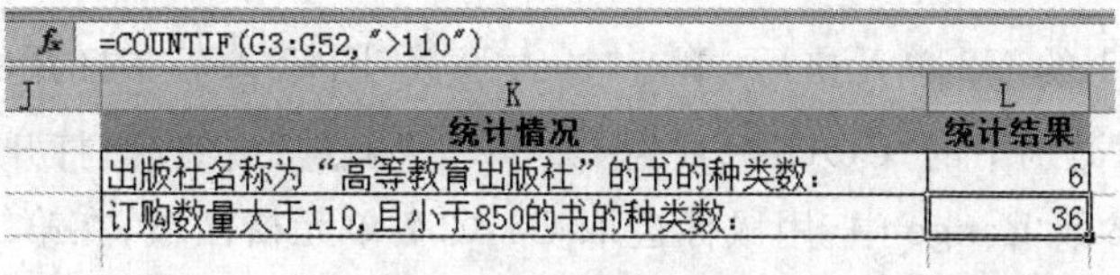

图 2-82 确认输入公式

(7) 在编辑栏中,鼠标选取函数:"COUNTIF(G3:G52,">110")",按 Ctrl+C 快捷键进行复制,并在其后输入减号"-",按 Ctrl+V 快捷键,将函数粘贴在减号后,并将其中的">110"修改为">=850",按"输入"图标完成公式:"=COUNTIF(G3:G52,">110")-COUNTIF(G3:G52,">=850")"的输入,如图 2-83 所示。

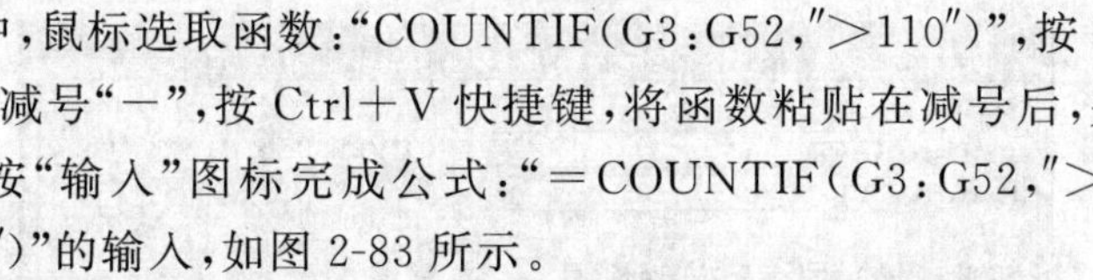

图 2-83 最终完成公式输入

实例五：

打开素材"等级考试_5.xlsx"文件，使用统计函数，根据以下要求对 Sheet1 中"学生成绩表"的数据进行统计。

◆ 要求：

(1) 统计"考 1 级的考生人数"，并将计算结果填入到 N2 单元格中；

(2) 统计"考试通过人数（>=60）"，并将计算结果填入到 N3 单元格中；

(3) 统计"全体 1 级考生的考试平均分"，并将计算结果填入到 N4 单元格中。

（其中，计算时候的分母直接使用"N2"单元格的数据）

公式分析：

统计"考 1 级的考生人数"，方法为：采用 COUNTIF 函数，在级别范围内（第一个参数 Range 为 C3:C57 单元格区域），统计级别为 1（第二个参数 Criteria）的单元格数目。因此，在 N2 单元格中的公式为："=COUNTIF(C3:C57,"1")"。

补充说明：由于级别列的数据是从学号列的第八位截取出来的一个字符，所以为文本类型，因此公式中的"1"需要加上引号（英文标点符号）。

统计"考试通过人数（>=60）"，方法为：采用 COUNTIF 函数，在总分范围内（第一个参数 Range 为 J3:J57 单元格区域），统计">=60"（第二个参数 Criteria）的单元格数目。因此，在 N3 单元格中的公式为："=COUNTIF(J3:J57,">=60")"。

统计"全体 1 级考生的考试平均分"，计算方法为：全体 1 级考生的考试总分/考 1 级的考生人数。其中，"考 1 级的考生人数"即为 N2 单元格的值；计算"全体 1 级考生的考试总分"，采用 SUMIF 函数，此时条件判断的单元格区域为"C3:C57"（级别列，第一个参数 Range），条件为""1""（第二个参数 Criteria），进行求和计算的区域为"J3:J57"（总分列，第三个参数 Sum_range），因此，"全体 1 级考生的考试总分"的计算公式为："=SUMIF(C3:C57,"1",J3:J57)"。

由此得出平均分的公式为"=SUMIF(C3:C57,"1",J3:J57)/N2"，填入 N4 单元格。

操作步骤：

(1) 选中 Sheet1 的 N2 单元格后，单击"插入函数"图标 ，在打开的"插入函数"对话框中，选择"统计函数"类别下的"COUNTIF"函数，单击"确定"按钮后，打开"函数参数"对话框。

(2) 在第一个参数 Range 中，用鼠标选取 C3:C57 单元格区域；在第二个参数 Criteria 中，输入""1""，如图 2-84 所示。

注意：""1""的引号需要手动输入。

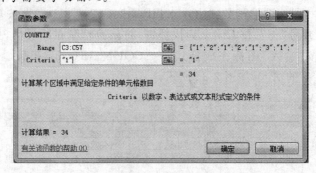

图 2-84 "COUNTIF"函数参数对话框

(3) 单击"确定"按钮完成公式(函数)"=COUNTIF(C3:C57,"1")"的输入,如图 2-85 所示。

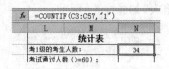

图 2-85　确认公式输入

(4) 选中 Sheet1 的 N3 单元格后,单击"插入函数"图标 ƒx ,在打开的"插入函数"对话框中,选择"常用函数"下的"COUNTIF"函数,单击"确定"按钮后,打开"函数参数"对话框。

(5) 在第一个参数 Range 中,用鼠标选取 J3:J57 单元格区域;在第二个参数 Criteria 中,输入">=60",如图 2-86 所示。

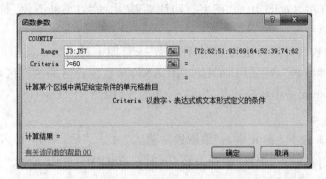

图 2-86　"COUNTIF"函数参数对话框

(6) 单击"确定"按钮完成公式(函数)"=COUNTIF(J3:J57,">=60")"的输入,如图 2-87 所示。

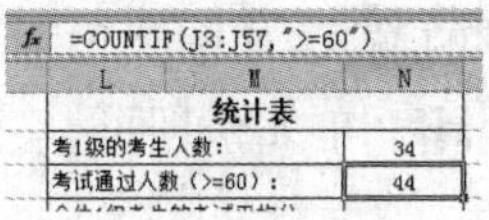

(7) 选中 Sheet1 的 N4 单元格后,单击"插入函数"图标 ƒx ,在打开的"插入函数"对话框中,选择"数学与三角函数"下的"SUMIF"函数,单击"确定"按钮后,打开"函数参数"对话框。

图 2-87　确认输入公式

(8) 在第一个参数 Range 中,用鼠标选取 C3:C57 单元格区域;在第二个参数 Criteria 中,输入""1"";在第三个参数 Sum_range 中,用鼠标选取 J3:J57 单元格区域,如图 2-88 所示。

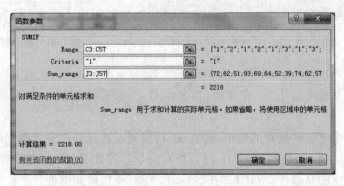

图 2-88　"SUMIF"函数参数对话框

(9) 单击"确定"按钮完成公式(函数)"=SUMIF(C3:C57,"1",J3:J57)"的输入。

(10) 光标定位于 N4 单元格编辑栏中的函数后,输入"/",再用鼠标单击 N2 单元格,即在函数后输入"/N2",最后单击"输入"图标 ✖ ,完成公式"=SUMIF(C3:C57,"1",J3:J57)/N2"

的输入,如图 2-89 所示。

实例六:

打开素材"图书订购信息表_5.xlsx"文件,使用 COUNTBLANK 函数,对 Sheet1 中的"图书订购信息表"中的"订书种类数"列进行填充。

◆ 注意:

(1) 其中"1"表示该同学订购该图书,空格表示没有订购;

图 2-89 最终完成公式输入

(2) 将结果保存在 Sheet1 中的"图书订购信息表"中的"订书种类数"列。

公式分析:

统计"订书种类数",计算方法为:图书种类数-未订图书种类数。其中,"图书种类数"为 4 种;计算"未订图书种类数",可采用 COUNTBLANK 函数统计订购情况区域内空白单元格的数目。因此,在 H3 单元格中的公式为:"=4-COUNTBLANK(D3:G3)"。

操作步骤:

(1) 选中 Sheet1 的 H3 单元格,在编辑栏中输入"=4-"后,单击"插入函数"图标 f_x ,在打开的"插入函数"对话框中,选择"统计函数"类别下的"COUNTBLANK"函数。单击"确定"按钮后,打开"函数参数"对话框。

(2) 参数 Range 中,用鼠标选取 D3:G3 单元格区域(订购情况区域),如图 2-90 所示。

(3) 单击"确定"按钮完成公式"=4-COUNTBLANK(D3:G3)"的输入,如图 2-91 所示。

(4) 鼠标左键拖动 H3 单元格的填充柄,向下复制公式至最后的 H50 单元格即可。

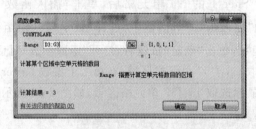

图 2-90 "COUNTBLANK"函数参数对话框

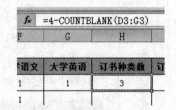

图 2-91 确认输入公式

实例七:

打开素材"公务员考试_5.xlsx"文件,在 Sheet1 中,设定第 31 行中不能输重复的数值。

公式分析:

设定第 31 行中不能输重复的数值,即在 31 行的某一单元格中输入数据时,要保证该数据在第 31 行中的唯一性,即该数据在 31 行只能有一个。按此思路,在该行第一个单元格 A31 中输入的数据,必须满足条件:COUNTIF(31:31,A31)=1,依此类推。

因此,需对 31 行设定数据有效性。

操作步骤:

(1) 单击 Sheet1"31"的行号处,如图 2-92 所示,选中 Sheet1 第 31 行。

图 2-92 选中第 31 行

(2)选择"数据"选项卡→"数据工具"功能区→"数据有效性"命令,在打开的"数据有效性"对话框的"设置"选项卡中,在"允许"下拉列表中选择"自定义",公式中输入"=COUNTIF(31:31,A31)=1",如图2-93所示。

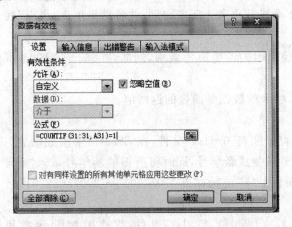

图2-93 "数据有效性"对话框

(3)单击"确定"按钮完成设置。

2.6 文本函数与日期时间函数

2.6.1 年龄等计算实例

实例一:
打开素材"电话升级_6.xlsx"文件,然后按下述要求完成操作。
(1)使用时间函数,对Sheet1中用户的年龄进行计算。
◆ 要求:使用当前时间,结合用户的出生年月,计算用户的年龄,并将其计算结果保存在"年龄"列中。计算方法为两个时间年份之差。
(2)使用REPLACE函数,对Sheet1中用户的电话号码进行升级。
◆ 要求:
① 对"原电话号码"列中的电话号码进行升级;
② 升级方法是在区号(0571)后面加上"8",并将其计算结果保存在"升级电话号码"列的相应单元格中。

实例二:
打开素材"停车收费_6.xlsx"文件,使用函数公式,计算停车费用。
◆ 要求:根据停放时间的长短计算停车费用,将计算结果填入到"应付金额"列中。
◆ 注意:
① 停车按小时收费,对于不满1小时的按照1小时计费;
② 对于超过整点小时数15分钟(包括15分钟)的多累积一个小时。(如1小时23分,将

以 2 小时计费）

实例三：

打开素材"等级考试_6.xlsx"文件，使用文本函数中的一个函数，在 Sheet1 中，利用"学号"列的数据，根据以下要求获得考生所考级别，并将结果填入"级别"列中。

◆ 要求：

① 学号中的第八位指示的考生所考级别，例如，"085200821023080"中的"2"标识了该考生所考级别为二级；

② 在"级别"列中，填入的数据是函数的返回值。

实例四：

打开素材"学生体育成绩表_6.xlsx"文件，在 Sheet1"学生成绩表"中，使用 REPLACE 函数和数组公式，将原学号转变成新学号，同时将所得的新学号填入"新学号"列中。转变方法：将原学号的第四位后面加上"5"，例如，"2007032001"→"20075032001"。

实例五：

打开素材"员工资料表（折旧）_6.xlsx"文件，仅使用 MID 函数和 CONCATENATE 函数，对 Sheet1 中"员工资料表"的"出生日期"列进行填充。

◆ 要求：

① 填充的内容根据"身份证号码"列的内容来确定：

身份证号码中的第 7 位～10 位：表示出生年份；

身份证号码中的第 11 位～12 位：表示出生月份；

身份证号码中的第 13 位～14 位：表示出生日。

② 填充结果的格式为：xxxx 年 xx 月 xx 日。

实例六：

打开素材"公司员工人事信息表_6.xlsx"文件，然后按下述要求完成操作。

（1）使用大小写转换函数，根据 Sheet1 中"公司员工人事信息表"的"编号"列，对"新编号"列进行填充。

◆ 要求：把编号中的小写字母改为大写字母，并将结果保存在"新编号"列中。例如，"a001"更改后为"A001"。

（2）使用文本函数和时间函数，根据 Sheet1 中"公司员工人事信息表"的"身份证号码"列，计算用户的年龄，并保存在"年龄"列中。

◆ 注意：

① 身份证的第 7 位～10 位表示出生年份；

② 计算方法：年龄＝当前年份－出生年份。其中"当前年份"使用时间函数计算。

（3）使用函数，判断 Sheet1 中 L12 和 M12 单元格中的文本字符串是否完全相同。

◆ 注意：

① 如果完全相同，结果保存为 TRUE，否则保存为 FALSE；

② 将结果保存在 Sheet1 中的 N12 单元格中。

实例七：

打开素材"零件检测结果表_6.xlsx"文件，使用文本函数，判断 Sheet1 中"字符串 2"在"字符串 1"中的起始位置并把返回结果保存在 Sheet1 中的 K9 单元格中。

实例八：

打开素材"气温比较_6.xlsx"文件，在 Sheet5 中，使用函数，根据 A2 单元格中的身份证号码判断性别，结果为"男"或"女"，存放在 B2 单元格中。（倒数第二位为奇数的为"男"，为偶数的为"女"）

2.6.2 文本函数

文本函数可以在公式中处理字符串。本节将介绍该类别下的字符串替换函数 REPLACE、字符串连接函数 CONCATENATE、大小写转换函数 UPPER、字符串截取函数 MID、字符串比较函数 EXACT、查找字符串函数 FIND。

1. 字符串替换函数 REPLACE

功能：使用其他文本字符串并根据所指定的字符数替代另一文本字符串中的部分。

格式：REPLACE(old_text,start_num,num_chars,new_text)

参数：Old_text 为要替换其部分字符的文本；Start_num 为被替换文本的第一个字符在 Old_text 中的位置；Num_chars 为 Old_text 中被替换的字符个数；New_text 为用来替换 Old_text 中指定字符串的新字符串。

示例："=REPLACE(A2,7,1,″01″)"，表示替换 A2 单元格中的文本，从第 7 位开始替换，替换 1 个字符，用字符串"01"替换。若 A2=″2008090001″，则函数的返回值为"″20080901001″"。

2. 字符串连接函数 CONCATENATE

功能：将若干个文本字符串连接在一起，合并为一个字符串。

格式：CONCATENATE(text1,text2,…)

参数：Text1,Text2,… 为 1~255 个要连接、合并为一个字符串的文本项，可以是文本字符串、数字或对单个单元格的引用。

示例："=CONCATENATE(A1,″公里″)"，若 A1=100，则函数的返回值为"″100 公里″"。

3. 大小写转换函数 UPPER

功能：将文本字符串中所有的字母转换为大写形式。

格式：UPPER(text)

参数：Text 为需要转换为大写形式的文本。

示例："=UPPER(B2)"，若 B2=″Apple″，则函数的返回值为"″APPLE″"。

4. 字符串提取函数 MID

功能：提取文本字符串中从指定位置开始的特定数目的字符，位置、数目均由用户指定，最后返回提取的字符。

格式：MID(text,start_num,num_chars)

参数：Text 为要从中提取字符的文本串；Start_num 是 Text 中要提取的第一个字符的位置；Num_chars 为要提取的字符个数。

示例："=MID(A2,7,2)"，表示提取 A2 单元格中的字符，从第 7 位开始提取，提取 2 个字符。若 A2=″20080901002″，则函数的返回值为"″01″"。

5. 字符串比较函数 EXACT

功能：比较两个文本字符串是否相同（区分大小写），如果相同，返回"TRUE"，否则，返回"FALSE"。

格式：EXACT(text1,text2)

参数：Text1 和 Text2 为两个待比较的文本字符串。

示例："＝EXACT(B1,B2)"，若 B1=″Apple″，B2=″APPLE″，则函数的返回值为"FALSE"。

6. 查找字符串函数 FIND

功能：在一个指定的文本字符串中查找另一个文本字符串第一次出现的位置（区分大小写）。

格式：FIND(find_text,within_text,start_num)

参数：Find_text 为待查找的文本；Within_text 为要在其内进行查找的文本；Start_num 为在 Within_text 中开始搜索的位置，若忽略，则默认值为"1"。

示例："＝FIND(″p″,B1)"，若 B1=″Apple″，则函数的返回值为"2"。

2.6.3 日期时间函数

日期与时间函数可以在公式中处理、分析与日期和时间有关的值。本节将介绍该类别下的取日期时间函数 NOW、取年份函数 YEAR、取小时数函数 HOUR、取分钟数函数 MINUTE。

1. 取日期时间函数 NOW

功能：取出当前系统的日期和时间。

格式：NOW()

参数：无。

示例："＝NOW()"，返回日期时间格式的执行公式时的系统日期和时间。

2. 取年份函数 YEAR

功能：取出日期中的年份数据，返回一个介于 1 900～9 999 之间的整数。

格式：YEAR(serial_number)

参数：Serial_number 为一个日期值，其中包含要获取的年份数据。

示例："＝YEAR(″2009－11－15″)"，其返回值为"2009"。

3. 取小时数函数 HOUR

功能：取出时间值的小时数，返回一个介于 0～23 之间的整数。

格式：HOUR(serial_number)

参数：Serial_number 为一个时间值，其中包含要获取的小时数值。

示例："＝HOUR(A1)"，若 A1=″02:30:29 PM″，则函数的返回值为"14"。

4. 取分钟数函数 MINUTE

功能：取出时间值的分钟数，返回一个介于 0～59 之间的整数。

格式：MINUTE(serial_number)

参数：Serial_number 为一个时间值，其中包含要获取的分钟数值。

示例："＝MINUTE(A1)"，若 A1=″02:30:29 PM″，则函数的返回值为"30"。

2.6.4 图解实例

根据上述的知识点,针对 2.6.1 所述实例,进行如下解题操作。

注意:输入公式(函数)时,所有的符号,如()(括号)等均为英文标点符号。

实例一:

打开素材"电话升级_6.xlsx"文件,然后按下述要求完成操作:

(1) 使用时间函数,对 Sheet1 中用户的年龄进行计算。

◆ 要求:使用当前时间,结合用户的出生年月,计算用户的年龄,并将其计算结果保存在"年龄"列中。计算方法为两个时间年份之差。

公式分析:

用户年龄的计算方法为:通过 YEAR 函数获得当前日期(参数 Serial_number)的年份和用户出生年月(参数 Serial_number)的年份,再将两个年份数相减。其中,当前日期通过 NOW 函数获得。

因此,在 D2 单元格(年龄)中的公式为:"=YEAR(NOW())-YEAR(C2)"。

操作步骤:

① 选中 Sheet1 的 D2 单元格后,单击"插入函数"图标 f_x ,在打开的"插入函数"对话框中,选择"日期与时间函数"类别下的"YEAR"函数。单击"确定"按钮后,打开"函数参数"对话框。

② 在参数 Serial_number 中,输入函数"NOW()",如图 2-94 所示。

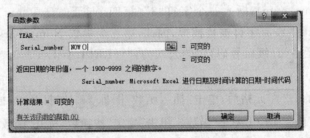

图 2-94 "YEAR"函数参数对话框

③ 单击"确定"按钮完成公式(函数)"=YEAR(NOW())"的输入,如图 2-95 所示。

④ 在编辑栏中继续输入减号"-",再单击编辑栏左边的函数列表框中显示的"YEAR"函数,如图 2-96 所示,打开"函数参数"对话框。

图 2-95 确认输入公式　　　图 2-96 插入"YEAR"函数

⑤ 在参数 Serial_number 中,鼠标单击 C2 单元格(出生年月),如图 2-97 所示。

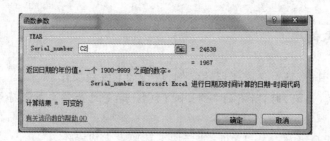

图 2-97 "YEAR"函数参数对话框

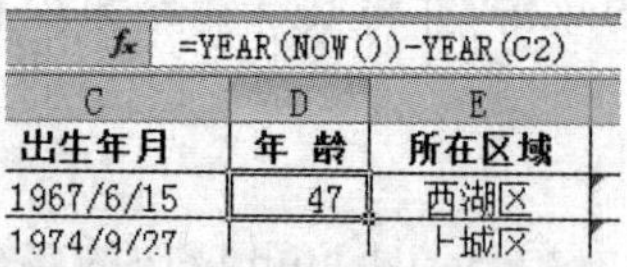

⑥ 单击"确定"按钮,完成公式:"=YEAR(NOW())－YEAR(C2)"的输入,如图 2-98 所示。

⑦ 鼠标左键拖动 D2 单元格的填充柄,向下复制公式至 D37 单元格。

图 2-98 确认输入公式

（2）使用 REPLACE 函数,对 Sheet1 中用户的电话号码进行升级。

◆ 要求:

① 对"原电话号码"列中的电话号码进行升级;

② 升级方法是在区号(0571)后面加上"8",并将其计算结果保存在"升级电话号码"列的相应单元格中。

公式分析:

升级的方法为:采用 REPLACE 函数,对"原电话号码"(第一个参数 Old_text),在其第 5 位上(第二个参数 Start_num),插入一个字符"8"(第四个参数 New_text)。因实际的操作为"插入"操作,Old_text 中没有字符被替换掉,因此,第三个参数 Num_chars 的取值为"0"。

由上,在 G2 单元格(升级后号码)中的公式为:"=REPLACE(F2,5,0,8)"。

操作步骤:

① 选中 Sheet1 的 G2 单元格后,单击"插入函数"图标 f_x ,在打开的"插入函数"对话框中,选择"文本函数"类别下的"REPLACE"函数。单击"确定"按钮后,打开"函数参数"对话框。

② 在第一个参数 Old_text 中,通过鼠标单击 F2 单元格(原电话号码),自动输入"F2";在第二个参数 Start_num 中,输入"5";在第三个参数 Num_chars 中,输入"0";在第四个参数 New_text 中,输入"8",如图 2-99 所示。

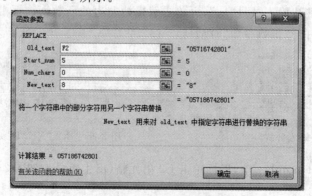

图 2-99 "REPLACE"函数参数对话框

③ 单击"确定"按钮完成公式(函数)"=REPLACE(F2,5,0,8)"的输入,如图2-100所示。

④ 鼠标左键拖动G2单元格的填充柄,向下复制公式至G37单元格。

图 2-100　确认输入公式

实例二：

打开素材"停车收费_6.xlsx"文件,使用函数公式,计算停车费用。

◆ 要求:根据停放时间的长短计算停车费用,将计算结果填入到"应付金额"列中。

◆ 注意:

① 停车按小时收费,对于不满1小时的按照1小时计费;

② 对于超过整点小时数15分钟(包含15分钟)的多累积1小时。(如1小时23分,将以2小时计费)

公式分析：

"应付金额"的计算公式为:"计费时间×单价"。

其中"计费时间"的计算方法为:首先判断停放的小时数是否不满1小时(IF函数的第一个参数Logical_test,即判断"停放的小时数=0"),如果条件成立,结果为"1"(IF函数的第二个参数Value_if_true),如果不成立(超过整点小时数),再继续判断(IF函数的第三个参数Value_if_false中嵌套IF函数);继续判断"停放的分钟数>=15"(嵌套IF函数的第一个参数Logical_test),如果条件成立,结果为"停放的小时数+1"(嵌套IF函数的第二个参数Value_if_true),如果不成立,结果为"停放的小时数"(嵌套IF函数的第三个参数Value_if_false)。

其中"停放的小时数"计算方法为:通过HOUR函数获得停放时间(参数Serial_number)中的小时数;"停放的分钟数"计算方法为:通过MINUTE函数获得停放时间(参数Serial_number)中的分钟数。

因此,在G9单元格(应付金额)中的公式为:"=IF(HOUR(F9)=0,1,IF(MINUTE(F9)>=15,HOUR(F9)+1,HOUR(F9)))*C9"。

其中:

"HOUR(F9)"为停放的小时数;

"HOUR(F9)=0"为判断停放的小时数不满1小时;

"MINUTE(F9)"为停放的分钟数;

"MINUTE(F9)>=15"为判断停放的分钟数超过(包含)15分钟;

"IF(HOUR(F9)=0,1,IF(MINUTE(F9)>=15,HOUR(F9)+1,HOUR(F9)))"为计费时间。

操作步骤：(公式中的单元格引用可采用鼠标单击选中后自动输入)

① 选中Sheet1的G9单元格后,单击"插入函数"图标 f_x ,在打开的"插入函数"对话框中,选择"逻辑函数"类别下的"IF"函数,单击"确定"按钮后,打开"函数参数"对话框。

② 在第一个参数Logical_test中,输入"HOUR(F9)=0";在第二个参数Value_if_true中,输入"1";在第三个参数Value_if_false中,插入"IF"函数(在编辑栏左边的函数下拉列表中选择,见图2-101),打开嵌套函数IF的"函数参数"对话框。

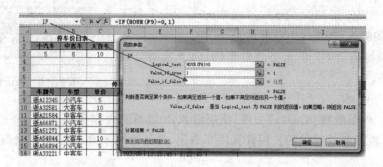

图 2-101 最外层"IF"函数参数对话框

③ 在第一个参数 Logical_test 中,输入"MINUTE(F9)>=15";在第二个参数 Value_if_true 中,输入"HOUR(F9)+1";在第三个参数 Value_if_false 中,输入"HOUR(F9)",如图 2-102 所示。

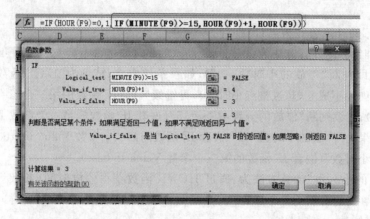

图 2-102 嵌套的"IF"函数参数对话框

④ 单击"确定"按钮完成公式(函数):"=IF(HOUR(F9)=0,1,IF(MINUTE(F9)>=15,HOUR(F9)+1,HOUR(F9)))"的输入,如图 2-103 所示。

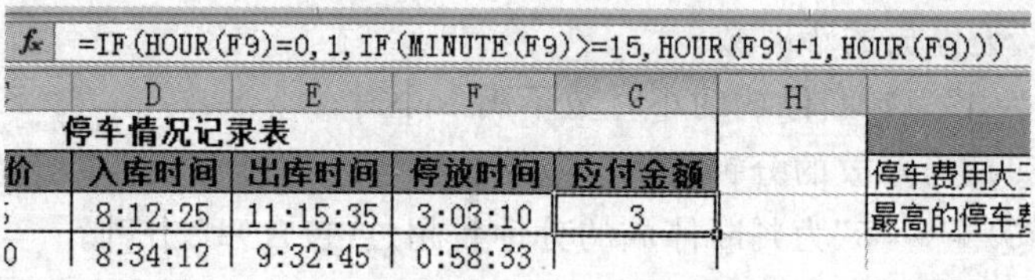

图 2-103 确认输入公式

⑤ 在编辑栏中继续输入"*C9",单击"输入"图标 ✓ 最终完成公式:"=IF(HOUR(F9)=0,1,IF(MINUTE(F9)>=15,HOUR(F9)+1,HOUR(F9)))*C9"的输入,如图 2-104 所示。

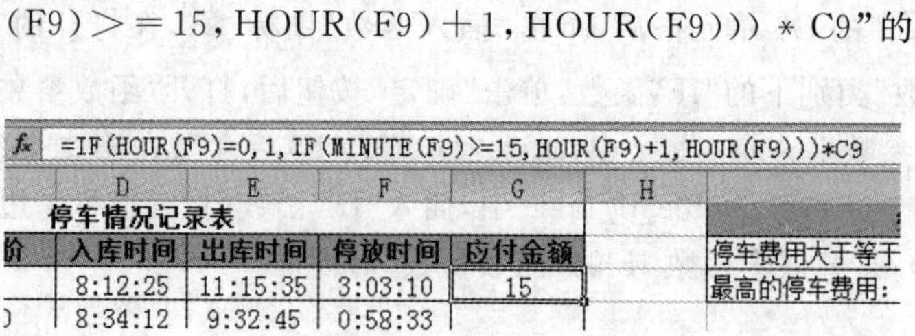

图 2-104 最终完成公式

⑥ 鼠标左键拖动 G9 单元格的填充柄,向下复制公式至 G39 单元格。

实例三:

打开素材"等级考试_6.xlsx"文件,使用文本函数中的一个函数,在 Sheet1 中,利用"学号"列的数据,根据以下要求获得考生所考级别,并将结果填入"级别"列中。

◆ 要求:

① 学号中的第八位指示的考生所考级别,例如:"085200821023080"中的"2"表示了该考生所考级别为二级;

② 在"级别"列中,填入的数据是函数的返回值。

公式分析:

"级别"的获取方法为:采用 MID 函数,提取"学号"(第一个参数 Text)中,第八位(第二个参数 Start_num)上的字符(只需提取一个字符,即第三个参数 Num_chars 的取值为"1")。

由上,在 C3 单元格(级别)中的公式为:"=MID(A3,8,1)"。

操作步骤:

① 选中 Sheet1 的 C3 单元格后,单击"插入函数"图标 f_x,在打开的"插入函数"对话框中,选择"文本函数"类别下的"MID"函数。单击"确定"按钮后,打开"函数参数"对话框。

② 在第一个参数 Text 中,通过鼠标单击 A3 单元格(学号),自动输入"A3";在第二个参数 Start_num 中,输入"8";在第三个参数 Num_chars 中,输入"1",如图 2-105 所示。

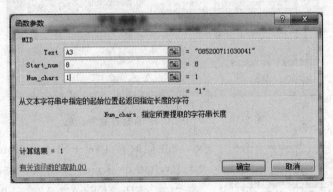

图 2-105 "MID"函数参数对话框

③ 单击"确定"按钮完成公式(函数)"=MID(A3,8,1)"的输入,如图 2-106 所示。

④ 鼠标左键拖动 C3 单元格的填充柄,向下复制公式至 C57 单元格。

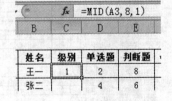

图 2-106 确认输入公式

实例四:

打开素材"学生体育成绩表_6.xlsx"文件,在 Sheet1 "学生成绩表"中,使用 REPLACE 函数和数组公式,将原学号转变成新学号,同时将所得的新学号填入"新学号"列中。转变方法:将原学号的第四位后面加上"5",例如:"2007032001"→"20075032001"。

公式分析:

转变为"新学号"的方法为:采用 REPLACE 函数,对"原学号"(第一个参数 Old_text),在

117

其第 5 位上(第二个参数 Start_num),插入一个字符“5”(第四个参数 New_text)。因实际的操作为“插入”操作,Old_text 中没有字符被替换掉,因此,第三个参数 Num_chars 的取值为“0”。

由上,在 B3 单元格(新学号)中的公式为:“=REPLACE(A3,5,0,5)”。

因需要用数组公式实现,因此,在 B3:B30(“新学号”列)中的数组公式为:“{=REPLACE(A3:A30,5,0,5)}”。

操作步骤:

① 选中 Sheet1 的 B3:B30 单元格区域后,单击“插入函数”图标 *fx* ,在打开的“插入函数”对话框中,选择“文本函数”类别下的“REPLACE”函数,单击“确定”按钮后,打开“函数参数”对话框。

② 在第一个参数 Old_text 中,通过鼠标选取 A3:A30 单元格区域(“原学号”列),自动输入“A3:A30”;在第二个参数 Start_num 中,输入“5”;在第三个参数 Num_chars 中,输入“0”;在第四个参数 New_text 中,输入“5”,如图 2-107 所示。

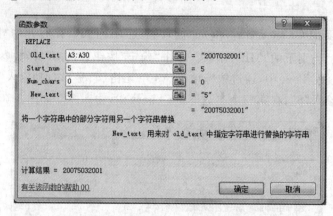

图 2-107 “REPLACE”函数参数对话框

{=REPLACE(A3:A30,5,0,5)}

学生成绩表

号	新学号	姓名	性别	100米成绩(秒)	结果
)32001	20075032001	程云峰	男	12.85	
)32002	20075032002	程锐军	男	14.53	
)32003	20075032003	黄立平	男	16.11	
)32004	20075032004	蔡泽鸿	男	10.44	
)32005	20075032005	童健宏	男	13.82	
)32006	20075032006	吴德泉	男	11.60	
)32007	20075032007	陈静	男	16.32	
)32008	20075032008	林寻	男	11.51	
)32009	20075032009	吴心	男	14.61	
)32010	20075032010	李伯仁	男	16.67	
)32011	20075032011	陈醉	男	12.58	
)32012	20075032012	李军	男	14.28	
)32013	20075032013	李童	男	14.76	
)32014	20075032014	梁远	男	12.85	
)32015	20075032015	金丽勤	女	15.65	
)32016	20075032016	袁梅	女	16.27	
)32017	20075032017	齐梓宁	女	14.14	
)32018	20075032018	慕秀清	女	15.20	
)32019	20075032019	杨敏芳	女	16.25	
)32020	20075032020	郑含因	女	10.64	
)32021	20075032021	王克南	女	15.36	
)32022	20075032022	卢植茵	女	15.58	
)32023	20075032023	李禄	女	14.16	
)32024	20075032024	夏雪	女	11.34	

heet1 Sheet2 Sheet3 Sheet4 Sheet5

图 2-108 确认输入公式

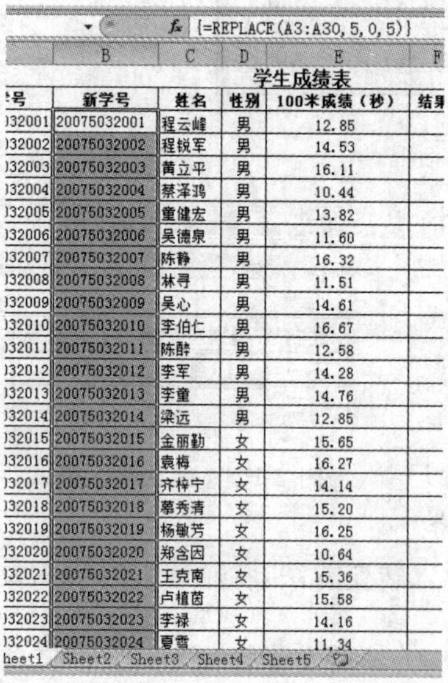

③ 同时按 Ctrl+Shift+Enter 组合键确认,此时,B3:B30 中显示计算结果,编辑栏中出现数组公式:“{=REPLACE(A3:A30,5,0,5)}”,如图 2-108 所示。

实例五:

打开素材“员工资料表(折旧)_6.xlsx”文件,仅使用 MID 函数和 CONCATENATE 函数,对 Sheet1 中“员工资料表”的“出生日期”列进行填充。

◆ 要求:

① 填充的内容根据“身份证号码”列的内容来确定:

身份证号码中的第 7 位～10 位:表示出生年份;

身份证号码中的第 11 位～12 位:表示出生月份;

身份证号码中的第 13 位～14 位:表示出生日。

② 填充结果的格式为:xxxx 年 xx 月 xx 日。

公式分析：

根据"出生日期"填充结果的格式，采用 CONCATENATE 函数，将年份数据、字符"年"、月份数据、字符"月"、日期数据以及字符"日"（参数 Text1～Text6），连接合并为一个字符串。

其中年份数据，可通过 MID 函数，提取"身份证号码"（第一个参数 Text）中，第 7 位（第二个参数 Start_num）开始的 4 个字符（第三个参数 Num_chars）来获得；月份数据，可通过 MID 函数，提取"身份证号码"（第一个参数 Text）中，第 11 位（第二个参数 Start_num）开始的 2 个字符（第三个参数 Num_chars）来获得；日期数据，可通过 MID 函数，提取"身份证号码"（第一个参数 Text）中，第 13 位（第二个参数 Start_num）开始的 2 个字符（第三个参数 Num_chars）来获得。

由上，在 G3 单元格（出生日期）中的公式为："=CONCATENATE(MID(E3,7,4),"年",MID(E3,11,2),"月",MID(E3,13,2),"日")"。

其中：

"MID(E3,7,4)"为出生年份；

"MID(E3,11,2)"为出生月份；

"MID(E3,13,2)"为出生日。

操作步骤：

① 选中 Sheet1 的 G3 单元格后，单击"插入函数"图标 *fx*，在打开的"插入函数"对话框中，选择"文本函数"类别下的"CONCATENATE"函数。单击"确定"按钮后，打开"函数参数"对话框。

② 在第一个参数 Text1 中，输入"MID(E3,7,4)"；在第二个参数 Text2 中，输入""年""；在第三个参 Text3 中，输入"MID(E3,11,2)"；在第四个参数 Text4 中，输入""月""；在第五个参数 Text5 中，输入"MID(E3,13,2)"；在第六个参数 Text6 中，输入""日""。如图 2-109 所示。

注意：""年""、""月""、""日""中的英文引号可由计算机自动输入。

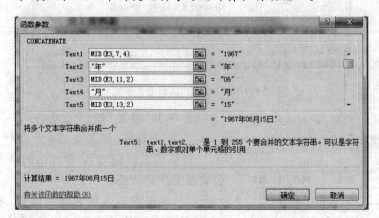

图 2-109 "CONCATENATE"函数参数对话框

③ 单击"确定"按钮完成公式（函数）："=CONCATENATE(MID(E3,7,4),"年",MID(E3,11,2),"月",MID(E3,13,2),"日")"的输入，如图 2-110 所示。

④ 鼠标左键拖动 G3 单元格的填充柄,向下复制公式至 G38 单元格。

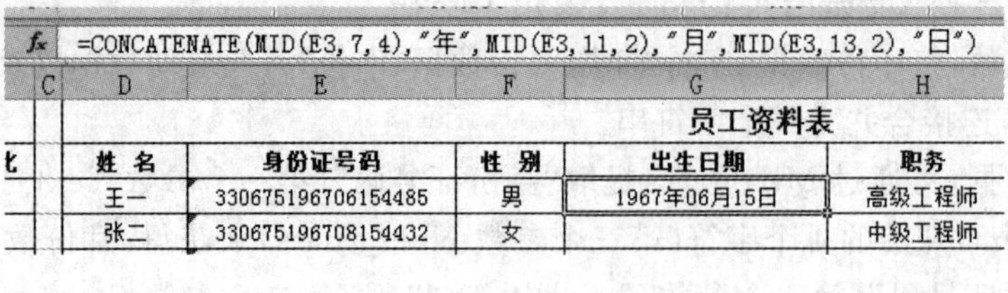

图 2-110 确认输入公式

实例六:

打开素材"公司员工人事信息表_6.xlsx"文件,然后按下述要求完成操作。

(1) 使用大小写转换函数,根据 Sheet1 中"公司员工人事信息表"的"编号"列,对"新编号"列进行填充。

◆ 要求:把编号中的小写字母改为大写字母,并将结果保存在"新编号"列中。例如,"a001"更改后为"A001"。

公式分析:

采用 UPPER 函数,将编号(参数 Text)中的小写字母转换为大写字母,因此,在 B3 单元格(新编号)中的公式为:"=UPPER(A3)"。

操作步骤:

① 选中 Sheet1 的 B3 单元格后,单击"插入函数"图标 f_x ,在打开的"插入函数"对话框中,选择"文本函数"类别下的"UPPER"函数。单击"确定"按钮后,打开"函数参数"对话框。

② 在参数 Text 中,通过鼠标单击 A3 单元格(编号),自动输入"A3",如图 2-111 所示。

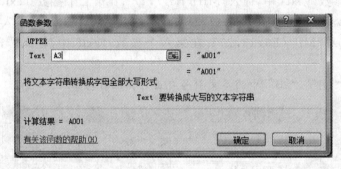

图 2-111 "UPPER"函数参数对话框

③ 单击"确定"按钮完成公式(函数):"=UPPER(A3)"的输入,如图 2-112 所示。

④ 鼠标左键拖动 B3 单元格的填充柄,向下复制公式至 B27 单元格。

(2) 使用文本函数和时间函数,根据 Sheet1 中"公司员工人事信息表"的"身份证号码"列,计算用户的年龄,并保存在"年龄"列中。

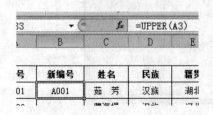

图 2-112 确认输入公式

◆ 注意:

① 身份证的第 7 位~10 位表示出生年份;

② 计算方法：年龄＝当前年份－出生年份。其中"当前年份"使用时间函数计算。

公式分析：

年龄＝当前年份－出生年份：获得"当前年份"的公式为："＝YEAR(NOW())"（参考实例一(1)）；"出生年份"，可通过 MID 函数，提取"身份证号码"（第一个参数 Text）中，第 7 位（第二个参数 Start_num）开始的 4 个字符（第三个参数 Num_chars）来获得。

因此，在 F3 单元格（年龄）中的公式为："＝YEAR(NOW())－MID(G3,7,4)"。

操作步骤：

① 选中 Sheet1 的 F3 单元格后，单击"插入函数"图标 fx，在打开的"插入函数"对话框中，选择"日期与时间函数"类别下的"YEAR"函数，单击"确定"按钮后，打开"函数参数"对话框。

② 在参数 Serial_number 中，输入"NOW()"，如图 2-113 所示。

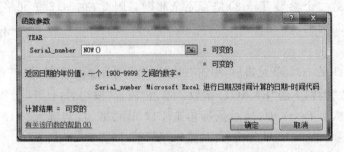

图 2-113　"YEAR"函数参数对话框

③ 单击"确定"按钮完成公式（函数）："＝YEAR(NOW())"的输入。

④ 在编辑栏中继续输入减号"－"，再单击"插入函数"图标 fx，在打开的"插入函数"对话框中，选择"文本函数"类别下的"MID"函数，单击"确定"按钮后，打开"函数参数"对话框。

⑤ 在第一个参数 Text 中，通过鼠标单击 G3 单元格（身份证号码），输入"G3"；在第二个参数 Start_num 中，输入"7"；在第三个参数 Num_chars 中，输入"4"，如图 2-114 所示。

⑥ 单击"确定"按钮完成公式"＝YEAR(NOW())－MID(G3,7,4)"的输入。

注意： 若单元格未显示计算结果，如图 2-115 所示，则应将其单元格格式修改为"常规"（具体操作参考 2.1.3），再双击单元格，出现光标后按 Enter 键确认修改即可。

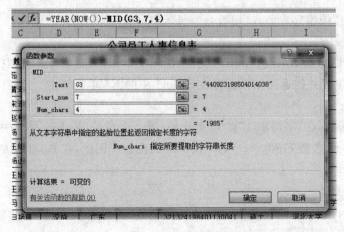

图 2-114　"MID"函数参数对话框

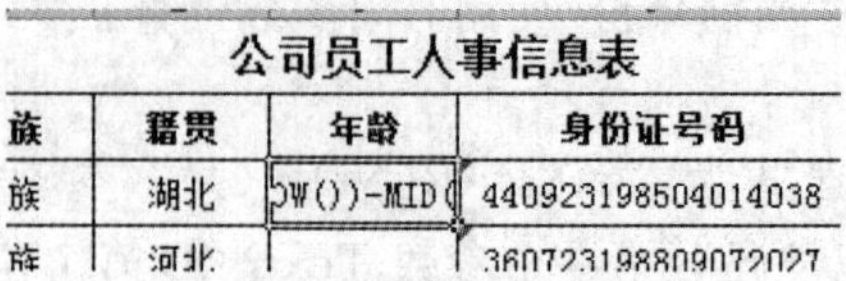

⑦ 鼠标左键拖动 F3 单元格的填充柄,向下复制公式至 F27 单元格。

(3) 使用函数,判断 Sheet1 中 L12 和 M12 单元格中的文本字符串是否完全相同。

◆ 注意:

① 如果完全相同,结果保存为 TRUE,否则保存为 FALSE;

图 2-115 输入公式后的单元格

② 将结果保存在 Sheet1 中的 N12 单元格中。

公式分析:

采用 EXACT 函数,比较 L12 单元格中的文本字符串(第一个参数 Text1)和 M12 单元格中的文本字符串(第二个参数 Text2)是否完全相同。因此,在 N12 单元格中的公式为:"=EXACT(L12,M12)"。

操作步骤:

① 选中 Sheet1 的 N12 单元格后,单击"插入函数"图标 fx,在打开的"插入函数"对话框中,选择"文本函数"类别下的"EXACT"函数。单击"确定"按钮后,打开"函数参数"对话框。

② 在第一个参数 Text1 中,通过鼠标单击 L12 单元格,自动输入"L12";在第二个参数 Text2 中,通过鼠标单击 M12 单元格,自动输入"M12",如图 2-116 所示。

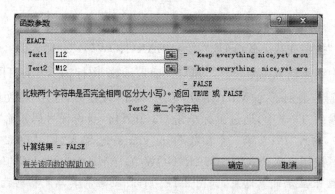

图 2-116 "EXACT"函数参数对话框

③ 单击"确定"按钮完成公式(函数):"=EXACT(L12,M12)"的输入。

实例七:

打开素材"零件检测结果表_6.xlsx"文件,使用文本函数,判断 Sheet1 中"字符串 2"在"字符串 1"中的起始位置并把返回结果保存在 Sheet1 中的 K9 单元格中。

公式分析:

采用 FIND 函数,在"字符串 1"即 I9 单元格(第二个参数 Within_text)中查找"字符串 2"即 J9 单元格(第一个参数 Find_text)第一次出现的位置。因此,在 K9 单元格中的公式为:"=FIND(J9,I9)"。

操作步骤:

① 选中 Sheet1 的 K9 单元格后,单击"插入函数"图标 fx,在打开的"插入函数"对话框中,选择"文本函数"类别下的"FIND"函数,单击"确定"按钮后,打开"函数参数"对话框。

② 在第一个参数 Find_text 中，通过鼠标单击 J9 单元格，输入"J9"；在第二个参数 Within_text 中，通过鼠标单击 I9 单元格，输入"I9"；第三个参数 Start_num 忽略不输，如图 2-117 所示。

③ 单击"确定"按钮完成公式（函数）："=FIND(J9,I9)"的输入。

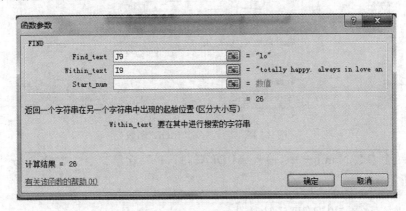

图 2-117 "FIND"函数参数对话框

实例八：

打开素材"气温比较_6.xlsx"文件，在 Sheet5 中，使用函数，根据 A2 单元格中的身份证号码判断性别，结果为"男"或"女"，存放在 B2 单元格中。（倒数第二位为奇数的为"男"，为偶数的为"女"）

公式分析：

采用 IF 函数，判断身份证号码倒数第二位是否为奇数（IF 函数的第一个参数 logical_test），如果条件成立，结果为"男"（IF 函数的第二个参数 Value_if_true），否则，结果为"女"（IF 函数的第三个参数 Value_if_false）。

判断身份证号码倒数第二位是否为奇数的方法为：通过 MOD 函数获取身份证号码倒数第二位（MOD 函数的第一个参数 Number）除以 2（MOD 函数的第二个参数 Divisor）后的余数，如果余数为 1，则为奇数，否则为偶数。而身份证号码倒数第二位，即身份证号码（A2 单元格）正数第 17 位，可通过 MID 函数获取。

因此，在 B2 单元格中的公式为："=IF(MOD(MID(A2,17,1),2)=1,"男","女")"。

其中：

"MID(A2,17,1)"为身份证号码正数第 17 位；

"MOD(MID(A2,17,1),2)"为身份证号码正数第 17 位除以 2 后的余数；

"MOD(MID(A2,17,1),2)=1"为身份证号码正数第 17 位除以 2 后的余数是否为 1 的判断。

操作步骤：

① 选中 Sheet5 的 B2 单元格后，单击"插入函数"图标 ƒx，在打开的"插入函数"对话框中，选择"逻辑函数"类别下的"IF"函数，单击"确定"按钮后，打开"函数参数"对话框。

② 在第一个参数 Logical_test 中，插入"MOD"函数（在编辑栏左边的函数下拉列表中选择，见图 2-118），打开 MOD 的"函数参数"对话框。

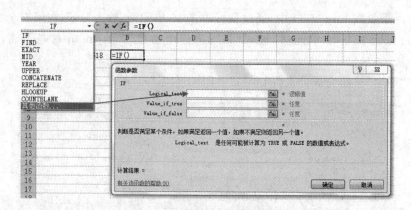

图 2-118 插入嵌套"MOD"函数

③ 在第一个参数 Number 中,输入"MID(A2,17,1)";在第二个参数 Divisor 中,输入"2",如图 2-119 所示。

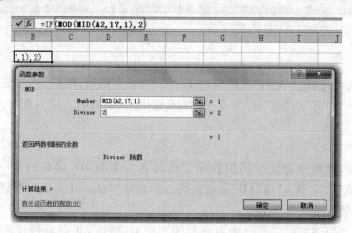

图 2-119 "MOD"函数参数对话框

④ 在编辑栏中单击"IF"函数,返回 IF 的"函数参数"对话框,此时在其第一个参数 Logical1 中已完成"MOD(MID(A2,17,1),2)"的输入,在其后继续输入"=1";在第二个参数 Value_if_true 中输入"男";在第三个参数 Value_if_false 中输入"女",如图 2-120 所示。

⑤ 单击"确定"按钮完成公式(函数):"=IF(MOD(MID(A2,17,1),2)=1,"男","女")"的输入。

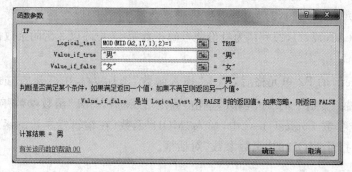

图 2-120 "IF"函数参数对话框

2.7 信息函数与财务函数

2.7.1 信息函数与财务函数的应用实例

实例一：

打开素材"灯泡采购_7.xlsx"文件，使用函数，对 Sheet3 中的 B21 单元格中的内容进行判断，判断其是否为文本，如果是，结果为"TRUE"；如果不是，结果为"FALSE"，并将结果保存在 Sheet3 中的 B22 单元格当中。

实例二：

打开素材"等级考试_7.xlsx"文件，使用财务函数，根据以下要求对 Sheet2 中的数据进行计算。

◆ 要求：

① 根据"投资情况表 1"中的数据，计算 10 年以后得到的金额，并将结果填入到 B7 单元格中；

② 根据"投资情况表 2"中的数据，计算预计投资金额，并将结果填入到 E7 单元格中。

实例三：

打开素材"学生体育成绩表_7.xlsx"文件，根据 Sheet2 中的贷款情况，使用财务函数对贷款偿还金额进行计算。

➢ 要求：

① 计算"按年偿还贷款金额(年末)"，并将结果填入到 Sheet2 中的 E2 单元格中；

② 计算"第 9 个月贷款利息金额"，并将结果填入到 Sheet2 中的 E3 单元格中。

实例四：

打开素材"员工资料表(折旧)_7.xlsx"文件，在 Sheet2 中，根据"固定资产情况表"，使用财务函数，对以下条件进行计算：

计算"每天折旧值"，并将结果填入到 E2 单元格中；

计算"每月折旧值"，并将结果填入到 E3 单元格中；

计算"每年折旧值"，并将结果填入到 E4 单元格中。

2.7.2 信息函数

信息函数根据功能可以分为两类：一类函数可用于获取单元格的属性信息；另一类是 IS 类函数，可用于检验数值或引用类型。本节将介绍 IS 类函数中判断是否为文本的 ISTEXT 函数。

功能：判断引用的参数或指定的单元格内容是否为文本，如果是，返回"TRUE"，否则，返回"FALSE"。

格式:ISTEXT(Value)

参数:Value 为待检验的内容。

示例:"=ISTEXT(A1)",若 A1="Apple",则函数的返回值为"TRUE";若 A1=25,则函数的返回值为"FALSE"。

2.7.3 财务函数

财务函数可以进行一般的财务计算,大体上可分为四类:投资计算函数、折旧计算函数、偿还率计算函数、债券及其他金融函数。本节将介绍该类别下的投资未来值计算函数 FV、投资现值计算函数 PV、贷款分期偿还额计算函数 PMT、投资或贷款支付利息计算函数 IPMT、折旧计算函数 SLN。

注意:在财务函数的参数和返回的计算结果中,支出的款项,如投资金额,表示为负数;收入的款项,如股息收入,表示为正数。

1. 投资未来值计算函数 FV

功能:基于固定利率及等额分期付款方式,计算某项投资的未来值。

格式:FV(rate,nper,pmt,pv,type)

参数:Rate 为各期利率;Nper 为总投资(或贷款)期,即该项投资(或贷款)的付款期总数;Pmt 为各期所应支付的金额;Pv 为现值,即从该项投资开始计算时已经入账的款项或一系列未来付款的当前值的累积和,也称为本金;Type 为数字 0 或 1,用以指定各期的付款时间是在期初还是期末,1 表示期初,0 表示期末,如果省略,则表示其值为 0。

示例:假设某项投资,先期投资为 65 000 元,年利率为 5%,后期投资期限为 6 年,每年投资 6 000 元,那么计算 6 年后应得到的金额,公式为"=FV(5%,6,-6 000,-65 000)",返回结果为"¥127 918"。

2. 投资现值计算函数 PV

功能:用于计算某项投资的现值,现值为一系列未来付款的当前值的累积和。例如,借入方的借入款即为贷出方贷款的现值。

格式:PV(rate,nper,pmt,fv,type)

参数:Rate 为各期利率;Nper 为总投资(或贷款)期,即该项投资(或贷款)的付款期总数;Pmt 为各期所应支付的金额,通常包括本金和利息;Fv 为未来值,或在最后一次支付后希望得到的现金余额,如果省略,则表示其值为 0;Type 为数字 0 或 1,用以指定各期的付款时间是在期初还是期末,1 表示期初,0 表示期末,如果省略,则表示其值为 0。

示例:假设某项投资,投资期限为 8 年,每年投资 10 000 元,回报年利率为 10%,那么计算预计投资的金额,公式为"=PV(10%,8,-10 000)",返回结果为"¥53 349"。

3. 贷款分期偿还额计算函数 PMT

功能:基于固定利率及等额分期付款方式,计算贷款的每期付款额。

格式:PMT(rate,nper,pv,fv,type)

参数:Rate 为贷款利率;Nper 为该项贷款的总贷款期限或者总投资期;Pv 为现值,即从该项贷款(或投资)开始计算时已经入账的款项或一系列未来付款当前值的累积和,也称为本金;Fv 为未来值,或在最后一次支付后希望得到的现金余额,如果省略,则表示其值为 0;Type 为数字 0 或 1,用以指定各期的付款时间是在期初还是期末,1 表示期初,0 表示期末,如果省略,则表示其值为 0。

示例:假设某项贷款,贷款额度为 80 000 元,年利息为 6%,贷款年限为 5 年,那么贷款年偿还额的计算公式为:"=PMT(6%,5,80 000)",返回结果为"-¥18 992"。

4. 贷款支付利息计算函数 IPMT

功能:基于固定利率及等额分期付款方式,计算投资或贷款在某一给定期次内的利息偿还额。

格式:IPMT(rate,per,nper,pv,fv,type)

参数:Rate 为贷款利率;Per 为用于计算利息偿还额的期数;Nper 为该项贷款的总贷款期限或者总投资期;Pv 为现值,即从该项贷款(或投资)开始计算时已经入账的款项或一系列未来付款当前值的累积和,也称为本金;Fv 为未来值,或在最后一次支付后希望得到的现金余额,如果省略,则表示其值为 0;Type 为数字 0 或 1,用以指定各期的付款时间是在期初还是期末,1 表示期初,0 表示期末,如果省略,则表示其值为 0。

示例:假设某项贷款,贷款额度为 80 000 元,年利息为 6%,贷款年限为 5 年,那么计算第 10 个月应付的利息金额,公式为:"=IPMT(6%/12,10,5*12,80 000)",返回结果为"-¥347"。

注意:因该处以"月"为周期单位,所以,参数 Rate 的值为月利率=年利率/12,即"6%/12",Nper 的值为贷款的月数=年数*12,即"5*12"。

5. 折旧计算函数 SLN

功能:计算某项资产在一个期间内的线性折旧值。

格式:SLN(cost,salvage,life)

参数:Cost 为固定资产原值;Salvage 为预计净残值;Life 为折旧期限,即资产的使用寿命。

示例:假设某一固定资产总值为 80 000 元,折旧年限为 10 年,估计资产残值为 7 000 元,那么每年的折旧值,计算公式为:"=SLN(80 000,7 000,10)",返回结果为"¥7 300"。

2.7.4 图解实例

根据上述的知识点,针对 2.7.1 所述实例,进行如下解题操作。

注意:输入公式(函数)时,所有的符号,如()(括号)等均为英文标点符号。

实例一:

打开素材"灯泡采购_7.xlsx"文件,使用函数,对 Sheet3 中的 B21 单元格中的内容进行判断,判断其是否为文本,如果是,结果为"TRUE";如果不是,结果为"FALSE",并将结果保存在 Sheet3 中的 B22 单元格当中。

公式分析:

判断是否为文本的方法为:采用 ISTEXT 函数判断 B21 单元格(参数 Value)中的内容。

因此,在 B22 单元格中的公式为:"=ISTEXT(B21)"。

操作步骤:

① 选中 Sheet3 的 B22 单元格后,单击"插入函数"图标 f_x,在打开的"插入函数"对话框中,选择"信息函数"类别下的"ISTEXT"函数。单击"确定"按钮后,打开"函数参数"对话框。

② 在参数 Value 中,用鼠标单击 B21 单元格,自动输入"B21",如图 2-121 所示。

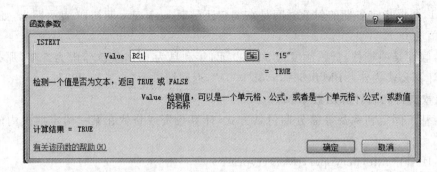

图 2-121 "ISTEXT"函数参数对话框

③ 单击"确定"按钮,完成公式:"=ISTEXT(B21)"的输入,如图 2-122 所示。

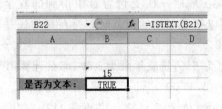

图 2-122 确认输入公式

实例二:

打开素材"等级考试_7.xlsx"文件,使用财务函数,根据以下要求对 Sheet2 中的数据进行计算。

◆ 要求:

① 根据"投资情况表 1"中的数据,计算 10 年以后得到的金额,并将结果填入到 B7 单元格中;

② 根据"投资情况表 2"中的数据,计算预计投资金额,并将结果填入到 E7 单元格中。

公式分析:

投资 10 年以后得到的金额,计算方法为:采用 FV 函数计算,其中参数根据"投资情况表 1",各期利率即年利率为 B3 单元格内容(参数 Rate),总投资期即投资年限为 B5 单元格内容(参数 Nper),各期所应支付的金额即每年再投资金额为 B4 单元格内容(参数 Pmt),从该项投资开始计算时已经入账的款项即先投资金额为 B2 单元格内容(参数 Pv),参数 Type 省略。

据此,在 B7 单元格中的公式为:"=FV(B3,B5,B4,B2)"。

预计投资金额的计算方法为:采用 PV 函数计算,其中参数根据"投资情况表 2",各期利率即年利率 E3 单元格内容(参数 Rate),总投资期即投资年限为 E4 单元格内容(参数 Nper),各期所应支付的金额即每年投资金额为 E2 单元格内容(参数 Pmt),参数 Pv、参数 Type 省略。

据此,在 E7 单元格中的公式为:"=PV(E3,E4,E2)"。

操作步骤:

① 选中 Sheet2 的 B7 单元格后,单击"插入函数"图标 *fx*,在打开的"插入函数"对话框中,选择"财务函数"类别下的"FV"函数,单击"确定"按钮后,打开"函数参数"对话框。

② 在第一个参数 Rate 中,用鼠标单击 B3 单元格,自动输入"B3";在第二个参数 Nper 中,用鼠标单击 B5 单元格,自动输入"B5";在第三个参数 Pmt 中,用鼠标单击 B4 单元格,自动输入"B4";在第四个参数 Pv 中,用鼠标单击 B2 单元格,自动输入"B2";第五个参数 Type 省略,如图 2-123 所示。

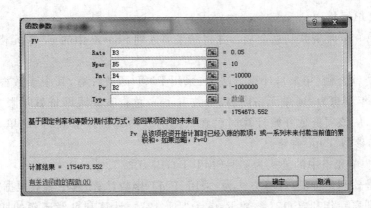

图 2-123 "FV"函数参数对话框

③ 单击"确定"按钮,完成公式:"=FV(B3,B5,B4,B2)"的输入,如图 2-124 所示。

④ 选中 Sheet2 的 E7 单元格后,单击"插入函数"图标 f_x ,在打开的"插入函数"对话框中,选择"财务函数"类别下的"PV"函数,单击"确定"按钮后,打开"函数参数"对话框。

⑤ 在第一个参数 Rate 中,用鼠标单击 E3 单元格,自动输入"E3";在第二个参数 Nper 中,用鼠标单击 E4 单元格,自动输入"E4";在第三个参数 Pmt 中,用鼠标单击 E2 单元格,自动输入"E2";第四个参数 Pv 和第五个参数 Type 省略,如图 2-125 所示。

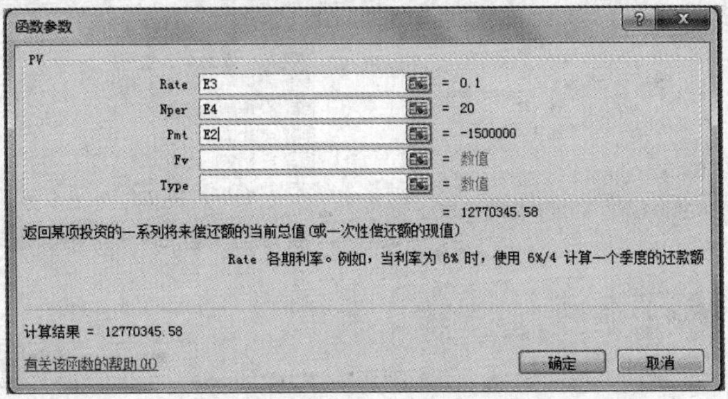

图 2-124 确认输入公式

图 2-125 "PV"函数参数对话框

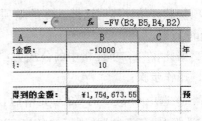

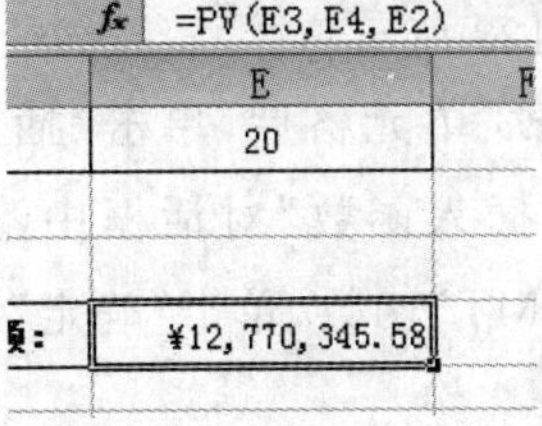

图 2-126 确认输入公式

⑥ 单击"确定"按钮,完成公式:"=PV(E3,E4,E2)"的输入,如图 2-126 所示。

实例三:

打开素材"学生体育成绩表_7.xlsx"文件,根据 Sheet2 中的贷款情况,使用财务函数对贷款偿还金额进行计算。

要求:

① 计算"按年偿还贷款金额(年末)",并将结果填入到

Sheet2 中的 E2 单元格中；

② 计算"第 9 个月贷款利息金额"，并将结果填入到 Sheet2 中的 E3 单元格中。

公式分析：

按年偿还贷款金额(年末)，计算方法为：采用 PMT 函数计算，其中参数根据"贷款情况"表，贷款利率即年利息为 B4 单元格内容(参数 Rate)，总贷款期限即贷款年限为 B3 单元格内容(参数 Nper)，从该项贷款开始计算时已经入账的款项即贷款金额为 B2 单元格内容(参数 Pv)，参数 Fv 和参数 Type 省略。

据此，在 E2 单元格中的公式为："=PMT(B4,B3,B2)"。

第 9 个月贷款利息金额，计算方法为：采用 IPMT 函数计算，其中参数根据"贷款情况"表，贷款利率即月利息=年利息/12(参数 Rate 为"B4/12")，计算利息偿还额的期数为第 9 个月(期)(参数 Per 为"9")，总贷款期限即贷款月数=贷款年限*12(参数 Nper 为"B3*12")，从该项贷款开始计算时已经入账的款项即贷款金额为 B2 单元格内容(参数 Pv)，参数 Fv 和参数 Type 省略。

据此，在 E3 单元格中的公式为："=IPMT(B4/12,9,B3*12,B2)"。

操作步骤：

① 选中 Sheet2 的 E2 单元格后，单击"插入函数"图标 f_x，在打开的"插入函数"对话框中，选择"财务函数"类别下的"PMT"函数，单击"确定"按钮后，打开"函数参数"对话框。

② 在第一个参数 Rate 中，用鼠标单击 B4 单元格，自动输入"B4"；在第二个参数 Nper 中，用鼠标单击 B3 单元格，自动输入"B3"；在第三个参数 Pv 中，用鼠标单击 B2 单元格，自动输入"B2"，如图 2-127 所示。

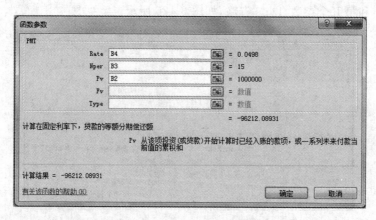

图 2-127 "PMT"函数参数对话框

图 2-128 确认输入公式

③ 单击"确定"按钮，完成公式："=PMT(B4, B3,B2)"的输入，如图 2-128 所示。

④ 选中 Sheet2 的 E3 单元格后，单击"插入函数"图标 f_x，在打开的"插入函数"对话框中，选择"财务函数"类别下的"IPMT"函数，单击"确定"按钮后，打开"函数参数"对话框。

⑤ 在第一个参数 Rate 中，用鼠标单击 B4 单元格，自动输入"B4"后，继续输入"/12"；在第二

个参数 Per 中,输入"9";在第三个参数 Nper 中,用鼠标单击 B3 单元格,自动输入"B3"后,继续输入"*12";在第四个参数 Pv 中,用鼠标单击 B2 单元格,自动输入"B2",如图 2-129 所示。

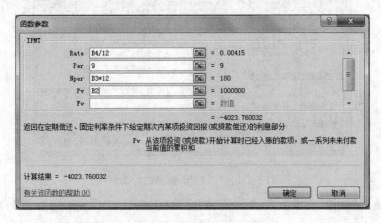

图 2-129 "IPMT"函数参数对话框

⑥ 单击"确定"按钮,完成公式:"=IPMT(B4/12,9,B3*12,B2)"的输入,如图 2-130 所示。

图 2-130 确认输入公式

实例四:

打开素材"员工资料表(折旧)_7.xlsx"文件,在 Sheet2 中,根据"固定资产情况表",使用财务函数,对以下条件进行计算:

计算"每天折旧值",并将结果填入到 E2 单元格中;

计算"每月折旧值",并将结果填入到 E3 单元格中;

计算"每年折旧值",并将结果填入到 E4 单元格中。

公式分析:

每天折旧值,计算方法为:采用 SLN 函数计算,其中参数根据"固定资产情况表",固定资产原值即固定资产金额为 B2 单元格内容(参数 Cost),预计净残值即资产残值为 B3 单元格内容(参数 Salvage),折旧期限即使用天数=使用年限*365(参数 Life 为"B$4*365")。

据此,在 E2 单元格中的公式为:"=SLN(B2,B3,B4*365)"。

每月折旧值、每年折旧值的计算,分析同上,在 E3 单元格中的公式为:"=SLN(B2,B3,B4*12)",在 E4 单元格中的公式为:"=SLN(B2,B3,B4)"。

操作步骤:

① 选中 Sheet2 的 E2 单元格后,单击"插入函数"图标 fx,在打开的"插入函数"对话框中,选择"财务函数"类别下的"SLN"函数,单击"确定"按钮后,打开"函数参数"对话框。

② 在第一个参数 Cost 中,用鼠标单击 B2 单元格,自动输入"B2";在第二个参数 Salvage 中,用鼠标单击 B3 单元格,自动输入"B3";在第三个参数 Life 中,用鼠标单击 B4 单元格,自动

输入"B4"后,继续输入"*365",如图 2-131 所示。

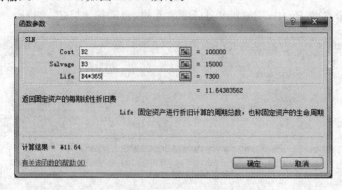

图 2-131 "SLN"函数参数对话框

③ 单击"确定"按钮,完成公式:"=SLN(B2,B3,B4*365)"的输入,如图 2-132 所示。

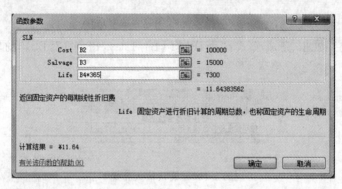

图 2-132 确认输入公式

④ 计算每月折旧值、每年折旧值的操作同上,请自行完成。注意,因为之前刚使用过 SLN 函数,因此在插入该函数时,可在"插入函数"对话框中的"常用函数"类别下选择。

2.8 数据库函数与数据的处理

2.8.1 数据库函数与数据的处理应用实例

实例一:

打开素材"学生成绩_8.xlsx"文件,在 Sheet1 中,利用数据库函数及已设置的条件区域,根据以下情况计算,并将结果填入到相应的单元格当中。

◆ 条件:

① 计算:"语文"和"数学"成绩都大于或等于 85 的学生人数;

② 计算:"体育"成绩大于或等于 90 的"女生"姓名;

③ 计算:"体育"成绩中男生的平均分;

④ 计算:"体育"成绩中男生的最高分。

实例二：

打开素材"医院病人护理统计表_8.xlsx"文件，使用数据库函数，计算护理级别为高级护理的护理费用总和，并保存 N22 单元格中。

实例三：

打开素材"通讯费年度计划表_8.xlsx"文件，然后按下述要求完成操作。

(1) 把 Sheet1 中的"通讯费年度计划表"复制到 Sheet2 中，并对 Sheet2 进行自动筛选。

◆ 要求：

① 筛选条件为："岗位类别"—技术研发、"报销地点"—武汉；

② 将筛选条件保存在 Sheet2 中。

◆ 注意：

① 复制过程中，将标题项"通讯费年度计划表"连同数据一同复制；

② 复制数据表后，粘贴时，数据表必须顶格放置。

(2) 根据 Sheet1 中的"通讯费年度计划表"，创建一个数据透视图 Chart1，将对应的数据透视表保存在 Sheet3 中。

◆ 要求：

① 显示不同报销地点的年度费用情况；

② x 坐标设置为"报销地点"；

③ 数据区域设置为"年度费用"；

④ 求和项为年度费用。

实例四：

打开素材"服装采购_8.xlsx"文件，将 Sheet1 中的"采购表"复制到 Sheet2 中，并对 Sheet2 进行高级筛选。

◆ 要求：

① 筛选条件为："采购数量">150、"折扣">0；

② 将筛选结果保存在 Sheet2 中。

◆ 注意：

① 无需考虑是否删除或移动筛选条件；

② 复制过程中，将标题项"采购表"连同数据一同复制；

③ 复制数据表后，粘贴时，数据表必须顶格放置。

2.8.2 数据库函数

1. 概念

数据库函数用于对存储在数据清单或数据库中的数据进行分析。

Excel 用数据清单来实现数据管理。数据清单是一个二维表，由行和列构成，第一行为标题行，其下各行构成数据区域，每行表示一条记录，每列代表一个字段。

数据清单应满足以下条件。

(1) 第一行是标题行，为字段名，其余行是清单中的数据，每行表示一条记录。

(2) 同一列中的数据具有相同的性质。

(3) 在数据清单中,不允许有空行或空列。

(4) 同一工作表中可以容纳多个数据清单,但两个数据清单之间至少间隔一行或一列。

姓名	基本工资	工龄	职务津贴	奖金
李红	1430	20	350	50
王书洞	1768	32	240	96
张泽民	1311	5	156	15
魏军	1323	17	180	51
叶枫	1516	28	208	84
李云青	1332	22	180	66
谢天明	1580	30	310	90
史美杭	1488	25	240	75
罗瑞维	1311	8	156	24
秦基业	1456	24	208	72
刘予予	1830	38	310	114
周风	1530	25	380	100
林小巧	1600	13	333	98
黄连	1250	10	200	30

图 2-133 数据清单

如图 2-133 所示的数据区域满足上述条件,即为一数据清单。

2. 特征

数据库函数有以下一些共同特征。

(1) 格式为:函数名(database,field,criteria),有相同的三个参数:Database、Field 和 Criteria。

(2) 共 12 个函数,都以字母 D 开头。

(3) 若将字母 D 去掉,可以发现大部分数据库函数已经在 Excel 其他类型的函数中出现过。如 DAVERAGE 函数,去掉字母 D,就是求平均值函数 AVERAGE。

3. 参数

参数 Database 为构成数据清单或数据库的单元格区域。数据库是包含一组相关数据的数据清单,其中,包含相关信息的行称为记录,而包含数据的列称为字段。数据清单的第一行包含着每一列的标志项。

参数 Field 为指定函数所使用的数据列。可以是文本或单元格引用,即两端带引号的列标题(或其所在的单元格引用),如""价格"";也可以是代表数据列在数据清单中位置的数字:"1"表示第 1 列,"2"表示第 2 列,……。这里要求数据清单中的数据列必须在第一行具有标志项即该列的标题或是字段名。

参数 Criteria 为一组包含给定条件的单元格区域,称为条件区域。条件区域中,至少包含一个条件,条件由列标志单元格及其下方用于设定条件的单元格组成,如图 2-134 所示。可以为参数 Criteria指定任意区域,但必须确保条件区域与数据清单之间至少有一个空白行或空白列。

基本工资	工龄
>=1500	<20

图 2-134 条件区域

4. 函数

数据库函数根据功能可分为数据库信息函数和数据库分析函数两大类。数据库信息函数的主要功能是获取数据库(数据清单)中的信息;数据库分析函数的主要功能是分析数据库(数据清单)中的数据信息。下面将介绍数据库信息函数中的 DCOUNT 函数、DCOUNTA 函数、DGET 函数和数据库分析函数中的 DAVERAGE 函数、DMAX 函数、DSUM 函数。

1) DCOUNT 函数

功能:返回数据库或数据清单指定字段(列)中,满足给定条件并且包含数值的单元格数目。

格式:DCOUNT(database,field,criteria)

示例:"=DCOUNT(A1:E15,A1,B18:C19)",数据清单区域为:A1:E15,条件区域为:B18:C19,如图 2-135 所示,函数的返回值为在"姓名"(A1 单元格)列中满足条件的包含数值的单元格数目,结果为"0"。

2) DCOUNTA 函数

功能:返回数据库或数据清单指定字段(列)中,满足给定条件的非空单元格数目。

格式:DCOUNTA(database,field,criteria)

示例:"=DCOUNTA(A1:E15,A1,B18:C19)",数据清单区域为:A1:E15,条件区域为:B18:C19,如图 2-136 所示,函数的返回值为在"姓名"(A1 单元格)列中满足条件的非空单元格数目,结果为"1"。

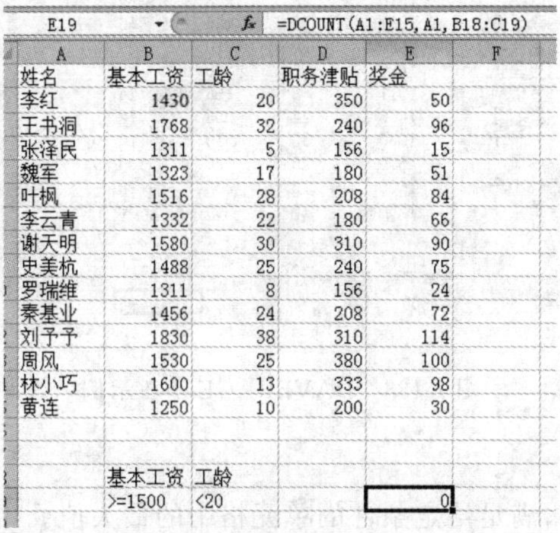

图 2-135 DCOUNT 函数示例　　　图 2-136 DCOUNTA 函数示例

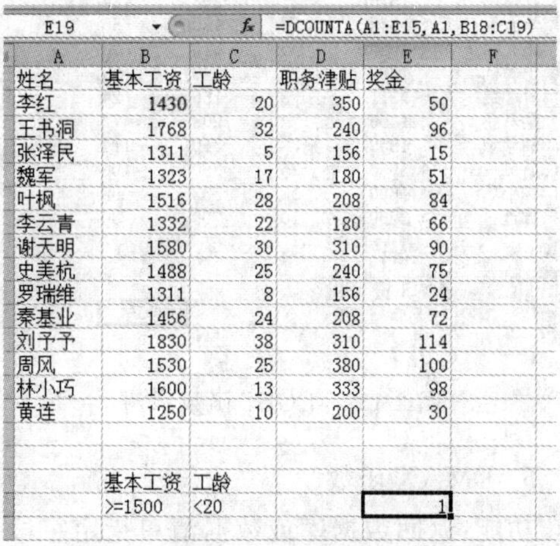

注意(1):

DCOUNT 函数和 DCOUNTA 函数功能类似,两者的区别类似于 COUNT 函数和 COUNTA 函数的区别;DCOUNT 函数、COUNT 函数统计包含数值的单元格数目;DCOUNTA 函数、COUNTA 函数计数时不受单元格数据类型的限制,单元格非空即可。而 COUNT 函数和 COUNTA 函数只是单纯的统计单元格数目,不受条件限制。

注意(2):

DCOUNT 函数、DCOUNTA 函数与 COUNT 函数、COUNTA 函数以及 COUNTIF 函数的区别在于:数据库函数 DCOUNT 函数、DCOUNTA 函数通常用于多条件统计的情况(1 个或 1 个以上的条件),并需要建立条件区域;COUNT 函数和 COUNTA 函数只是单纯的统计单元格数目,不受条件限制;COUNTIF 函数用于单条件统计的情况,没有条件区域。

3) DGET 函数

功能:用于从数据库或数据清单指定字段(列)中提取符合给定条件的单个值。

格式:DGET(database,field,criteria)

示例:"=DGET(A1:E15,A1,B18:C19)",数据清单区域为:A1:E15,条件区域为:B18:C19,如图 2-137 所示,函数的返回值为满足条件的"姓名"(A1 单元格)列数据,结果为"林小巧"。

4) DAVERAGE 函数

功能:返回数据库或数据清单中满足给定条件的指定字段(列)中数值的平均值。

格式:DAVERAGE(database,field,criteria)

示例:"=DAVERAGE(A1:E15,E1,B18:C19)",数据清单区域为:A1:E15,条件区域

为：B18:C19，如图 2-138 所示，函数的返回值为满足条件的"奖金"（E1 单元格）列平均值，结果为"98"。

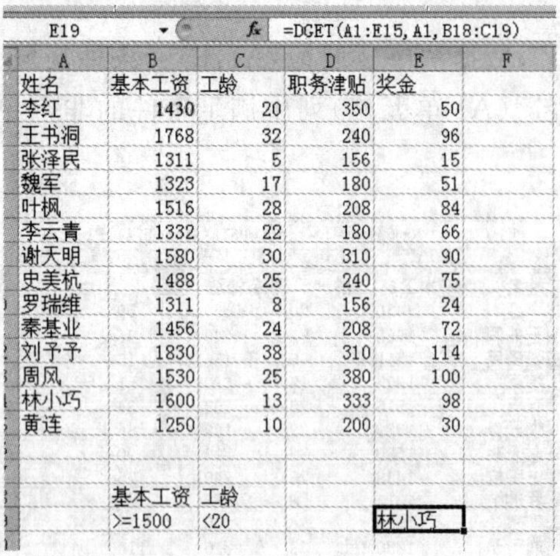

图 2-137　DGET 函数示例

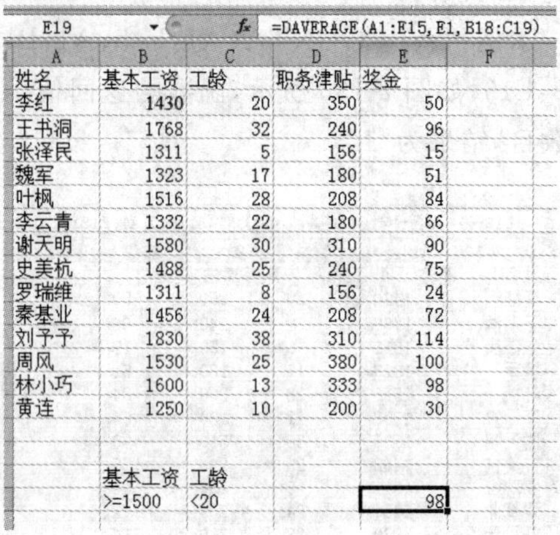

图 2-138　DAVERAGE 函数示例

5）DMAX 函数

功能：返回数据库或数据清单指定字段（列）中，满足给定条件的单元格中的最大值。

格式：DMAX (database, field, criteria)

示例："=DMAX(A1:E15,E1,B18:C19)"，数据清单区域为：A1:E15，条件区域为：B18:C19，如图 2-139 所示，函数的返回值为满足条件的"奖金"（E1 单元格）列最大值，结果为"98"。

6）DSUM 函数

功能：返回数据库或数据清单指定字段（列）中，满足给定条件的单元格中的数字之和。

格式：DSUM (database, field, criteria)

示例："=DSUM(A1:E15,D1,B18:C19)"，数据清单区域为：A1:E15，条件区域为：B18:C19，如图 2-140 所示，函数的返回值为满足条件的"职务津贴"（D1 单元格）列数据之和，结果为"333"。

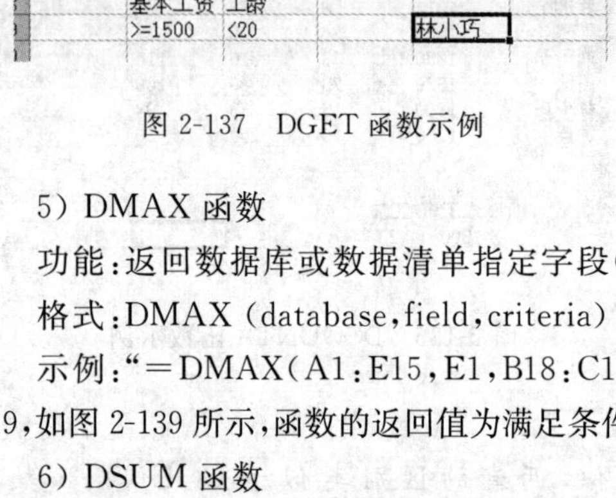

图 2-139　DMAX 函数示例

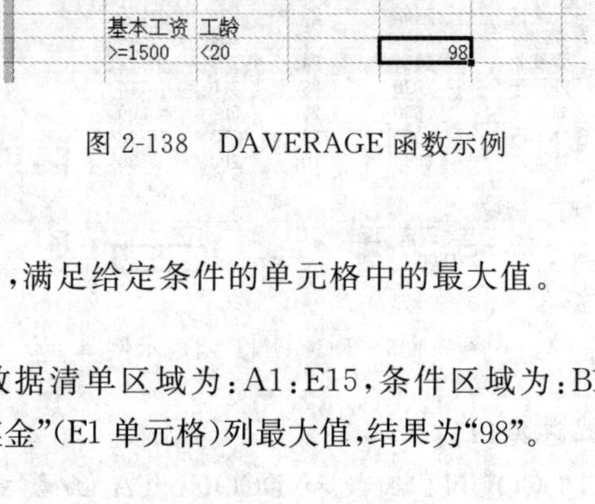

图 2-140　DSUM 函数示例

2.8.3 数据筛选

数据筛选是一种快速查找所需数据的方法,可将数据清单(也称数据列表)中所有不满足条件的记录隐藏,只显示满足条件的记录行。Excel中提供了两种数据筛选操作:自动筛选和高级筛选。

1. 自动筛选

自动筛选,一般用于简单的条件筛选,筛选时将不满足条件的数据暂时隐藏起来,只显示符合条件的数据。

自动筛选的操作步骤如下。

(1) 单击数据表格中的任一单元格,选择"数据"选项卡→"排序和筛选"功能区→"筛选"命令后,如图2-141所示,每个列标题单元格都出现了下拉箭头。

图2-141 "排序和筛选"功能区

(2) 根据筛选条件,单击相应字段的筛选箭头,在其下拉菜单中选择合适的筛选项。

2. 高级筛选

高级筛选,一般用于较复杂的条件筛选,其筛选的结果可显示在原数据列表中,不符合条件的记录被隐藏起来;也可以在新的位置显示筛选结果,原数据表格不受影响,所有的记录都保留在原来的位置,这样更利于进行数据的对比。

高级筛选中,将针对筛选条件建立条件区域,这是操作的关键。

高级筛选的操作步骤如下。

(1) 根据筛选条件建立条件区域:规定了一组或多组筛选条件,第一行是标题行,其中单元格的内容是筛选条件中的字段标题(要和数据列表中的字段名完全一致),其下每行存放各条件式,对应一组筛选条件,如图2-134所示的案例。

不同行的条件式互为"或"的关系,即如果有两行筛选条件,最终的筛选结果,既包含符合第一行筛选条件的记录,也包含符合第二行筛选条件的记录;但同行不同列的条件式互为"与"的关系。除了标题行外,允许出现空白单元格。

注意:条件区域应放在工作表的空白区域,并用空行或空列将其与数据列表隔开。

(2) 单击数据列表中的任一单元格,或选中整张数据列表(必须包括标题行),选择"数据"选项卡→"排序和筛选"功能区→"高级"命令,如图2-141所示,打开"高级筛选"对话框,如图2-142所示。

(3) 根据需要,在"方式"下,选择"在原有区域显

图2-142 "高级筛选"对话框

示筛选结果"单选按钮(筛选结果在原位显示,隐藏不符合筛选条件的记录)或选择"将筛选结果复制到其他位置"单选按钮(筛选结果将复制到指定区域,生成一个新的数据表格);"列表区域"文本框中的单元格引用,为工作表中滚动虚线框住的单元格区域,如图 2-143 所示,如果不是正确的数据列表范围,则应用鼠标重新选取正确的范围;在"条件区域"文本框中,用鼠标选取第(1)步中建立的条件区域。

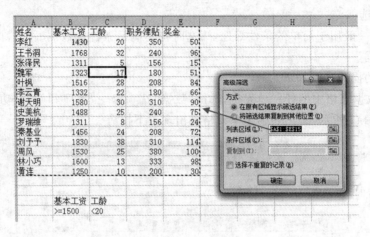

图 2-143 "列表区域"定位

(4) 在第(3)步中,若选择了"将筛选结果复制到其他位置"单选按钮,则需在"复制到"文本框中,用鼠标选择一个单元格,作为复制目标区域的左上角;若选中"选择不重复的记录"复选框,则筛选结果中不包含重复的记录。

(5) 上述设置完成后,单击"确定"按钮,即可显示筛选结果。

(6) 在第(3)步中,若选择了"在原有区域显示筛选结果"单选按钮,需要取消高级筛选,恢复数列表原样,则可选择"数据"选项卡→"排序和筛选"功能区→"清除"命令,如图 2-144 所示。

图 2-144 "清除"命令

2.8.4 数据透视表(图)

数据透视表是一种交叉制表的交互式报表,可快速合并和比较大量数据,能够将筛选、排序和分类汇总等操作依次完成,并生成汇总表格。而数据透视图则是将数据透视表以图表的形式显示出来。

如需分析某一数据列表,建立数据透视表(图),操作步骤如下。

(1) 单击数据列表中的任一单元格,或选中整张数据列表(必须包括标题行),然后选择"插入"选项卡→"表格"功能区→"数据透视表"或"数据透视图"命令,如图 2-145 所示,根据选择,系统将弹出"创建数据透视表"对话框,如图 2-146 所示,或"创建数据透视图"对话框。

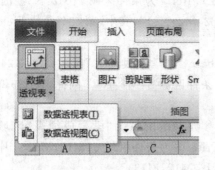

图 2-145 "数据透视表"命令

图 2-146 "创建数据透视表"对话框

(2) 在"表/区域"文本框中,为工作表中滚动虚线框住的单元格区域,如果不是正确的数据列表范围,则应用鼠标重新选取正确的范围;在"选择放置数据透视表的位置"下,根据需要选择数据透视表显示的位置:选中"新工作表"单选按钮,将新建一工作表,数据透视表显示其中;选中"现有工作表"单选按钮,需要用鼠标选择现有某张工作表中的一个单元格,作为数据透视表显示区域的左上角。

(3) 单击"确定"按钮,即可建立数据透视表,同时出现"数据透视表字段列表"窗格,如图 2-147 所示。

(4) 根据需要,将相应字段拖入"行标签"、"列标签"及"数值"项目栏,完成列表的布局设置。

2.8.5 图解实例

根据上述的知识点,针对 2.8.1 所述实例,进行如下解题操作。

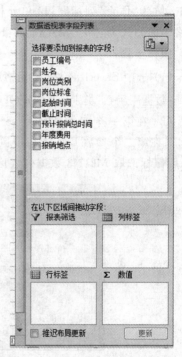

图 2-147 "数据透视表字段列表"窗口

注意:输入公式(函数)时,所有的符号,如()(括号)等均为英文标点符号。

实例一:

打开素材"学生成绩_8.xlsx"文件,在 Sheet1 中,利用数据库函数及已设置的条件区域,根据以下情况计算,并将结果填入到相应的单元格当中。

◆ 条件:

(1) 计算:"语文"和"数学"成绩都大于或等于 85 的学生人数;

(2) 计算:"体育"成绩大于或等于 90 的"女生"姓名;

(3) 计算:"体育"成绩中男生的平均分;

(4) 计算:"体育"成绩中男生的最高分。

公式分析：

（1）中计算人数，采用 DCOUNTA 函数，参数 Database 为"学生成绩表"区域：A2：K24；参数 Field 可以是"学生成绩表"中的任一字段；参数 Criteria 为条件区域 1：M2：N3。因此，在 I28 单元格中的公式为："=DCOUNTA(A2：K24,B2,M2：N3)"，其中，第二个参数 Field 取第 2 列字段名"新学号"，即 B2 单元格。

（2）中取姓名值，采用 DGET 函数，参数 Database 为"学生成绩表"区域：A2：K24；参数 Field 为"姓名"列标题：C2 单元格；参数 Criteria 为条件区域 2：M7：N8。因此，在 I29 单元格中的公式为："=DGET(A2：K24,C2,M7：N8)"。

（3）中计算平均分，采用 DAVERAGE 函数，参数 Database 为"学生成绩表"区域：A2：K24；参数 Field 为"体育"列标题：I2 单元格；参数 Criteria 为条件区域 3：M12：M13。因此，在 I30 单元格中的公式为："=DAVERAGE(A2：K24,I2,M12：M13)"。

（4）中计算最高分，采用 DMAX 函数，参数 Database 为"学生成绩表"区域：A2：K24；参数 Field 为"体育"列标题：I2 单元格；参数 Criteria 为条件区域 3：M12：M13。因此，在 I31 单元格中的公式为："=DMAX(A2：K24,I2,M12：M13)"。

操作步骤：

（1）选中 Sheet1 的 I28 单元格后，单击"插入函数"图标 ƒx，在打开的"插入函数"对话框中，选择"数据库函数"类别下的"DCOUNTA"函数，单击"确定"按钮后，打开"函数参数"对话框。

（2）在第一个参数 Database 中，用鼠标选取 A2：K24 数据列表区域，自动输入"A2：K24"；在第二个参数 Field 中，用鼠标单击 B2 单元格，自动输入"B2"；在第三个参数 Criteria 中，用鼠标选取 M2：N3 数据列表区域，自动输入"M2：N3"。如图 2-148 所示。

图 2-148 "DCOUNTA"函数参数对话框

（3）单击"确定"按钮，完成公式："=DCOUNTA(A2：K24,B2,M2：N3)"的输入，如图 2-149 所示。

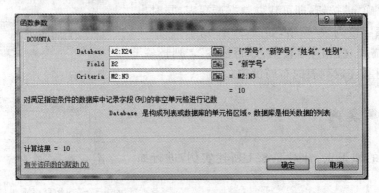

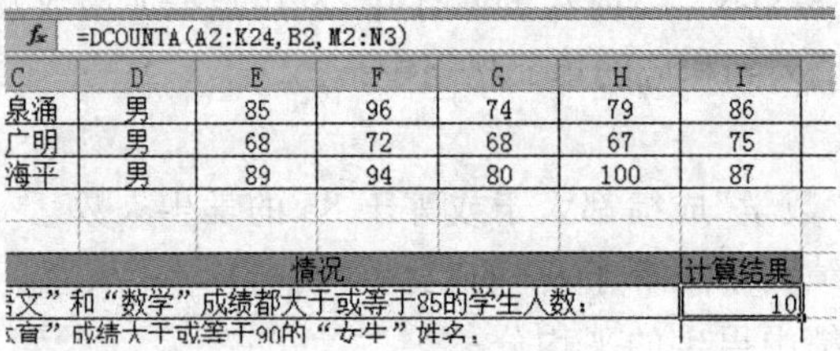

图 2-149 确认输入公式

(4) 选中 Sheet1 的 I29 单元格后,单击"插入函数"图标 f_x ,在打开的"插入函数"对话框中,选择"数据库函数"类别下的"DGET"函数,单击"确定"按钮后,打开"函数参数"对话框。

(5) 在第一个参数 Database 中,用鼠标选取 A2:K24 数据列表区域,自动输入"A2:K24";在第二个参数 Field 中,用鼠标单击 C2 单元格,自动输入"C2";在第三个参数 Criteria 中,用鼠标选取 M7:N8 数据列表区域,自动输入"M7:N8"。如图 2-150 所示。

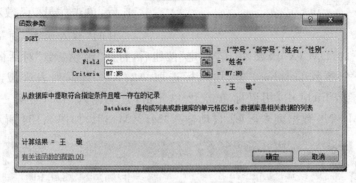

图 2-150 "DGET"函数参数对话框

(6) 单击"确定"按钮,完成公式:"=DGET(A2:K24,C2,M7:N8)"的输入,如图 2-151 所示。

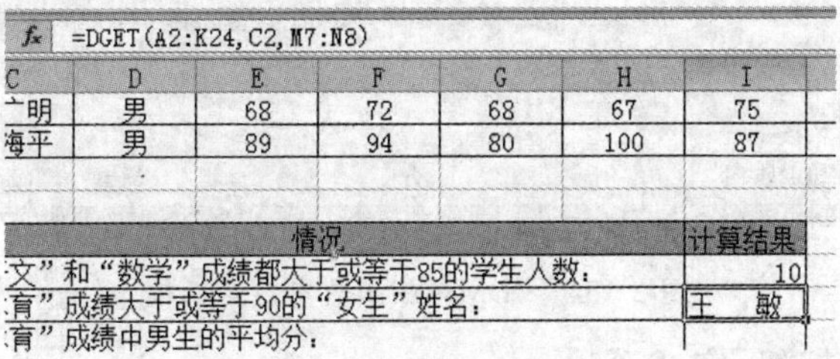

图 2-151 确认输入公式

(7) 选中 Sheet1 的 I30 单元格后,单击"插入函数"图标 f_x ,在打开的"插入函数"对话框中,选择"数据库函数"类别下的"DAVERAGE"函数,单击"确定"按钮后,打开"函数参数"对话框。

(8) 在第一个参数 Database 中,用鼠标选取 A2:K24 数据列表区域,自动输入"A2:K24";在第二个参数 Field 中,用鼠标单击 I2 单元格,自动输入"I2";在第三个参数 Criteria 中,用鼠标选取 M12:M13 数据列表区域,自动输入"M12:M13"。如图 2-152 所示。

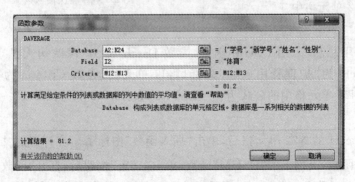

图 2-152 "DAVERAGE"函数参数对话框

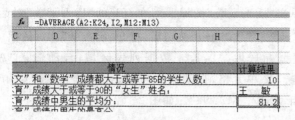

图 2-153 确认输入公式

（9）单击"确定"按钮，完成公式："=DAVERAGE（A2：K24，I2，M12：M13）"的输入，如图 2-153 所示。

（10）选中 Sheet1 的 I31 单元格后，单击"插入函数"图标，在打开的"插入函数"对话框中，选择"数据库函数"类别下的"DMAX"函数，单击"确定"按钮后，打开"函数参数"对话框。

（11）在第一个参数 Database 中，用鼠标选取 A2：K24 数据列表区域，自动输入"A2：K24"；在第二个参数 Field 中，用鼠标单击 I2 单元格，自动输入"I2"；在第三个参数 Criteria 中，用鼠标选取 M7：N8 数据列表区域，自动输入"M12：M13"。如图 2-154 所示。

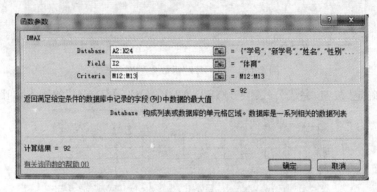

图 2-154 "DMAX"函数参数对话框

（12）单击"确定"按钮，完成公式："=DMAX（A2：K24，I2，M12：M13）"的输入，如图 2-155 所示。

实例二：

打开素材"医院病人护理统计表_8.xlsx"文件，使用数据库函数，计算护理级别为高级护理的护理费用总和，并保存 N22 单元格中。

图 2-155 确认输入公式

公式分析：

计算护理费用总和，采用 DSUM 函数，参数 Database 为"医院病人护理统计表"区域：A2：I30；参数 Field 为"护理费用（元）"列标题：I2 单元格；参数 Criteria 为条件区域：K17：K18。因此，在 N22 单元格中的公式为："=DSUM（A2：I30，I2，K17：K18）"。

操作步骤：

（1）选中 Sheet1 的 N22 单元格后，单击"插入函数"图标，在打开的"插入函数"对话框中，选择"数据库函数"类别下的"DSUM"函数，单击"确定"按钮后，打开"函数参数"对话框。

（2）在第一个参数 Database 中，用鼠标选取 A2：I30 数据列表区域，自动输入"A2：I30"；在第二个参数 Field 中，用鼠标单击 I2 单元格，自动输入"I2"；在第三个参数 Criteria 中，用鼠标选取 M7:N8 数据列表区域,自动输入"K17:K18"。如图 2-156 所示。

(3) 单击"确定"按钮,完成公式:"=DSUM(A2:I30,I2,K17:K18)"的输入。

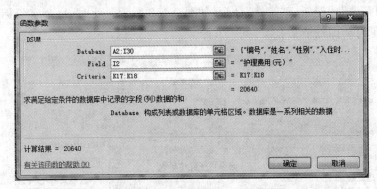

图 2-156 "DSUM"函数参数对话框

实例三:

打开素材"通讯费年度计划表_8.xlsx"文件,然后按下述要求完成操作。

(1) 把 Sheet1 中的"通讯费年度计划表"复制到 Sheet2 中,并对 Sheet2 进行自动筛选。

◆ 要求:

① 筛选条件为:"岗位类别"—技术研发、"报销地点"—武汉;

② 将筛选条件保存在 Sheet2 中。

◆ 注意:

① 复制过程中,将标题项"通讯费年度计划表"连同数据一同复制;

② 复制数据表后,粘贴时,数据表必须顶格放置。

操作步骤:

① 鼠标选取 Sheet1 中的"通讯费年度计划表",并在其上右键单击后,选择"复制"命令。

② 右键单击 Sheet2 的 A1 单元格,在"粘贴选项"下选择"值"项,如图 2-157 所示,将"通讯费年度计划表"中的数据进行粘贴;再次右键单击粘贴后的区域,在"粘贴选项"下选择"格式"项,如图 2-157 所示,将"通讯费年度计划表"中的格式进行粘贴。

若复制后的数据表中出现错误信息"#",表示该列宽度无法显示所有内容。此时应适当增加列宽,可通过"开始"选项卡→"单元格"功能区→"格式"→"自动调整列宽"命令,进行调整。

补充说明:"通讯费年度计划表"中,"岗位标准"列的公式即 VLOOKUP 函数,其参数 Table_array 为单元格区域:K$5:L$12,不在"通讯费年度计划表"范围中,若将"通讯费年度计划表"复制到 Sheet2 时连带公式一起复制,将产生错误,因 Sheet2 中并不包含这块数据区域。因此,复制时,需采用选择性粘贴,仅复制最后的结果数据及数据格式

图 2-157 "粘贴选项"命令

即可。

③ 鼠标选取 Sheet2"通讯费年度计划表"的标题行:A3:I3 单元格区域后,选择"数据"选项卡→"排序和筛选"功能区→"筛选"命令,如图 2-158 所示。此时,每个字段标题所在的单元格右侧都出现了自动筛选箭头。

图 2-158 "筛选"命令

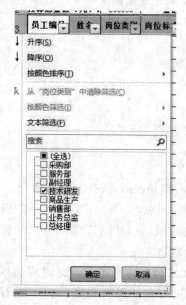

图 2-159 "岗位类别"筛选

④ 单击"岗位类别"字段的筛选箭头,在其下拉列表中取消选中"全选"项后,仅选择"技术研发"项,如图 2-159 所示,单击"确定"按钮完成"岗位类别"筛选;单击"报销地点"字段的筛选箭头,在其下拉列表中取消选中"全选"项后,仅选择"武汉"项,单击"确定"按钮完成筛选。

(2) 根据 Sheet1 中的"通讯费年度计划表",创建一个数据透视图 Chart1,将对应的数据透视表保存在 Sheet3 中。

◆ 要求:

① 显示不同报销地点的年度费用情况;

② x 坐标设置为"报销地点";

③ 数据区域设置为"年度费用";

④ 求和项为年度费用。

操作步骤:

① 单击 Sheet1"通讯费年度计划表"中的任一单元格(不包括 A1:F2 区域),或选中整张数据列表:A3:I26,然后选择"插入"选项卡→"表格"功能区→"数据透视表"→"数据透视图"命令,如图 2-160 所示,系统弹出"创建数据透视表及数据透视图"对话框。

② 在"表/区域"输入框中,确认滚动虚线框住的单元格区域为数据列表范围:A3:I26,如果不是,应用鼠标重新选取,如图 2-161 所示;在"选择放置数据透视表及数据透视图的位置"下选择"现有工作表"项,再单击 Sheet3 的 A1 单元格,作为数据透视表显示位置的左上角,如图 2-162 所示。单击"确定"按钮后,在 Sheet3 中插入空的数据透视表和图。

图 2-160 "数据透视图"命令

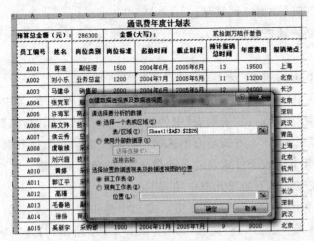

图 2-161 重新选取数据源区域

图 2-162 数据透视表显示位置设置

③ 在"选择要添加到报表的字段"中,将"报销地点"字段拖入"轴字段(分类)"栏中,"年度费用"字段拖入"数值"栏中,如图 2-163 所示。若汇总方式不是"求和项",则应单击此处,在打开的菜单中选择"值字段设置"命令进行更改,如图 2-164 所示。

图 2-163 字段列表

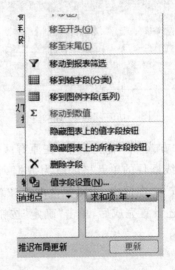

图 2-164 "值字段设置"命令

实例四:

打开素材"服装采购_8.xlsx"文件,将 Sheet1 中的"采购表"复制到 Sheet2 中,并对 Sheet2 进行高级筛选。

◆ 要求:

(1)筛选条件为:"采购数量">150、"折扣">0;

(2)将筛选结果保存在 Sheet2 中。

◆ 注意:

(1)无需考虑是否删除或移动筛选条件;

(2) 复制过程中,将标题项"采购表"连同数据一同复制;
(3) 复制数据表后,粘贴时,数据表必须顶格放置。

操作步骤:

(1) 参考实例三(1)的操作步骤,将 Sheet1 中的"采购表"选择性粘贴到 Sheet2 中。

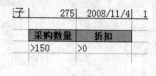

图 2-165 条件区域

(2) 在 Sheet2 中,建立如图 2-165 所示的条件区域:其中第一行是标题行,将"采购表"中的列标题"采购数量"、"折扣"复制到"采购表"下方或右方的区域中(注意:必须和数据列表隔开);其下存放条件式,在"采购数量"下的单元格中输入">150",在"折扣"下的单元格中输入">0"。

(3) 单击 Sheet2"采购表"中的任一单元格(除了 A1 单元格),或选中整张数据列表:A2:F35,然后选择"数据"选项卡→"排序和筛选"功能区→"高级"命令,如图 2-166 所示,打开"高级筛选"对话框,如图 2-167 所示。

图 2-166 "高级"命令

图 2-167 "高级筛选"对话框

(4) 在"方式"下,保持选中"在原有区域显示筛选结果"单选按钮;在"列表区域"文本框中确认滚动虚线框住的单元格区域为数据列表范围为 A2:F35,如果不是,应用鼠标重新选取;在"条件区域"文本框中,用鼠标选取第(2)步中建立的条件区域。

(5) 上述设置完成后,单击"确定"按钮,即可显示筛选结果。

习 题

1. 打开素材"员工职称.xlsx"文件,然后按下述要求完成操作。

(1) 在 Sheet4 的 A1 单元格中设置只能录入 5 位数字或文本。当录入位数错误时,提示错误原因,样式为"警告",错误信息为"只能录入 5 位数字或文本"。

(2) 在 Sheet4 中,使用函数,将 B1 中的时间四舍五入到最接近的 15 分钟的倍数,结果存放在 C1 单元格中。

(3) 使用 REPLACE 函数,对 Sheet1 中的员工代码进行升级,要求:

① 升级方法:在 PA 后面加上 0;

② 将升级后的员工代码结果填入表中的"升级员工代码"列中。

(4) 使用时间函数，对 Sheet1 员工的"年龄"和"工龄"进行计算，并将结果填入到表中的"年龄"列和"工龄"列中。

(5) 使用统计函数，对 Sheet1 中的数据，根据以下统计条件进行如下统计。

① 统计男性员工的人数，结果填入 N3 单元格中；

② 统计高级工程师人数，结果填入 N4 单元格中；

③ 统计工龄大于等于 10 的人数，结果填入 N5 单元格中。

(6) 使用逻辑函数，判断员工是否有资格评"高级工程师"。

评选条件为：工龄大于 20，且为工程师的员工。

(7) 将 Sheet1 复制到 Sheet2 中，并对 Sheet2 进行高级筛选，要求：

① 筛选条件为："性别"—男，"年龄">30，"工龄">=10，"职称"—助工；

② 将结果保存在 Sheet2 中。

(8) 根据 Sheet1 中的数据，创建一张数据透视图 Chart1，要求：

① 显示工厂中各个职称的人数；

② x 坐标设置为"职称"；

③ 计数项为职称；

④ 将对应的数据透视表保存在 Sheet3 中。

2. 打开素材"卡特扫描.xlsx"文件，然后按下述要求完成操作：

(1) 在 Sheet4 中使用函数计算 A1:A10 中奇数的个数，结果存放在 A12 单元格中。

(2) 在 Sheet4 的 B1 单元格中输入分数 1/3。

(3) 使用 VLOOKUP 函数，对 Sheet1 中的"3月份销售统计表"的"产品名称"列和"产品单价"列进行填充。

◆ 要求：根据"企业销售产品清单"，使用 VLOOKUP 函数，将产品名称和产品单价填充到"3月份销售统计表"的"产品名称"列和"产品单价"列中。

(4) 使用数组公式，计算 Sheet1 中的"3月份销售统计表"中的销售金额，并将结果填入到该表的"销售金额"列中。计算方法：销售金额 = 产品单价×销售数量。

(5) 使用统计函数，根据"3月份销售统计表"中的数据，计算"分部销售业绩统计表"中的总销售额，并将结果填入该表的"总销售额"列。

(6) 在 Sheet1 中，使用 RANK 函数，在"分部销售业绩统计"表中，根据"总销售额"对各部门进行排名，并将结果填入到"销售排名"列中。

(7) 将 Sheet1 中的"三月份销售统计表"复制到 Sheet2 中，对 Sheet2 进行高级筛选。

◆ 要求：

① 筛选条件为："销售数量">3、"所属部门"—市场1部、"销售金额">1 000。

② 将筛选结果保存在 Sheet2 中。

➢ 注意：

① 无需考虑是否删除或移动筛选条件；

② 复制过程中，将标题项"三月份销售统计表"连同数据一同复制；

③ 复制数据表后,粘贴时,数据表必须顶格放置。

(8) 根据 Sheet1 的"3月份销售统计表"中的数据,新建一个数据透视图 Chart1。

◆ 要求:

① 该图形显示每位经办人的总销售额情况;

② x 坐标设置为"经办人";

③ 数据区域设置为"销售金额";

④ 求和项为销售金额;

⑤ 将对应的数据透视表保存在 Sheet 中。

第3章 PowerPoint 2010 高级应用

PowerPoint 2010 是 Office 2010 套装办公软件的一个重要组件,是专门用于编制电子文稿和幻灯片的软件。它是一种用来表达观点、演示成果以及传达信息的强有力工具。PowerPoint 首先引入了"演示文稿"这个概念,改变了幻灯片零散杂乱的缺点。当需要向人们展示一个计划,或者作一个汇报,或是进行电子教学等工作时,最佳的辅助手段就是制作一些带有文字、图像、图表以及动画的幻灯片,用于阐述论点或讲解内容,而利用 PowerPoint 就能轻易完成这些工作。

目前,PowerPoint 2010 已经广泛应用于商业领域、教育领域,甚至在日常的生活娱乐中都体现了这一软件的强大生命力。

PowerPoint 2010 与之前的早期版本相比较界面更加柔和,主要功能以选项卡的形式分开。PowerPoint 2010 的选项卡主要包括"开始"选项卡、"插入"选项卡、"设计"选项卡、"切换"选项卡、"动画"选项卡、"幻灯片放映"选项卡等。本章下面的内容将以选项卡为主线,以具体案例为接引为读者介绍上述 PowerPoint 2010 选项卡的主要功能。

3.1 "开始"选项卡与"插入"选项卡

3.1.1 插入日期、时间以及版式应用实例

假设你要竞选学校轮滑协会会长,搜集素材设计一份你担任会长期间的工作计划,制作成为 PPT 演示文稿。

(1) 新建几页幻灯片,首页选择版式为"标题幻灯片",其他页选择版式为"标题和内容";

(2) 给幻灯片插入当前日期(要求自动更新,格式为 $X/Y/Z$,其中 X 表示某年、Y 表示某月、Z 表示某日);在幻灯片页脚中插入幻灯片编号(页码)。

(3) 另外新建一张幻灯片,设计出如下效果:

① 插入一个圆形;

② 在圆形四周插入向上、向下、向左、向右的四个箭头。

3.1.2 "开始"选项卡

PowerPoint 2010 的"开始"选项卡包含"剪切板"功能区、"幻灯片"功能区、"字体"功能区、"段落"功能区、"绘图"功能区和"编辑"功能区(见图 3-1)。

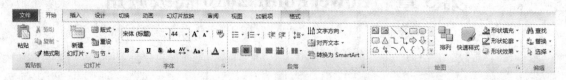

图 3-1 "开始"选项卡

其中,"剪切板"功能区的粘贴、剪切、复制、格式刷图标的功能及用法都和 Word 2010 的相同;"字体"功能区的字体设置相关图标、"段落"功能区的段落设置相关图标、"编辑"功能区的查找和替换图标的功能以及用法也都和 Word 2010 的相同。读者可自相查找相关内容,本节以下内容将主要讲解 PowerPoint 2010 的"开始"选项卡的"幻灯片"功能区,简单介绍"绘图"功能区。

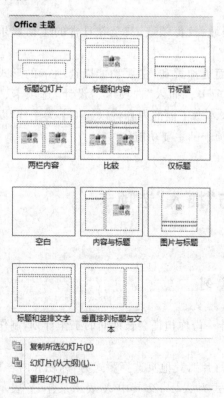

图 3-2 新建幻灯片

1. 新建幻灯片

PowerPoint 2010 的"开始"选项卡的"幻灯片"功能区最常用的功能是由"新建幻灯片"图标和"版式"图标实现的。单击"新建幻灯片"图标,会出现如图 3-2 所示下拉式菜单,读者可以根据自己的需要建立某种版式的新幻灯片。

另外,为了方便用户使用已有资源,单击图 3-2 中"幻灯片(从大纲)"还可以提供将用户已经编辑好的 *.txt 文件直接生成某页幻灯片的功能;单击图 3-2 中"重用幻灯片"可在 PPT 编辑界面右侧出现图 3-3 界面,用户可以选择重用已经编辑好的其他 PPT 文件;单击图 3-2 中"复制所选幻灯片"可以复制当前所选中的幻灯片。

2. 版式设置

所谓幻灯片版式其实就是幻灯片的排版格式,是由一系列幻灯片占位符组成。一个合理的版式可以使幻灯片的界面更加整洁、合理美观。

如图 3-2 所示 PowerPoint 2010 提供了 11 种版式:"标题幻灯片"、"标题和内容"、"两栏内容"、"内容与标题"、"空白"等。这些版式基本上可以满足用户对演示文稿制作的需求。

如果系统自带的版式不能满足用户要求,可以通过以下两种方式创建自己的排版格式。

（1）选择 PowerPoint 2010 的"开始"选项卡，单击"新建幻灯片"，选择建立一个"空白"版式，之后通过插入文本框、图片等建立自己满意的幻灯片版式。

（2）选择 PowerPoint 2010 的"开始"选项卡，单击"新建幻灯片"，选择建立某一种版式，之后修改为自己满意的幻灯片版式。

幻灯片版式的存在统一了演示文稿的页面风格，以一种自动化的形式实现了 PPT 内容与外观的分离。

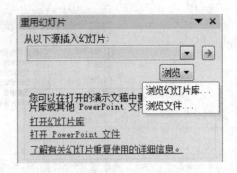

图 3-3　重用幻灯片

3. 绘图功能

PowerPoint 2010 的"开始"选项卡的"绘图"功能区主要包含了文本框绘制和各色形状绘制（见图 3-4），这一功能与"插入"选项卡的类同；另外单击"开始"选项卡的绘图功能区的"排列"图标可以实现对象的排列层

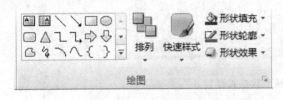

图 3-4　"绘图"功能区

次设置、组合设置及旋转等设置；单击"快速样式"图标会弹出图 3-5 的区域快速样式设置界面，用户在该下拉式菜单可以为指定区域选择系统自带样式。

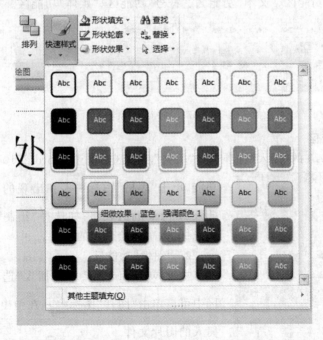

图 3-5　区域快速样式

单击"开始"选项卡的"绘图"功能区右下角的小箭头，在弹出的图 3-6 中，用户可以设置填充、轮廓、效果等形状格式。

图 3-6　区域形状格式设置

3.1.3　"插入"选项卡

PowerPoint 2010 的"插入"选项卡包括如图 3-7 所示的"表格"功能区、"图像"功能区、"插图"功能区、"链接"功能区、"文本"功能区、"符号"功能区、"媒体"功能区。

图 3-7　"插入"选项卡

1. "表格"功能区

PowerPoint 2010 的"插入"选项卡的"表格"功能区类似于 Word 2010 的相应的表格插入功能,单击"表格"图标,在出现的下拉式菜单中选择插入 X 行 Y 列的表格;如选择"绘制"表格,出现铅笔形状光标,人工手绘理想的表格。

2. "图像"功能区

在 PowerPoint 2010 的"插入"选项卡的"图像"功能区中可以单击"图片"图标,在弹出的对话框中选择要插入的图片文件。

单击"剪切画"图标,在 PowerPoint 2010 编辑界面右侧会出现如图 3-8 所示的选择界面,用户可以使用搜索插入剪切画。

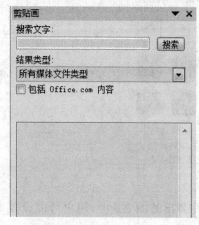

图 3-8　剪切画选择

单击"屏幕截图"图标 , 用户可以使用 PowerPoint 2010 提供的屏幕截图功能。如图 3-9 所示,选择可视视窗可以将整个视窗直接插入幻灯片;选择"屏幕剪辑"可以剪辑当前活动屏幕视窗的任意部分直接插入幻灯片。

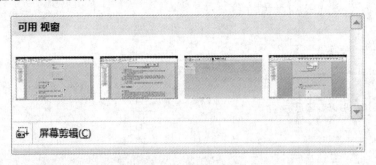

图 3-9　屏幕截图功能

单击"相册"图标 , 在出现的下拉式菜单中选择"新建相册",弹出如图 3-10 所示的界面,用户可以选择从文件/磁盘中的图片插入相册中,也可以在相册中插入文本,单击"创建"按钮后会生成一个新的封面为相册的 *.pptx 文件。

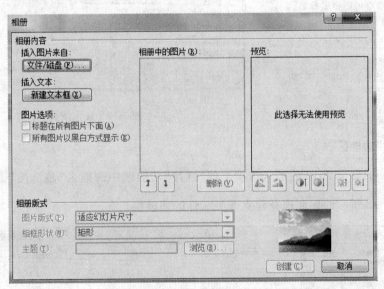

图 3-10　新建相册

选择打开刚刚建立的封面为相册的 *.pptx 文件,单击"相册"图标 , 在出现的下拉式菜单中选择"编辑相册",可修改此文件。

3."插图"功能区

单击 PowerPoint 2010 的"插入"选项卡的"插图"功能区中的插入"形状"图标 , 弹出如图 3-11 所示的界面,用户可以选择插入所需形状(线条、基本形状等)、动作按钮。

153

单击"插入"选项卡的"插图"功能区中的插入"图表"图标 ,用户可以选择如图 3-12 所示的各类图表样式插入幻灯片。

图 3-11 插入形状

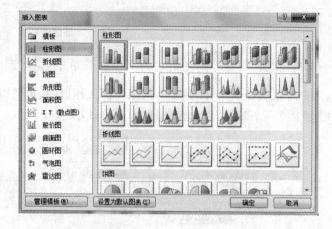

图 3-12 插入图标

4. "链接"功能区

单击 PowerPoint 2010 的插入选项卡的"链接"功能区中的插入"超链接"图标 ,用户可以在如图 3-13 所示的界面选择建立哪类文件的超链接。

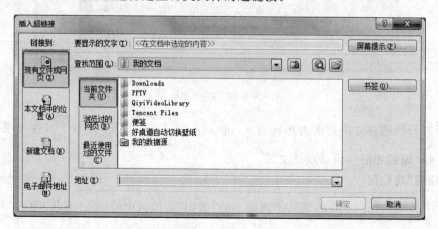

图 3-13 插入超链接

5. "文本"功能区

单击 PowerPoint 2010 的"插入"选项卡的"文本"功能区中的插入"文本框"图标，用户可以选择插入"横排文本"或者"竖排文本"。

单击插入"页眉和页脚"图标，在弹出如图 3-14 所示的对话框，勾选"页脚"复选框可实现幻灯片页脚的插入。

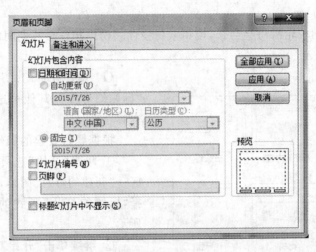

图 3-14　插入页眉页脚、日期时间、幻灯片编号

单击插入"艺术字"图标，在出现的各类系统提供的艺术字样式中选择一种，则在幻灯片中会出现"艺术字"输入框，输入要设为艺术字的文字内容，在出现的如图 3-15 所示的界面的"艺术字样式"功能区中设置文本填充、文本轮廓、文本效果。

图 3-15　绘图格式设置

单击插入"日期和时间"图标，在弹出的图 3-14 对话框中，勾选"日期和时间"复选框，进而选择"自动更新"或者"固定"，再确定相应的日期和时间显示格式，即可实现幻灯片日期和时间的插入。

单击插入"幻灯片编号"图标，在弹出的图 3-14 对话框中，勾选"幻灯片编号"复选框，可实现幻灯片编号的插入。

6. "符号"功能区

PowerPoint 2010 的"插入"选项卡的"符号"功能区所包含的插入"公式"图标、插入"符号"图标具有和 Word 2010 的类似功能相同的用法，读者可参阅第 1 章。

7. "媒体"功能区

在 PowerPoint 2010 的"插入"选项卡的"媒体"功能区,单击插入"视频"图标或者单击插入"音频"图标,用户可以选择插入不同存储位置的视频或者音频文件。

3.1.4 图解实例

假设你要竞选学校轮滑协会会长,搜集素材设计一份你担任会长期间的工作计划,制作成为 PPT 演示文稿。

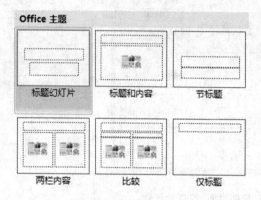

图 3-16 新建"标题幻灯片"版式幻灯片

(1) 新建几页幻灯片,首页选择版式为"标题幻灯片",其他页选择版式为"标题和内容"。

根据题目要求的操作步骤如下。

① 单击"开始"选项卡→"幻灯片"功能区→"新建幻灯片"图标,在打开的界面中选择"标题幻灯片"版式的幻灯片,如图 3-16 所示。

② 继续单击"开始"选项卡→"幻灯片"功能区→"新建幻灯片"图标,在打开的图 3-16 中选择"标题和内容"版式的幻灯片。

③ 重复②的操作完成其他页的版式为"标题和内容"的幻灯片的建立。

(2) 给幻灯片插入当前日期(要求自动更新,格式为 $X/Y/Z$,其中 X 表示某年、Y 表示某月、Z 表示某日);在幻灯片页脚中插入幻灯片编号(页码)。

根据题目要求的操作步骤如下。

① 单击"插入"选项卡→"文本"功能区→"日期和时间"图标或"页眉和页脚"图标(见图 3-17)打开"页眉和页脚"对话框。

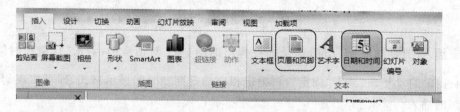

图 3-17 "日期和时间"、"页眉和页脚"图标

② 勾选"日期和时间"复选框后,选中"自动更新"单选按钮,如图 3-18 所示,单击"全部应用"按钮,插入日期。

③ 在图 3-18 对话框中,勾选"幻灯片编号"复选框后,单击"全部应用"按钮,插入幻灯片编号。

(3) 另外新建一张幻灯片,设计出如下效果:

① 插入一个圆形;

② 在圆形四周插入向上、向下、向左、向右的四个箭头。

根据题目要求的操作步骤如下。

① 单击"开始"选项卡→"幻灯片"功能区→"新建幻灯片"图标,在打开的界面中选择"空白"版式的幻灯片,如图 3-19 所示。

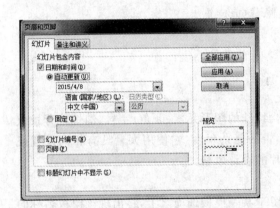

图 3-18 "页眉和页脚"对话框

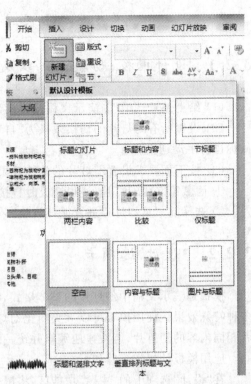

图 3-19 新建"空白"版式幻灯片

② 单击"插入"选项卡→"插图"功能区→"形状"图标,在打开的选项界面中选择"基本形状"类别下的"椭圆",如图 3-20 所示,在页面中,按住 Shift 键并拖动鼠标建立适当大小的圆形;再执行类似操作,选择"箭头总汇"类别下的箭头,在圆形四周的合适位置拖动鼠标建立适当大小的箭头,如图 3-21 所示。

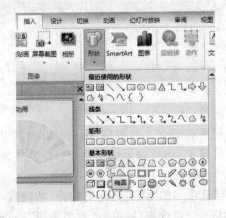

图 3-20 插入"椭圆"形状

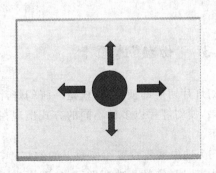

图 3-21 完成后的效果图

3.2 "设计"选项卡、"切换"选项卡与"幻灯片放映"选项卡

3.2.1 设计模板、切换方式以及幻灯片放映应用实例

(1) 给上述竞选 PPT 演示文稿设置设计模板为"都市"。
(2) 设置所有幻灯片的切换效果为"自顶部推进",并实现每隔 5 秒自动切换,也可以单击鼠标进行手动切换。
(3) 按下面要求设置幻灯片的放映效果:
① 隐藏第 5 张幻灯片,使得播放时直接跳过隐藏页;
② 选择前三页幻灯片进行循环放映。

3.2.2 "设计"选项卡

模板是演示文稿中幻灯片的整体格式,它包含特殊的图形元素、颜色、字号、幻灯片背景及多种特殊效果。使用模板可以大大简化幻灯片编辑的复杂程度,它使用大量具有相同设置或者相同内容的幻灯片,能快速地编辑并统一幻灯片的设计风格。

应用模板的操作步骤如下:

在"设计"选项卡的"主题"功能区,将鼠标停留于某一模板选项之上,将出现该模板名称的提示文字,如图 3-22 所示,同时可在幻灯片编辑窗口预览应用效果。如确定使用该模板,则单击模板选项即可。

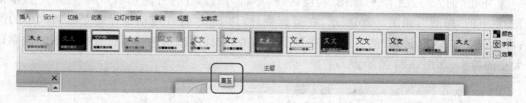

图 3-22 模板提示文字

3.2.3 "切换"选项卡

幻灯片切换即换页,也就是一张幻灯片切换到另一张幻灯片的过程,用户可以为其设置切换效果,使幻灯片以多种不同的方式出现在计算机屏幕上,也可以添加切换伴音。具体操作步骤如下。

(1) 选中需要设置切换效果的幻灯片,在"切换"选项卡的"切换到此幻灯片"功能区中,单击选中某一切换效果选项即可,如图 3-23 所示,如需进一步设定,则单击"效果选项"按钮进行设置,如图 3-24 所示。

第 3 章 PowerPoint 2010 高级应用

图 3-23 切换效果

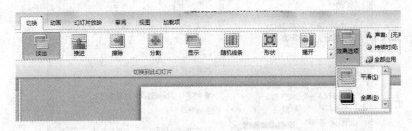

图 3-24 效果选项设置

（2）可在"计时"功能区中进一步修改切换效果，如声音、持续时间、换片方式，单击鼠标换片或每隔多少时间自动切换，如图 3-25 所示；如果需要对演示文稿中所有的幻灯片设置该切换效果，则单击"全部应用"图标。

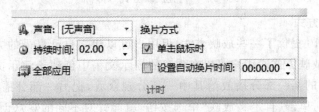

图 3-25 "计时"功能区

3.2.4 "幻灯片放映"选项卡

当我们已经完成幻灯片的基本制作包括文字的输入、声音和视频的插入后，我们就可以放映幻灯片了。但是在放映之前我们还需要对幻灯片的放映方式进行一些设置，这样放映的幻灯片才能更好地表达制作者的意图。

PowerPoint 2010 的"幻灯片放映"选项卡主要就是完成幻灯片的放映设置的，如图 3-26 所示，用户可以单击"开始放映幻灯片"功能区，选择从哪里开始放映；也可以单击"设置"功能区对放映方式、是否放映时隐藏某张幻灯片等进行规定。

图 3-26 "幻灯片放映"选项卡

1. 设置放映方式

不同的场合，不同的演示环境，需要不同的放映方式。设置幻灯片放映方式按下列步骤进行：单击"幻灯片放映"选项卡，在"设置"功能区，单击"设置幻灯片放映"图标，弹出如图 3-27 所示的对话框，在该对话框中可设置放映类型、放映选项等内容。

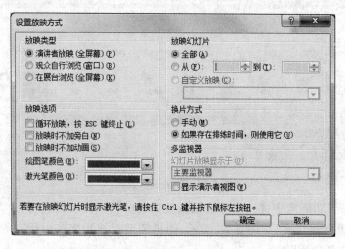

图 3-27 "设置放映方式"对话框

2. 自定义放映方式

PowerPoint 2010 提供了一些放映方式，但用户可以建立自己喜爱的方式来用于放映，这种方式就叫自定义放映方式。用户可以在现存的演示文稿中创建子演示文稿，把演示文稿分成几组，将演示文稿的某一部分播放给其中一部分观众看，把另一部分播放给另一部分观众看。如图 3-27 所示，单击"自定义放映"单选按钮，就能针对不同的观众创建多个内容相同或不同的演示文稿。

3. 交互式方式

所谓交互式放映，是指按照观众所希望的结构和次序进行放映。如在幻灯片放映时，可以通过一些简单的操作跳转到某张幻灯片，或者启动另一个应用程序。为了创建交互式放映，必须先设置超级链接。幻灯片上的任何对象，如标题、图形等都可以设置为超级链接，一般超级链接有如下几种形式。

1) 创建动作按钮

可以将动作按钮加到幻灯片上。这样放映时，用户单击动作按钮可以跳转到某一指定的位置，如跳转到演示文稿的某张幻灯片，其他演示文稿、Word 文档或者跳转到 Internet 上。

单击"插入"选项卡的"插图"功能区可以选择"形状"中的动作按钮，在弹出的如图 3-28 所示的"动作设置"对话框进行相关设置。

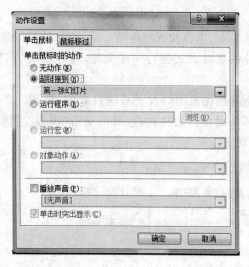

图 3-28 "动作设置"对话框

2) 设置交互动作

除了通过创建动作按钮来设置外，还可以将幻灯片中的文本和对象设置成交互动作，如创建超级链接、运行程序等（相关知识参见3.1.3）。

另外，考虑到演示文稿的放映速度会影响观众的反应，所以系统建议用户在正式播放演示文稿之前，使用 PowerPoint 2010 的"排练计时"图标 来模拟掌握最理想的放映速度。

3.2.5 图解实例

（1）给上述竞选PPT演示文稿设置设计模板为"都市"。

根据题目要求的操作步骤如下：

在"设计"选项卡的"主题"功能区，找到"都市"设计模板后，单击该模板选项即可，如图3-29所示。

图 3-29　应用模板

（2）设置所有幻灯片的切换效果为"自顶部推进"，并实现每隔5秒自动切换，也可以单击鼠标进行手动切换。

根据题目要求的操作步骤如下。

① 在"切换"选项卡的"切换到此幻灯片"功能区，单击"推进"图标，如图3-30所示，再单击"效果选项"按钮，在打开的下拉式菜单中选择"自顶部"命令即可。

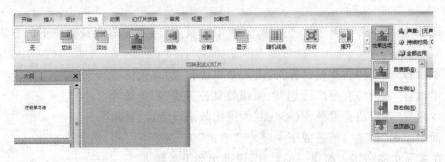

图 3-30　"推进"切换效果设置

② 在"计时"功能区的"换片方式"下,选中"单击鼠标时"复选框,并设置自动换片时间为5秒,如图3-31所示,最后单击"全部应用"图标完成操作。

(3) 按下面要求设置幻灯片的放映效果:

① 隐藏第5张幻灯片,使得播放时直接跳过隐藏页;

② 选择前三页幻灯片进行循环放映。

根据题目要求的操作步骤如下:

首先选中第5张幻灯片,之后单击"幻灯片放映"选项卡,在"设置"功能区,单击"隐藏幻灯片"图标,则PowerPoint编辑界面左侧第5张幻灯片标号上会出现带斜杠的框,这表示第5张幻灯片将在播放时直接跳过。

单击"幻灯片放映"选项卡,在"设置"功能区,单击"设置幻灯片放映"图标,弹出如图3-32所示的对话框,在该对话框中可设置前三页幻灯片进行循环放映。

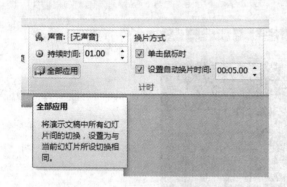
图3-31 换片方式设置

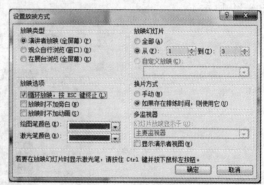
图3-32 设置放映方式

3.3 "动画"选项卡

3.3.1 动画设置应用实例

(1) 打开"轮滑协会竞选.pptx"文件,针对第二页幻灯片,按顺序设置以下的自定义动画效果:

将文本内容"轮滑协会年度目标"的进入效果设置成"自顶部飞入"。

将文本内容"轮滑协会推广计划"的强调效果设置成"彩色脉冲"。

将文本内容"轮滑协会财务支持来源"的退出效果设置成"淡出"。

在页面中添加"前进"(前进或下一项)与"后退"(后退或前一项)的动作按钮。

(2) 在演示文稿结尾再新建一幻灯片,设计出如下效果:

① 输入标题"协会资金来源";

② 输入三行内容"学校支持"、"社会募捐"、"通过办辅导班筹集";
③ 选择"学校支持"、"通过办辅导班筹集",则在选项旁显示文字"正确",选择"社会募捐",则在选项旁显示文字"错误"。

3.3.2 动画效果

在播放演示文稿时,如果幻灯片中的内容全部同时显示,那么演示将缺乏层次感、生动性,而观看者会觉得乏味,没有重点,因而失去注意力。而 PowerPoint 可以对幻灯片中的文本、图形、图像、声音或其他对象添加动画效果和出现方式,并且在播放动画的同时,可改变项目符号或对象的颜色,并让图表中的每个元素显示出动画效果等,使演示变得更具趣味性和欣赏性。因此,对幻灯片设置动画效果,是演示文稿制作过程中的点睛之笔,不可或缺。

设置动画效果的操作步骤如下。

(1) 选中需要设置的对象,单击"动画"选项卡→"高级动画"功能区→"添加动画"图标,打开动画选项界面,如图 3-33 所示,在四种动画效果类别——进入、强调、退出、动作路径下,单击选择某一动画选项,进行设定;如需进一步设定,则单击"效果选项"图标进行设置,如图 3-34 所示。

图 3-33 动画选项界面

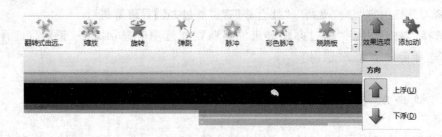

图 3-34 "效果选项"按钮

(2) 单击"动画"选项卡→"高级动画"功能区→"动画窗格"图标,如图 3-35 所示,打开"动画窗格",其中显示对应幻灯片中的各动画项,按动画设定的顺序编号排列,选中某一动画项,单击窗口底部"重新排序"的箭头按钮,如图 3-36 所示,可调整该动画出现的顺序;单击某一动画项右侧的三角按钮,在弹出的菜单中选择相应的命令可对动画进行进一步设置,如图 3-37 所示;选中某一需要修改的动画项后,在"动画"功能区的动画选项区,如图 3-38 所示,单击选中某一动画选项后,可将当前动画修改为选中的动画效果,注意,此处是针对某一特定对象已有的动画效果进行的修改操作,而非添加操作。

图 3-35 "动画窗格"按钮

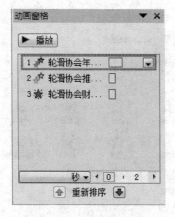

图 3-36 "重新排序"按钮

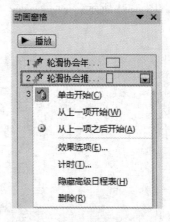

图 3-37 动画设置菜单

图 3-38 动画选项区

3.3.3 图解实例

(1) 打开"轮滑协会竞选.pptx"文件,针对第二页幻灯片,按顺序设置以下的自定义动画效果:

将文本内容"轮滑协会年度目标"的进入效果设置成"自顶部飞入"。

将文本内容"轮滑协会推广计划"的强调效果设置成"彩色脉冲"。

将文本内容"轮滑协会财务支持来源"的退出效果设置成"淡出"。

在页面中添加"前进"(前进或下一项)与"后退"(后退或前一项)的动作按钮。

根据题目要求的操作步骤如下。

① 选中文本内容"轮滑协会年度目标"后，单击"动画"选项卡→"添加动画"图标，在打开的动画选项界面中，单击选中"进入"类别下的"飞入"动画项，如图 3-39 所示。

② 单击"动画"功能区→"效果选项"图标，在打开的菜单中选择"自顶部"命令，如图 3-40 所示。

图 3-39　"飞入"动画项

③ 选中文本内容"轮滑协会推广计划"后，单击"动画"选项卡→"添加动画"图标，在打开的动画选项界面中，单击选中"强调"类别下的"彩色脉冲"动画项，如图 3-41 所示。

图 3-40　"效果选项"按钮　　　　　图 3-41　"彩色脉冲"动画项

④ 选中文本内容"轮滑协会财务支持来源"后，单击"动画"选项卡→"添加动画"图标，在打开的动画选项界面中，单击选中"退出"类别下的"淡出"动画项，如图 3-42 所示。

⑤ 单击"插入"选项卡→"插图"功能区→"形状"图标，在打开的选项界面中选择"动作按钮"类别下的"前进"(前进或下一项)按钮后，如图 3-43 所示，在页面中拖动鼠标建立适当大小的动作按钮，再同样操作建立"后退"(后退或前一项)的动作按钮。

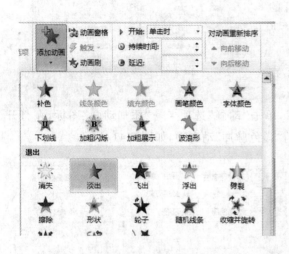

图 3-42 "淡出"动画项

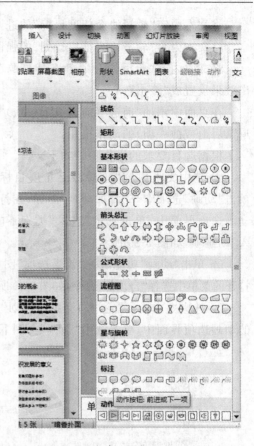

图 3-43 "前进"(前进或下一项)按钮

(2) 在演示文稿结尾再新建一幻灯片,设计出如下效果:

① 输入标题"协会资金来源";

② 输入三行内容"学校支持"、"社会募捐"、"通过办辅导班筹集";

③ 选择"学校支持"、"通过办辅导班筹集",则在选项旁显示文字"正确",选择"社会募捐"则在选项旁显示文字"错误"。

根据题目要求的操作步骤如下。

① 单击"开始"选项卡→"幻灯片"功能区→"新建幻灯片"图标,在打开的界面中选择"仅标题"版式的幻灯片,如图 3-44 所示。

图 3-44 新建"仅标题"版式幻灯片

② 在标题占位符中输入标题"协会资金来源",并在"插入"选项卡→"文本"功能区→"文本框"下插入 8 个"横排文本框",依据要求分别输入选项文字与对错信息。

③ 单击选中"A.学校支持"右侧的"正确"文本框,单击"动画"选项卡→"添加动画"图标,在打开的动画选项界面中,单击选中"进入"类别下的"出现"动画项,如图 3-45 所示。

④ 单击"动画"选项卡→"动画"功能区右下角的箭头标志 ![icon]，打开"出现"设置对话框，在"计时"选项卡中，单击"触发器"图标后，选中"单击下列对象时启动效果"单选按钮，在对象下拉列表中选择"A. 学校支持"所在的文本框，如图 3-46 所示，单击"确定"按钮，完成设置。

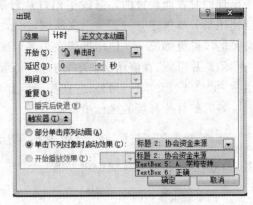

图 3-45 "出现"动画项　　　　　　　　　　图 3-46 "触发器"设置

⑤ 对其余文本框进行类似的操作。

3.4　"审阅"选项卡和"视图"选项卡

PowerPoint 2010 的"审阅"选项卡包含的功能和 Word 2010 完全相同，本节就不再多说。如图 3-47，"视图"选项卡包含了 PowerPoint 的各种视图模式——演示文稿视图、母版视图等功能。本节将着重讲解母版视图。

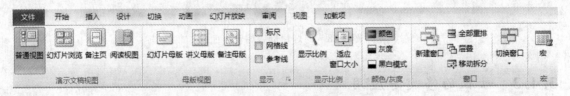

图 3-47 "视图"选项卡

3.4.1　母版应用实例

按照以下要求设置并应用幻灯片的母版。
（1）对于首页所应用的标题母版，将其中的标题样式设为"黑体，54 号字"；
（2）对于其他页面所应用的"标题和内容"母版，在日期区中插入日期样式为"2010 年 5 月 5 日"并显示，在页脚中插入幻灯片编号（页码）。

3.4.2 母版的种类

母版是一张已设置了特殊格式的占位符,这些占位符是为标题、主要文本及在所有幻灯片中出现的对象而设置的。修改了幻灯片母版的样式,将会影响所有基于该母版的演示文稿。当使用某一母版建立一篇演示文稿时,演示文稿中的所有幻灯片都采用该母版的特性,使演示文稿的风格更加统一。使用母版在很多情况下能简化用户的制作过程。

幻灯片母版:在演示文稿中,幻灯片母版控制着所有幻灯片的属性(如字体、字号和颜色),也称之为"母版文本"。另外,它还控制着背景色和项目符号等样式。

查看幻灯片母版的操作步骤如下:

选择"视图"选项卡,在"母版视图"功能区,单击"幻灯片母版"图标 ,会出现如图 3-48所示的幻灯片母版编辑界面。

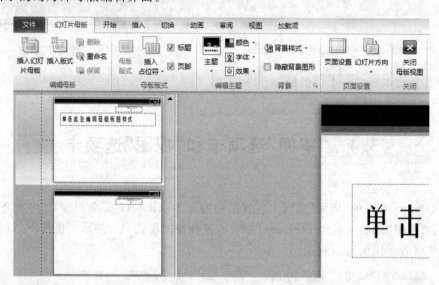

图 3-48 幻灯片母版编辑界面

3.4.3 母版的修改与应用

1. 编辑母版各种区域的操作步骤

(1) 打开 3.1 节所建演示文稿。

(2) 单击幻灯片右上角的日期区边界,出现虚线框;然后拖动鼠标日期区边界水平左移,可改变日期区大小;选中日期区,用 Delete 键可删除日期区。页脚区的操作也是类似步骤。

2. 设置母版文本属性的步骤(以页脚为例)

(1) 单击幻灯片右上角的页脚边界,出现虚线框。

(2) 单击鼠标右键,在弹出的快捷菜单中选择"字体",在弹出的"字体"对话框中设置字体为"黑体",设置"字号"为 20;也可在"开始"选项卡的"字体"功能区中选择相应的图标进行设置。

3. 设置母版项目符号和编号的步骤

(1) 单击第一级标志符号,则各级目录全部选中。

(2) 单击鼠标右键,在弹出的快捷菜单中选择"项目符号"或者"编号",在弹出的对话框中选择所需的项目符号或者编号类型即可。

3.4.4 图解实例

按照以下要求设置并应用幻灯片的母版。

(1) 对于首页所应用的标题母版,将其中的标题样式设为"黑体,54号字"。

根据题目要求的操作步骤如下:

如图3-48所示,在母版编辑界面左侧选中首页幻灯片的标题母版,选中标题样式部分,单击"开始"选项卡,在"字体"功能区设置字体为黑体、字号为54,如图3-49所示。

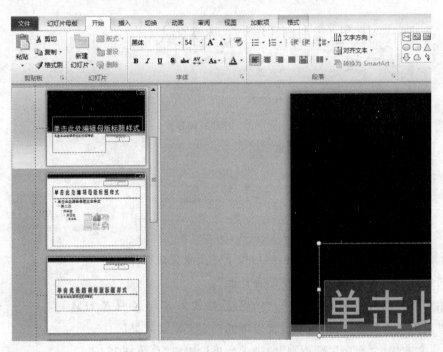

图3-49 标题母版设置

(2) 对于其他页面所应用的"标题和内容"母版,在日期区中插入日期样式为"2010年5月5日"并显示,在页脚中插入幻灯片编号(页码)。

根据题目要求的操作步骤如下:

如图3-48所示,在母版编辑界面左侧选中其他页面所应用的"标题和内容"母版,选择右上角的日期区,单击"插入"选项卡中的"日期和时间"图标,设置日期样式为"2015年7月27日",如图3-50所示。

注意:读者具体操作时,显示的是操作的实际时间。

接下来选择母版的右上角的"页脚区",单击"插入"选项卡中的"幻灯片编号"图标,实现在页脚中插入页码。最后单击"幻灯片母版"选项卡右上角的"关闭母版视图"图标,关闭母版操作界面。

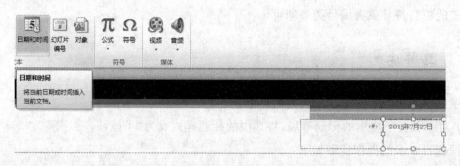

图 3-50 日期时间设置

习 题

打开素材"数据仓库.pptx"文件,然后按下述要求完成操作。

1. 将幻灯片的设计模板设置为"暗香扑面"。
2. 给幻灯片插入当前日期(要求自动更新,格式为 X 年 X 月 X 日)。
3. 针对第二页幻灯片,按顺序设置以下的自定义动画效果:
(1) 将文本内容"面向主题原则"的进入效果设置成"自顶部飞入"。
(2) 将文本内容"数据驱动原则"的强调效果设置成"彩色脉冲"。
(3) 将文本内容"原型法设计原则"的退出效果设置成"淡出"。
(4) 在页面中添加"前进"(前进或下一项)与"后退"(后退或前一项)的动作按钮。
4. 按以下要求设置幻灯片的切换效果。
(1) 设置所有幻灯片的切换效果为"自左侧推进"。
(2) 实现每隔5秒自动切换,也可以单击鼠标进行手动切换。
5. 在演示文稿最后新增一页幻灯片,设计如下效果:单击鼠标,矩形自动放大,且自动翻转为缩小,重复显示 5 次,其他设置默认。效果分别如图 3-51、图 3-52、图 3-53 所示。

图 3-51 初始状态　　　　　　　　图 3-52 矩形放大

图 3-53 矩形缩小至原始大小

注意:矩形大小自定。

第 4 章 综合应用案例

本章学习的目的在于,通过综合应用 Office 三大组件制作各类电子文档,熟练掌握 Office 办公软件中 Word、PowerPoint、Excel 的各种高级应用,提高综合应用能力。

4.1 案例一——中国航天

4.1.1 任务概述

假设自己是在校大学生,要参加学校的演讲比赛,参赛内容是关于中国航天所取得的辉煌成果,现在请利用所学 Word、Excel 和 PowerPoint 的相关知识来作演讲准备,主要分为以下三步任务:

1. 中国航天成果介绍制作
(1) 中国航天成果介绍制作;
(2) 中国航天成果介绍排版。

2. 中国航天成果介绍演示文稿制作
(1) 中国航天成果介绍演示文稿制作;
(2) 中国航天成果介绍演示文稿排版。

3. 中国航天成就表设计与实现

4.1.2 实施步骤

1. 中国航天成果介绍的 Word 文档制作
(1) 搜索材料,建立 Word 文档。
整理搜索到的材料,使其结构清晰,有标题。
(2) 对文字设置样式。
在"开始"选项卡的"样式"功能区中,将样式"标题 1"修改为:左对齐,如图 4-1 所示。将修改后的样式"标题 1"应用于文档中的标题文字。

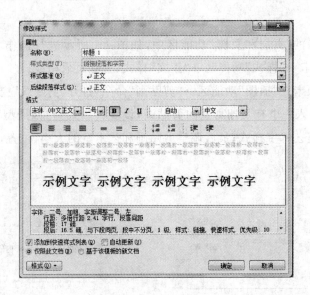

图 4-1 修改"标题 1"

打开"样式"窗口,如图 4-2 所示,在样式"正文"的基础上新建样式"航天正文":字体为"楷体",段后间距 0.5 行,1.5 倍行距。对文档中除标题外的文字应用新建的样式。

(3) 设置页边距。

在"页面布局"选项卡的"页面设置"功能区中,打开"页面设置"对话框,如图 4-3 所示,修改页边距为:上边距 4 厘米,下边距 1.5 厘米。

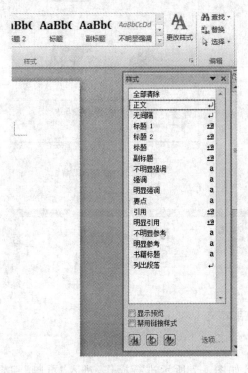

图 4-2 打开"样式"窗口

图 4-3 打开"页面设置"对话框

(4) 添加页眉。

在"插入"选项卡的"页眉和页脚"功能区中,如图 4-4 所示进行操作,进入"页眉"编辑区域,选择"开始"选项卡→"样式"功能区→"正文"样式,去除页眉横线。

选择"插入"选项卡→"插图"功能区→"剪贴画"命令,打开"剪贴画"窗口,单击"搜索"按钮后,如图 4-5 所示,插入一个有飞翔寓意的剪贴画,设置其版式为"四周型";再插入艺术字"飞天圆梦",并自行调整艺术字样式;最后调整剪贴画和艺术字的大小、位置,参考图 4-6。

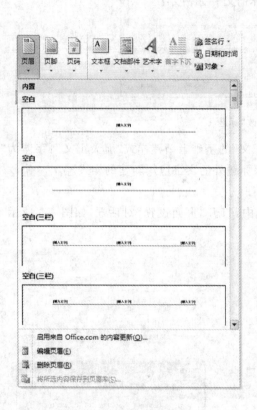

图 4-4　选择"编辑页眉"命令　　　　　　　　图 4-5　"剪贴画"窗口

图 4-6　页眉

(5) 添加页脚。

在"插入"选项卡的"页眉和页脚"功能区中,如图 4-7 所示进行操作,进入"页脚"编辑区域,插入页码,格式为"第 X 页",并居中。

(6) 设置页面水印背景。

选择"页面布局"选项卡→"页面背景"功能区→"水印"→"自定义水印"命令,如图4-8所示,打开"水印"对话框。选中"文字水印"单选按钮,并输入文字"中国航天成就辉煌",如图4-9所示,单击"确定"按钮,完成水印效果设置。

2. 中国航天成果介绍的 PPT 演示文稿制作

(1) 根据中国航天成果介绍的 Word 文档(演讲稿),以及设想的演讲思路,设计制作 PPT 初稿。

图4-8 选择"自定义水印"命令

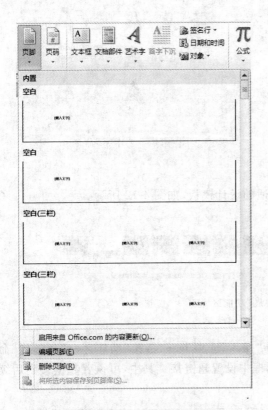

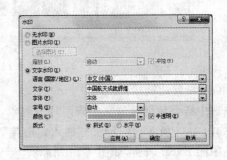

图4-7 选择"编辑页脚"命令　　　　　　图4-9 "水印"对话框

选择"开始"选项卡→"新建幻灯片"命令,如图4-10所示,在其中选择恰当的版式,创建幻灯片页面,输入文字或插入图片等对象。

制作完成后,在最后添加一页"空白"版式的幻灯片,选择"插入"选项卡→"文本"功能区→"艺术字"命令,如图4-11所示,添加艺术字"谢谢大家!"。

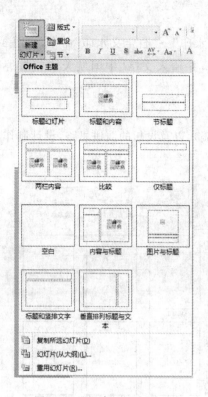

图 4-10 "新建幻灯片"命令

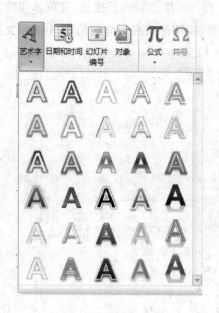

图 4-11 "艺术字"命令

(2) 美化页面,统一风格。

在"设计"选项卡的"主题"功能区中选择合适的设计模板,如图 4-12 所示。

图 4-12 "主题"功能区

(3) 设置超链接。

选中需要超链接的文字或图片等对象,选择"插入"选项卡→"链接"功能区→"超链接"命令,如图 4-13 所示,在打开的"插入超链接"对话框中设置超链接。其中,可设置超链接到后续任务中的 Excel 表格,如图 4-14 所示。

图 4-13 "超链接"命令

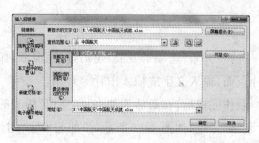

图 4-14 超链接到 Excel 表格

(4) 设置幻灯片切换方式。

在"切换"选项卡的"切换到此幻灯片"功能区中,设置切换效果,并在"计时"功能区中设置声音。同时,设置换片方式为:每隔几秒(根据实际情况)自动切换,也可单击鼠标进行手动切换。最后单击"全部应用"图标应用于所有幻灯片,如图4-15所示。

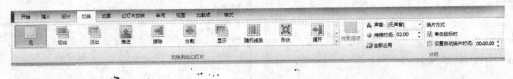

图 4-15 设置幻灯片切换方式

(5) 设置动画。

选中需要以动画方式出现的文字或图片等对象,选择"动画"选项卡→"高级动画"功能区→"添加动画"命令,在"进入"效果下选择合适的出现方式,如图4-16所示;单击"动画窗格"图标,打开动画窗格,调整动画出现的顺序及进行动画效果等的设置,如图4-17所示。

图 4-16 "添加动画"命令

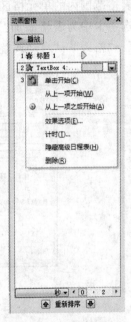

图 4-17 动画窗格

3. 中国航天成就的 Excel 表设计与实现

(1) 搜索中国航天成就的相关资料,作为演讲的辅助材料,创建中国航天成就史表格。

在工作表 Sheet1 中从 A1 单元格开始输入表体信息。

(2) 添加表格标题。

在 Sheet1 第 1 行前插入标题行"中国航天成就史",具体方法为:在第一行前插入一行后,在 A1 单元格中输入标题;从 A1 单元格开始选取表格范围内的第一行的单元格区域,右键单击,在弹出的快捷菜单中选择"设置单元格格式"命令,打开"设置单元格格式"对话框;在"字体"选项卡中设置字体为"新宋体,加粗,22",如图4-18所示;在"对齐"选项卡中设置"合并及居中",如图4-19所示。

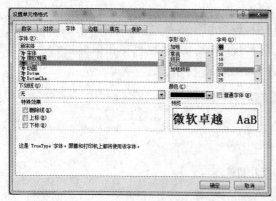 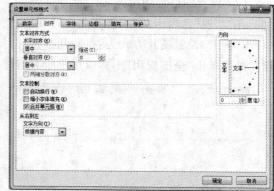

图 4-18 "字体"选项卡　　　　　　　图 4-19 "对齐"选项卡

（3）添加表格框线。

选取表格范围内的单元格区域（除标题行外），右键单击，打开"设置单元格格式"对话框，在"边框"选项卡中为表格添加"双线外边框"，如图 4-20 所示；并选择"开始"选项卡→"单元格"功能区→"格式"→"自动调整列宽"命令，使各列"紧凑"显示。

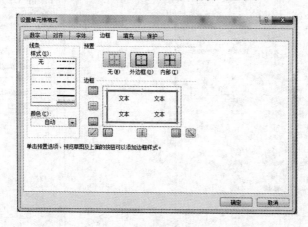

图 4-20 "边框"选项卡

4.2 案例二——月全食

4.2.1 任务概述

假设自己是学校天文社的主席，为了满足学校广大天文爱好者的需求，也为了天文知识的普及，请你利用所学 Word、Excel 和 PowerPoint 的相关知识进行月全食科普知识的宣传、普及，主要分为以下三步任务。

1. 月全食科普介绍制作

（1）月全食科普介绍制作；

（2）月全食科普介绍排版。

2. 月全食相关介绍演示文稿制作

（1）月全食相关介绍演示文稿制作；

（2）月全食相关介绍演示文稿排版。

3. 月全食时间分析表设计与实现

4.2.2 实施步骤

1. 月全食科普介绍的 Word 文档制作

（1）搜索材料，建立 Word 文档。

整理搜索到的材料，使其结构清晰，有章、节标题。

（2）设置标题样式。

将光标定位于章名的文字中，选择"开始"选项卡→"段落"功能区→"多级列表"→"定义新的多级列表"命令，定义一组多级符号。第 1 级别编号格式为：第 X 章，其中 X 为自动排序，并将其链接到样式"标题 1"，如图 4-21 所示；第 2 级别编号格式为 X.Y，其中，X 为章数字序号，Y 为节数字序号，并将其链接到样式"标题 2"，如图 4-22 所示。

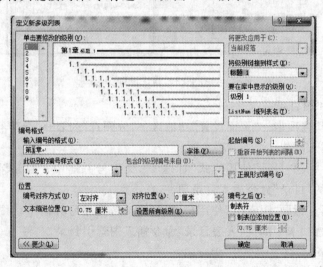

图 4-21 第 1 级别编号设置

在"开始"选项卡的"样式"功能区，修改"标题 1"，使其居中显示；再修改样式"标题 2"，设置段落对齐方式为左对齐。对章名应用样式"标题 1"，对小节名应用样式"标题 2"。

（3）添加图题注。

选择"引用"选项卡→"题注"功能区→"插入题注"命令，对正文中的图添加题注，位于图下方，其中题注标签为"图"，编号格式为"章号"-"图在章中的序号"，如图 4-23 所示。例如，第 1 章中第 2 幅图，题注为"图 1-2"。

最后设置图以及图下方的题注均为居中显示。

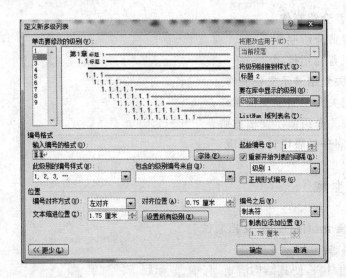

图 4-22 第 2 级别编号设置

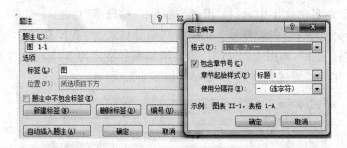

图 4-23 题注设置

(4) 插入目录和图目录。

选择"页面布局"选项卡→"页面设置"功能区→"分隔符"列表→"分节符"类→"下一页"命令,在正文前按序插入两节。

第 1 节:目录。标题"目录"使用样式"标题 1",无编号并居中;"目录"下为目录项——使用"引用"选项卡中的"目录"命令插入目录项。

第 2 节:图索引。标题"图索引"使用样式"标题 1",无编号并居中;"图索引"下为图索引项——使用"引用"选项卡中的"插入表目录"命令插入图索引目录。

(5) 对正文分节。

选择"页面布局"选项卡→"页面设置"功能区→"分隔符"列表→"分节符"类→"下一页"命令,对正文作分节处理,每章为单独一节。

将光标定位于正文的第 1 页,在"页面布局"选项卡中打开"页面设置"对话框,在"版式"选项卡中设置每章从奇数页开始,且页眉、页脚区分奇偶页不同;最后,在"应用于"列表框中选择"插入点之后",如图 4-24 所示,单击"确定"按钮完成操作。

(6) 设置页眉。

对于正文中的奇数页,页眉中的文字为"章序号"+"章名",通过插入域"StyleRef"实现;

对于正文中的偶数页,页眉中的文字为"摘自百度搜索"。

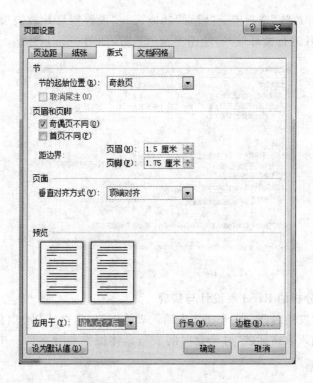

图 4-24 "版式"选项卡设置

2. 月全食相关介绍的 PPT 演示文稿制作

(1) 根据设想的宣传思路设计制作 PPT 初稿。

其中第二张幻灯片的内容参照第(2)题进行输入：

标题内容"月全食的相关介绍"；

文本内容"月全食成因"；

文本内容"月食过程"；

文本内容"本世纪中国境内的月食"。

(2) 在"动画"标签中对第二张幻灯片设置动画：

① 将标题内容"月全食的相关介绍"的进入效果设置成"飞入"；

② 将文本内容"月全食成因"的进入效果设置成"百叶窗"，并打开"动画窗格"，双击该动画项，在打开的对话框中设置其在标题内容出现 2 秒后自动开始，快速进入而不需要鼠标单击，如图 4-25 所示；其强调效果设置成"波浪形"；

③ 将文本内容"月食过程"的进入效果设置成"阶梯状"；

图 4-25 "计时"选项卡设置

④ 将文本内容"本世纪中国境内的月食"的进入效果设置成"菱形"；动作路径设置成"新月形"。

(3) 在"切换"选项卡中设置所有幻灯片之间的切换效果为"揭开"。

(4) 选择"幻灯片放映"选项卡→"设置"功能区→"设置幻灯片放映"命令,设置放映方式为:选择前五页幻灯片进行循环放映,绘图笔颜色为黄,如图 4-26 所示。

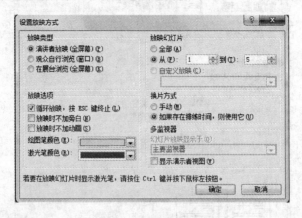

图 4-26 设置放映方式

3. 月全食时间分析的 Excel 表设计与实现

(1) 搜索月全食发生时间,在 Sheet1 中输入表体内容,建立月全食时间分析表。

(2) 在第一行插入表格标题"月全食时间表",具体操作参看案例一中的 Excel 表格制作部分。

习 题

以环保为主题,参考 4.1 和 4.2 中的案例,请你利用所学 Word、Excel 和 PowerPoint 的相关知识和技巧,进行环保知识的宣传和普及。主要分为以下三步任务。

1. 利用 Word 制作环保知识科普介绍的文档,并进行排版。

要求:

(1) Word 文档结构清晰,有标题,并应用标题类样式,如"标题 1"。

(2) 如果有图或表,需要为其添加题注。

(3) 对除标题的正文文字应用新建的样式(样式名自取):字体为"楷体",首行缩进 2 字符,段前、段后各 0.5 行,1.5 倍行距。

(4) 第 1 页为目录;若有图或表的题注,则第 2 页和第 3 页分别为图题注目录和表题注目录。

2. 利用 PowerPoint 制作环保宣传的演示文稿,并进行动画等放映设置。

要求:

(1) 制作五六个幻灯片页面。

(2) 使用设计模板美化页面,统一风格。

(3) 为文字和图片等对象设置动画。

(4) 设置幻灯片切换方式。

3. 利用 Excel 制作某一时期内杭州市空气质量评价指标表,如 2014 年 8 月,如图 4-27

所示。

(1) 表格至少包含 PM2.5（细颗粒物）和 PM10（可吸入颗粒物）这两个评价指标及 AQI 指数（空气质量指数）。

(2) 添加表格标题，如"2014 年 8 月杭州空气质量评价指标表"。

(3) 根据表格数据，插入折线图，显示空气质量指数（AQI）趋势。

(4) 为表格添加内、外框线。

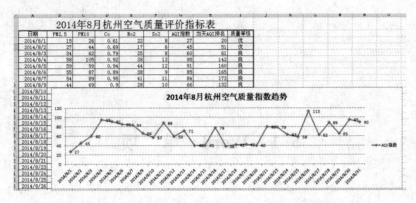

图 4-27　空气质量评价指标表

第5章 二级真题分步解答

5.1 Word 单项

5.1.1 插入子文档

对于操作题目中的插入子文档和创建子文档以下操作均适用。

【样题一】

在考生文件夹 Word 子文件下,新建文档 Sub1.docx、Sub2.docx、Sub3.docx。其中 Sub1.docx 中第一行内容为"子文档一",样式为正文;Sub2.docx 中第一行内容为"子文档二",样式为正文;Sub3.docx 中第一行内容为"子文档三",样式为正文。在考生文件夹 Word 子文件下再新建主控文档 Main.docx,按序插入 Sub1.docx、Sub2.docx、Sub3.docx 作为子文档。

【操作步骤】

第一步:

在考生文件夹 Word 子文件下,单击鼠标右键,选择"新建"一个"Microsoft Word 文档",命名为 Sub1.docx。重复同样的步骤建立 Sub2.docx 和 Sub3.docx。打开 Sub1.docx,在文档第一行中输入内容"子文档一",选中文字"子文档一",找到 [AaBbCcDd 正文] 图标,单击该图标,使文字"子文档一"的样式为正文;打开 Sub2.docx,重复上述步骤,使其第一行内容为"子文档二",样式为正文;打开 Sub3.docx,重复上述步骤,使其第一行内容为"子文档三",样式为正文。

注意:docx 为 Word 文档的扩展名,在新建文档命名时不要将其理解为文档的名字的一部分。

第二步:

在考生文件夹 Word 子文件下,同上述步骤建立主控文档 Main.docx。

第三步:

打开主控文档 Main.docx,单击"视图"选项卡,如图 5-1 所示单击"大纲视图"图标,将文档视图切换到大纲视图。

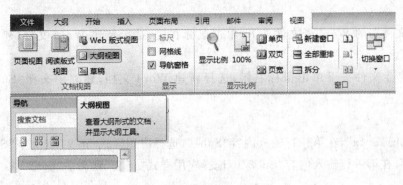

图 5-1 切换大纲视图

第四步：

单击"大纲"界面工具栏（见图 5-2）中的"插入"按钮，依次插入子文档 Sub1.docx、Sub2.docx、Sub3.docx。

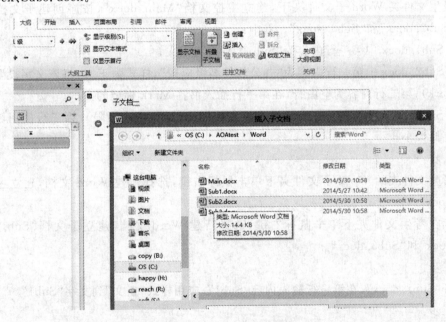

图 5-2 插入子文档

注意： 刚进入大纲视图时，应单击"显示文档"图标 ，否则会找不到创建或是插入子文档图标 创建、 插入。

【样题二】

在考生文件夹 Word 子文件夹下，建立主控文档"Main.docx"，按序创建子文档"Sub1.docx"、"Sub2.docx"。其中：

(1) Sub1.docx 中第一行内容为"Sub1"，样式为正文；

(2) Sub2.docx 中第一行内容为"Sub2"，样式为正文。

【操作步骤】

第一步：

在考生文件夹的 Word 子文件夹下，单击鼠标右键，选择新建 Word 文档，建立主控文档"Main.docx"。

继续在考生文件夹下单击鼠标右键，选择新建 Word 文档，建立子文档"Sub1.docx"和"Sub2.docx"。

第二步：

打开"Sub1.docx"，在第一行输入内容"Sub1"，选择应用样式"正文"到文字"Sub1"。打开"Sub2.docx"，在第一行输入内容"Sub2"。选择应用样式"正文"到文字"Sub2"。

第三步：

打开主控文档 Main.docx，同上题方法将文档切换到大纲视图，单击大纲视图界面中工具栏上的"插入"图标 插入，依次插入子文档 Sub1.docx、Sub2.docx。

【样题三】

在考生文件夹 Word 子文件夹下，建立主控文档"Main.docx"，按序创建子文档"Sub1.docx"、"Sub2.docx"和"Sub3.docx"。其中：

(1) Sub1.docx 中第一行内容为"Sub1"，样式为正文；

(2) Sub2.docx 中第一行内容为"办公软件高级应用"，样式为正文，将该文字设置为书签（名为 Mark）；第二行内容为空白行，在第三行插入书签 Mark 标记的文本。

(3) Sub3.docx 中第一行使用域插入该文档创建时间（格式不限）；第二行使用域插入该文档的存储大小。

第一步：

在考生文件夹的 Word 子文件夹下单击鼠标右键，选择新建 Word 文档，建立主控文档"Main.docx"。

继续在考生文件夹下单击鼠标右键，选择新建 Word 文档，建立子文档"Sub1.docx"、"Sub2.docx"和"Sub3.docx"。

第二步：

打开"Sub1.docx"，在第一行输入内容"Sub1"，应用样式"正文"到文字"Sub1"。

第三步：

打开"Sub2.docx"，在第一行输入内容"办公软件高级应用"，应用样式"正文"到文字"办公软件高级应用"。

选中文字"办公软件高级应用"，单击"插入"选项卡的"书签"图标，在打开的"书签"对话框（见图 5-3），在"书签名"文本框中输入"Mark"，之后单击"添加"按钮，将"办公软件高级应用"设置为书签。

按两次 Enter 键，使第二行为空白行。将光标定位到第三行，单击"插入"选项卡的"交叉引用"图标。在弹出的"交叉引用"对话框（见图 5-4），设置引用类型为"书签"，选择书签 Mark 之后单击"插入"按钮完成操作。

第 5 章 二级真题分步解答

图 5-3 设置书签

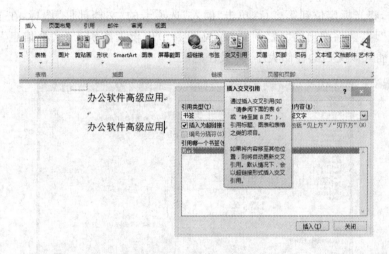

图 5-4 引用书签 Mark

第四步：

打开 Sub3.docx，将光标定位到第一行，单击"插入"选项卡的"文档部件"图标，在如图 5-5 所示的下拉式菜单中选择子菜单项"域"。

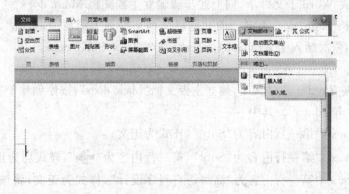

图 5-5 选择插入域菜单

在弹出的"域"对话框(见图 5-6)内设置类别为"文档信息",设置"域名"为"CreateDate",插入该文档的创建时间,格式任意。

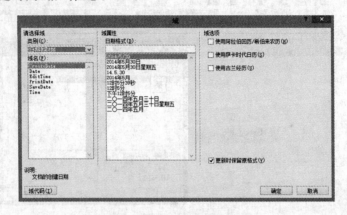

图 5-6　插入文档存储日期

按回车键,将光标定位到第二行,单击"插入"选项卡的"文档部件"图标,在下拉式菜单中选择子菜单项"域"。在弹出的"域"对话框(见图 5-7)内设置类别为"文档信息","域名"设置为"FileSize",插入该文档的存储大小,格式任意。

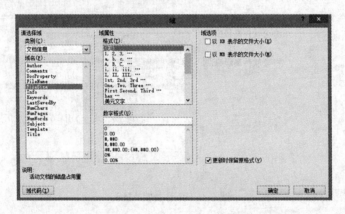

图 5-7　插入文档存储大小

第五步:

在考生文件夹 Word 子文件下,同上述步骤建立主控文档 Main.docx。

打开主控文档 Main.doc,类同于前几题将文档切换到大纲视图,单击"大纲"界面工具栏中的"插入"按钮,依次插入子文档 Sub1.docx、Sub2.docx、Sub3.docx。

【样题四】

在考生文件夹 Word 子文件夹下,建立主控文档"Main.docx",按序创建子文档"Sub1.docx"、"Sub2.docx"和"Sub3.docx"。其中:

(1) Sub1.docx 中第一行内容为"Sub^1",样式为正文;

(2) Sub2.docx 中第一行内容为"Sub^2",第二行内容为"➔",样式均为正文。

(3) Sub3.docx 中第一行内容为"高级语言程序设计",样式为正文,将该文字设置为书签(名为 Mark);第二行内容为空白行,在第三行插入书签 Mark 标记的文本。

【操作步骤】

第一步：

在考生文件夹的 Word 子文件夹下单击鼠标右键，选择新建 Word 文档，建立主控文档"Main.docx"。

继续在考生文件夹下单击鼠标右键，选择新建 Word 文档，建立子文档"Sub1.docx"、"Sub2.docx"和"Sub3.docx"。

第二步：

打开"Sub1.docx"，在第一行输入内容"Sub"，单击鼠标右键在弹出的快捷菜单中选择子菜单项"字体"，如图 5-8 所示。

在如图 5-9 所示的"字体"对话框中单击"上标"复选框，从而完成 Sub^1 的输入。

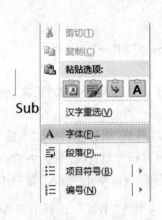

图 5-8 设置字体格式

图 5-9 输入设置为上标形式

选中文档中所有内容，设置其样式为"正文"。

第三步：

打开"Sub2.docx"，类同于上步在第一行输入内容"Sub^2"。

按 Enter 键，将光标定位到 Sub2.docx 的第二行，单击"插入"选项卡的"符号"图标 Ω符号▼，在如图 5-10 所示的下拉式菜单中选择"其他符号"。在弹出的"符号"对话框（见图 5-11）中，选择"字体"为"Wingdings"，进而挑选"→"，单击"插入"按钮完成操作。

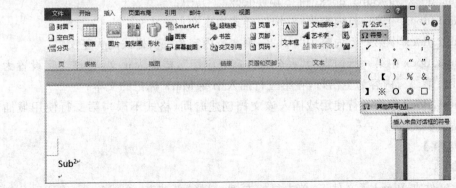

图 5-10 选择插入符号

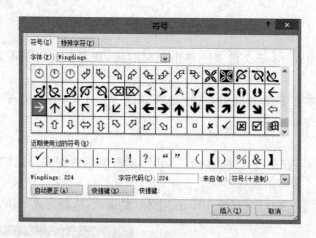

图 5-11 插入 Wingdings 字符

最后选中文档所有内容,将"正文"样式应用到文字"Sub^2"和"→"上。

第四步:

打开"Sub3.docx",在第一行输入内容"高级语言程序设计",应用样式"正文"到文字"高级语言程序设计"。

选中文字"高级语言程序设计",单击"插入"选项卡的"书签"图标,打开"书签"对话框,在书签名处输入"Mark",之后单击"添加"按钮,将"高级语言程序设计"设置为书签。

按两次 Enter 键,使第二行为空白行。将光标定位到第三行,单击"插入"选项卡的"交叉引用"图标。在弹出的"交叉引用"对话框,设置引用类型为"书签",选择书签 Mark 之后点击"插入"按钮完成操作。

第五步:

在考生文件夹 Word 子文件下,同上述步骤建立主控文档 Main.docx。

打开主控文档 Main.doc,类同于前几题将文档切换到大纲视图,单击"大纲"界面工具栏中的"插入"按钮,依次插入子文档 Sub1.docx、Sub2.docx、Sub3.docx。

【样题五】

在考生文件夹 Word 子文件夹下,建立主控文档"Main.docx",按序创建子文档"Sub1.docx"、"Sub2.docx"和"Sub3.docx"和"Sub4.docx"。其中:

(1) Sub1.docx 中第一行内容为"Sub1",样式为正文;

(2) Sub2.docx 中第一行内容为"Sub2",第二行内容为"ě",样式均为正文;

(3) Sub3.docx 中第一行内容为"办公软件高级应用",样式为正文,将该文字设置为书签(名为 Mark);第二行内容为空白行,在第三行插入书签 Mark 标记的文本;

(4) Sub4.docx 中第一行使用域插入该文档创建时间(格式不限);第二行使用域插入该文档的存储大小。

【操作步骤】

第一步:

在考生文件夹 Word 子文件下,单击鼠标右键,选择"新建"一个"Microsoft Word 文档";命名为 Sub1.docx。重复同样的步骤建立 Sub2.docx 和 Sub3.docx、Sub4.docx。打开 Sub1.

docx,在文档第一行中输入内容"Sub1",选中文字"Sub1",找到 [AaBbCcDd 正文] 图标,单击该图标,使文字"Sub1"的样式为正文。

第二步:

打开 Sub2.docx,在文档第一行中输入内容"Sub2",按 Enter 键,将光标定位到 Sub2.docx 的第二行,单击"插入"选项卡的"符号"图标 [Ω符号▼],在出现的下拉式菜单中选择"其他符号"。在弹出的"符号"对话框中,选择字体集为"普通文本",进而选择子集为"拉丁语-1 增补",从出现的字符中挑选"è",单击"插入"按钮完成操作。

选中文字"Sub2"和"è",找到 [AaBbCcDd 正文] 图标,单击该图标,使文字"Sub2"和"è"的样式为正文。

第三步:

打开"Sub3.docx",在第一行输入内容"办公软件高级应用",应用样式"正文"到文字"办公软件高级应用"。

选中文字"办公软件高级应用",单击"插入"选项卡的"书签"图标 [书签],打开"书签"对话框,在书签名处输入"Mark",之后单击"添加"按钮,将"办公软件高级应用"设置为书签。

按两次 Enter 键,使第二行为空白行。将光标定位到第三行,单击"插入"选项卡的"交叉引用"图标 [交叉引用]。在弹出的"交叉引用"对话框中,设置引用类型为"书签",选择书签 Mark 之后单击"插入"按钮完成操作。

第四步:

打开 Sub4.docx,将光标定位到第一行,单击"插入"选项卡的"文档部件",在如图 5-5 所示的下拉式菜单中选择子菜单项"域"。

在弹出的"域"对话框内设置类别为"文档信息",设置域名为"CreateDate",插入该文档的创建时间,格式任意。

按 Enter 键,将光标定位到第二行,单击"插入"选项卡的"文档部件",在下拉式菜单中选择子菜单项"域"。在弹出的"域"对话框(见图 5-7)内设置类别为"文档信息",域名设为"FileSize",插入该文档的存储大小,格式任意。

第五步:

在考生文件夹 Word 子文件下,同上述步骤建立主控文档 Main.docx。

打开主控文档 Main.docx,类同于前几题将文档切换到大纲视图,单击"大纲"界面工具栏中的"插入"按钮,依次插入子文档 Sub1.docx、Sub2.docx、Sub3.docx、Sub4.docx。

5.1.2 页面设置

【样题一】

在考生文件夹 Word 子文件下,建立文档"MyThree.doc",由三页组成。其中第一页中第一行内容为"浙江",样式为"正文",页面方向为纵向、纸张大小为 B5;第二页中第一行内容为"江苏",样式为"正文",页面方向为横向、纸张大小为 A4;第三页中第一行内容为"安徽",样式为"正文",页面方向为纵向、纸张大小为 16 开。

【操作步骤】

第一步：

在考生文件夹 Word 子文件下，单击鼠标右键，在弹出的快捷菜单中选择"新建"，新建一个 Microsoft Word 文档；命名为 MyThree.docx。

第二步：

打开 MyThree.doc 在其空白页中输入"浙江"，样式为"正文"，鼠标定位在"浙江"后面，单击"页面布局"选项卡，如图 5-12 所示单击"分隔符"图标，在弹出的下拉式菜单中选择"分节符"中的"下一页"；之后输入"江苏"，样式为"正文"，鼠标定位在"江苏"后面，单击"分隔符"图标，在弹出的下拉式菜单中选择

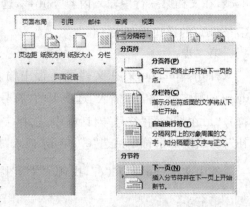

图 5-12　插入分隔符

"分节符"中的"下一页"；之后输入"安徽"，样式为"正文"。这样文件就分为三个页面三个节了。

第三步：

将鼠标定位在第一页，单击"页面布局"选项卡的"纸张方向"图标，在如图 5-13 所示的下拉式菜单中选择页面方向为"纵向"，继而单击如图 5-14 所示的"纸张大小"图标，在下拉式菜单中选择纸张大小为"B5"；将鼠标定位在第二页，单击"页面布局"选项卡的"纸张方向"图标，在下拉式菜单中选择页面方向为"横向"，继而单击"纸张大小"图标，在下拉式菜单中选择纸张大小为"A4"；将鼠标定位在第三页，单击"页面布局"选项卡的"纸张方向"图标，在下拉式菜单中选择页面方向为"纵向"，继而单击"纸张大小"图标，在下拉式菜单中选择纸张大小为"16 开"。

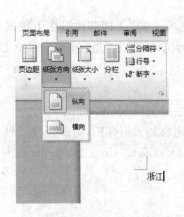

图 5-13　纸张方向设置

图 5-14　纸张大小设置

【样题二】

在考生文件夹 Word 子文件夹下，建立文档"py.docx"，设计会议邀请函。要求：

(1) 在一张 A4 纸上，正反面书籍折页打印，横向对折；

(2) 页面(一)和页面(四)打印在 A4 纸的同一面；页面(二)和页面(三)打印在 A4 纸的另一面；

(3) 四个页面要求依次显示如下内容：

① 页面一显示"邀请函"三个字，上下左右均居中对齐显示，竖排，字体为隶书，72号；

② 页面二显示"汇报演出定于2012年4月21日，在学生活动中心举行，敬请光临！"，文字横排；

③ 页面三显示"演出安排"，文字横排，居中，应用样式"标题1"；

④ 页面四显示两行文字，行一为"时间：2012年4月21日"，行二为"地点：学生活动中心"，竖排，左右居中显示。

【操作步骤】

第一步：

在考生文件夹 Word 子文件下，单击鼠标右键，在弹出的快捷菜单中选择"新建"，新建一个 Microsoft Word 文档；命名为 py.docx。

第二步：

打开"py.docx"文件，单击"页面布局"选项卡，"页面设置"功能区右下角的小三角，在弹出的"页面设置"对话框（见图 5-15）中设置纸张方向为"横向"，在页码范围处，设置"书籍折页"，每册中页数设为"4"。

第三步：

将光标定位在第一页，单击"页面布局"选项卡，如图 5-12 所示单击"分隔符"图标，在弹出的下拉式菜单中选择"分节符"中的"下一页"，插入新的一页；连续此类操作共插入三个新的页。

重新将光标定位在第一页，输入"邀请函"三个字，选中"邀请函"三字，上下左右均居中对齐显示，理解为在整张纸上居中，即"水平居中"和"垂直居中"，其中水平居中可以通过单击"开始"选项卡，再单击"居中"按钮 设置或是单击"段落"右侧的斜三角调出"段落"对话框，设置"缩进和间距"选项卡（见图 5-16），设置"常规"中的"对齐方式"为"居中"，完成后单击"确定"按钮。

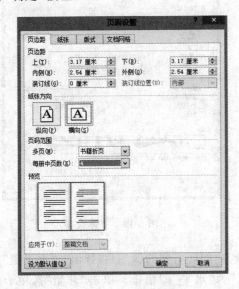

图 5-15　书籍折页设置

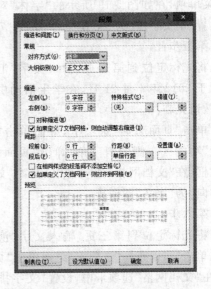

图 5-16　设置水平居中

垂直居中的设置可单击"页面布局"选项卡,继而单击"页面设置"功能区右侧的斜三角,弹出"页面设置"对话框,在"版式"选项卡中设置"页面"的"垂直对齐方式"为"居中"(见图5-17)。

第四步:

关于字体方向的设置:单击"页面布局"选项卡,继而单击"页面设置"功能区右侧的斜三角,弹出"页面设置"对话框,在"文档网格"选项卡中,设置"文字排列"中"方向"为"垂直"即竖排(见图5-18)。

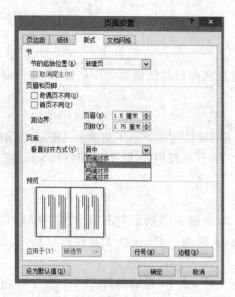

图 5-17　垂直居中对齐的设置

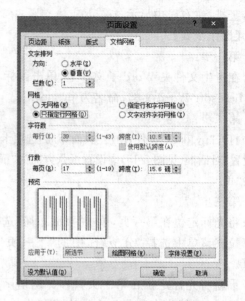

图 5-18　文字排列方向的设置

关于字体大小的设置:选中"邀请函"三个字,单击右键,在弹出的快捷菜单中选择"字体"菜单项,在如图5-19所示的"字体"对话框中设置"中文字体"为"隶书","字号"为"72"。

第五步:

将光标定位到第二页,输入文字"汇报演出定于2012年4月21日,在学生活动中心举行,敬请光临!"。

单击"页面布局"选项卡,继而单击"页面设置"功能区右侧的斜三角,弹出"页面设置"对话框,在"文档网格"选项卡中,设置"文字排列方向"为"水平"即横排。

第六步:

将光标定位到第三页,输入文字"演出安排",单击"页面布局"选项卡,继而单击"页面设置"功能区右侧的斜三角,弹出"页面设置"对话框,在"文档网格"选项卡中,设置"文字排列方向"为"水平"即横排。单击"开始"选项卡中的"居中"按钮,使文字居中显示,之后单击左侧的"标题1"图标,将样式"标题1"应用到文

图 5-19　字体设置

字"演出安排"。

第七步：

将光标定位到第四页，输入两行文字，第一行为"时间：2012 年 4 月 21 日"，第二行为"地点：学生活动中心"。

单击"页面布局"选项卡，继而单击"页面设置"功能区右侧的斜三角，弹出"页面设置"对话框，在"文档网格"选项卡中，设置"文字排列方向"为"垂直"即竖排。

此题最后一页的左右居中是指竖排显示文字后的左右居中。所以此处要用类似于图 5-17将垂直对齐方式设为居中来实现视觉上的左右居中显示。

注意：本题在全部做完之后，要重新设置一次全部页面的页面方向"横向"、书籍折页等第一步做过的操作。

【样题三】

在考生文件夹 Word 子文件夹下，建立文档"国家信息.docx"，由三页组成。要求：

（1）第一页中第一行内容为"中国"，样式为"标题 1"，页面垂直对齐方式为"居中"；页面方向为纵向、纸张大小为 16 开；页眉内容设置为"China"，居中显示，页脚内容设置为"我的祖国"，居中显示。

（2）第二页中第一行内容为"美国"，样式为"标题 2"，页面垂直对齐方式为"顶端对齐"；页面方向为横向、纸张大小为 A4；页眉内容设置为"USA"，居中显示，页脚内容设置为"American"，居中显示；对该页面添加行号，起始编号为"1"。

（3）第三页中第一行内容为"日本"，样式为"正文"，页面垂直对齐方式为"底端对齐"；页面方向为纵向、纸张大小为 B5；页眉内容设置为"Japan"，居中显示，页脚内容设置为"岛国"，居中显示。

【操作步骤】

第一步：

找到考生文件夹的 Word 子文件夹，在其下单击鼠标右键，选择新建 Microsoft Word 文档，建立文档"国家信息.docx"，打开"国家信息.docx"。

将光标定位在第一页，单击"页面布局"选项卡中的"分隔符"图标，在弹出的下拉式菜单中选择"分节符"中的"下一页"，插入新的一页；连续此类操作共插入两个新的页。

第二步：

将光标定位在第一页的第一行，输入文字"中国"，单击"开始"选项卡中的"标题 1"图标，选择应用样式"标题 1"到文字"中国"。

单击"页面布局"选项卡，继而单击"页面设置"功能区右侧的斜三角，弹出"页面设置"对话框，在"版式"选项卡中，设置"页面"中"垂直对齐方式"为"居中"；

继而设置"页面设置"中的"页边距"选项卡，选择"方向"为"纵向"；继而单击"纸张"选项卡，设置纸张大小为 16 开。

单击"插入"选项卡中的"页眉"图标，选择编辑"编辑页眉"，将页眉内容设置为"China"，单击"居中"按钮 ≡ 设置居中显示，单击图标 （转至页脚），将页脚内容设置为"我的祖国"，单击"居中"按钮 ≡ 设置居中显示。

第三步:

将光标定位在第二页中,输入第一行内容"美国",单击"开始"选项卡中的"标题2"图标,选择应用样式"标题2"到文字"美国"。

单击"页面布局"选项卡,继而单击"页面设置"功能区右侧的斜三角,弹出"页面设置"对话框,在"版式"选项卡中,设置"页面"中"垂直对齐方式"为"顶端对齐";

继而设置"页面设置"中的"页边距"选项卡,选择"方向"为"横向";继而单击"纸张"选项卡,设置纸张大小为A4。

单击"插入"选项卡中的"页眉"图标,单选择编辑"编辑页眉",单击图标 链接到前一条页眉,去掉页眉的链接;之后将页眉内容设置为"USA",单击"居中"按钮 设置居中显示,单击图标 转至页脚,单击图标 链接到前一条页眉,去掉页脚的链接;之后将页脚内容设置为"American",单击"居中"按钮 设置居中显示。

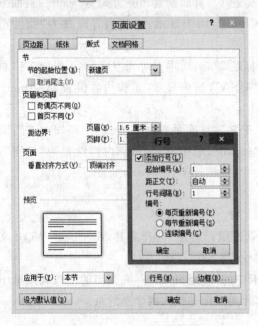

图5-20 添加行号

单击"页面布局"选项卡中"页面设置"功能区右侧的斜三角,弹出的"页面设置"对话框,在"版式"选项卡中,单击"行号"按钮,在弹出的"行号"对话框(见图5-20)中勾选"添加行号"复选框,设置起始编号为"1",单击"确定"按钮对该页面添加行号。最后返回"页面设置"对话框,单击"确定"按钮,完成操作。

第四步:

将光标定位到第三页,输入第一行内容为"日本",单击"开始"选项卡中的"正文"图标,选择应用样式"正文"到文字"日本"。

单击"页面布局"选项卡,继而单击"页面设置"功能区右侧的斜三角,弹出"页面设置"对话框,在"版式"选项卡中,设置"页面"中"垂直对齐方式"为"底端对齐";

继而设置"页面设置"中的"页边距"选项卡,选择"方向"为"纵向";继而单击"纸张"选项卡,设置纸张大小为B5。

单击"插入"选项卡中的"页眉"图标,选择编辑"编辑页眉",单击图标 链接到前一条页眉,去掉页眉的链接;之后将页眉内容设置为"Japan",单击"居中"按钮 设置居中显示,单击图标 转至页脚,单击图标 链接到前一条页眉,去掉页脚的链接;之后将页脚内容设置为"岛国",单击"居中"按钮 设置居中显示。

5.1.3 自动索引

【样题一】

在考生文件夹 Word 子文件下,先建立文档"Exam.docx",由六页组成。其中第一页第一行正文内容为"中国",样式为"正文";第二页第一行内容为"美国",样式为"正文";第三页第一行内容为"中国",样式为"正文";第四页第一行内容为"日本",样式为"正文";第五页第一行内容为"美国",样式为"正文";第六页为空白。

在文档页脚处插入"第 X 页共 Y 页"形式的页码,居中显示。

再使用自动索引方式,建立索引自动标记文件"我的索引.docx",其中:标记为索引项的文字 1 为"中国",主索引项 1 为"China";标记为索引项的文字 2 为"美国",主索引项 1 为"A-merican"。使用自动标记文件,在文档"Exam.docx"第六页中创建索引。

【操作步骤】

第一步:

在考生文件夹 Word 子文件下,单击鼠标右键,在弹出的快捷菜单中选择"新建",新建一个 Microsoft Word 文档;命名为 Exam.docx。按照前述插入分节符的方法,建立一个有六个页面六个节的文档,按题目要求输入相应文字,样式为正文。

第二步:

单击"插入"选项卡中的"页脚"图标,选择"编辑页脚",将光标在页脚处,如图 5-21 所示单击"页码"图标,在下拉式菜单中选择"当前位置",之后选择"X/Y"格式,其中 X 就是当前页码,Y 是页数,接下来删除"/",在相应位置手工输入文字"第"、"页"、"共"、"页",使得"第"和"页"之间为页码;"共"和"页"之间为页数,选中页脚中插入的内容,单击"开始"选项卡中的"居中"按钮,使内容居中,保存关闭文档。

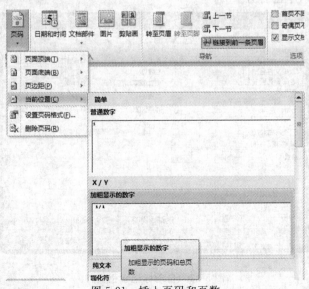

图 5-21 插入页码和页数

第三步：

在考生文件夹 Word 子文件下，单击鼠标右键，在弹出的快捷菜单中选择"新建"，新建一个 Microsoft Word 文档；命名为"我的索引.docx"，单击打开该文档，如图 5-22 所示单击"插入"选项卡中的"表格"图标，在文档中插入一个表格（2 行 2 列），添加如表 5-1 所示的表格内容。保存关闭文档。

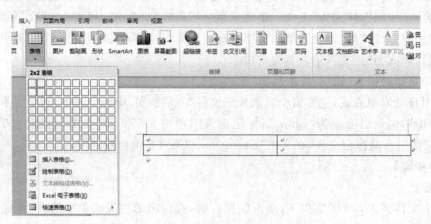

图 5-22　插入 2 行 2 列的表格

表 5-1　索引样表一

中国	China
美国	American

第四步：

打开 Exam.docx，将光标定位在第六页，单击"引用"选项卡中的"插入索引"图标，在弹出的"索引"对话框（见图 5-23）中，单击"自动标记"按钮，选择索引文件（上步建立的我的索引.docx），单击打开。

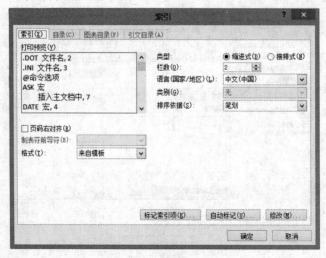

图 5-23　自动标记索引文件

第五步：

单击"开始"选项卡中的"显示/隐藏编辑标记"图标 ，继而单击"引用"选项卡中的"插入索引"图标 ，在弹出的"索引"对话框中，直接单击"确定"按钮，会出现如图 5-24 所示的索引效果。

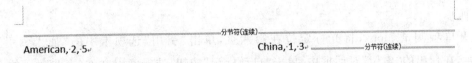

图 5-24　索引效果 1

【样题二】

在考生文件夹 Word 子文件下，先建立文档"单项测试.docx"，由六页组成。要求：

(1) 第一页中第一行内容为"浙江"，样式为"正文"；

(2) 第二页中第一行内容为"江苏"，样式为"正文"；

(3) 第三页中第一行内容为"浙江"，样式为"正文"；

(4) 第四页中第一行内容为"江苏"，样式为"正文"；

(5) 第五页中第一行内容为"上海"，样式为"标题 1"；

(6) 第六页为空白；

(7) 在文档页脚处插入"第 X 页共 Y 页"形式的页码，居中显示；

(8) 使用自动索引方式，建立索引自动标记文件"MyIndex.docx"，其中：标记为索引项的文字 1 为"浙江"，主索引项 1 为"Zhejiang"；标记为索引项的文字 2 为"江苏"，主索引项 1 为"Jiangsu"。使用自动标记文件，在文档"单项测试.docx"第六页中创建索引。

【操作步骤】

第一步：

在考生文件夹 Word 子文件下，单击鼠标右键，在弹出的快捷菜单中选择"新建"，新建一个 Microsoft Word 文档；命名为单项测试.docx。按照前述插入分节符的方法，建立一个有六个页面六个节的文档，按题目要求键入相应文字，样式分别为正文或标题 1。

第二步：

单击"插入"选项卡中的"页脚"图标 ，选择"编辑页脚"，将光标在页脚处，单击页码图标 ，在下拉式菜单中选择"当前位置"，之后选择"X/Y"格式，其中 X 就是当前页码，Y 是页数，接下来删除"/"，在相应位置手工输入文字"第"、"页"、"共"、"页"，使得"第"和"页"之间为页码；"共"和"页"之间为页数，选中页脚中插入的内容，单击"开始"选项卡，单击"居中"按钮 ，使内容居中，保存关闭文档。

第三步：

在考生文件夹 Word 子文件下，单击鼠标右键，在弹出的快捷菜单选择"新建"，新建一个 Microsoft Word 文档；命名为"MyIndex.docx"，单击打开该文档，单击"插入"选项卡中的"表格"图标，在文档中插入一个表格(2 行 2 列)，添加如表 5-2 索引样表二所示的表格内容。保存关闭文档。

表 5-2 索引样表二

浙江	Zhejiang
江苏	Jiangsu

第四步：

打开单项测试.docx，将光标定位在第六页，单击"引用"选项卡中的"插入索引"图标 插入索引，在弹出的"索引"对话框中，单击"自动标记"按钮，选择索引文件（上步建立的MyIndex.docx），单击打开。

第五步：

单击"开始"选项卡中的"显示/隐藏编辑标记"图标，继而单击"引用"选项卡中的"插入索引"图标 插入索引，在弹出的"索引"对话框中，直接单击"确定"按钮，会出现如图5-25所示的索引效果。

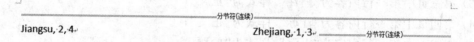

图 5-25 索引效果 2

5.1.4 本机模板

【样题一】

修改并应用"基本简历"模板，打开"基本简历"模板，在考生文件夹 Word 子文件下保存为"我的简历"模板。根据"我的简历"模板，在考生文件夹 Word 子文件下，建立文档"简历.docx"，在"作者"信息处填入假设姓名'张三'，其他信息不用填写。

【操作步骤】

第一步：

打开 Word 软件，在"文件"选项卡中选择"新建"，如图 5-26 所示选择"样本模板"，在弹出的如图 5-27 所示的界面中，双击"基本简历"图标。

第二步：

如图 5-28 所示，单击"保存"按钮，将新建的模板保存到指定地址，名字命名为"我的简历"，关闭该模板。

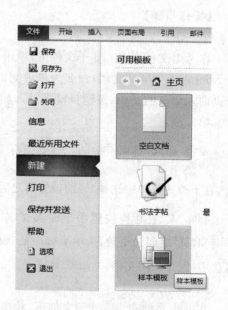

图 5-26 新建文档栏

第 5 章 二级真题分步解答

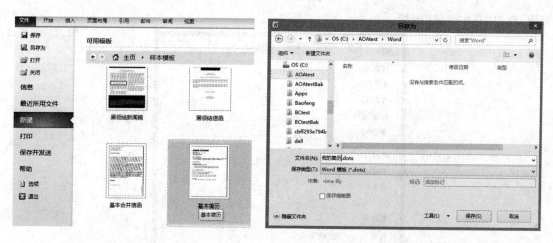

图 5-27 选择基本简历模板　　　　图 5-28 保存我的简历模板

注意：保存时先选择保存类型为 Word 模板，之后再按题目要求选择保存路径，否则路径会变成 Word 默认路径。

第三步：

双击打开保存在考生文件夹中的模板文件"我的简历"，单击"文件"选项卡，单击右侧的"属性"按钮，在图 5-29 中出现的下拉式菜单中选择"高级属性"。

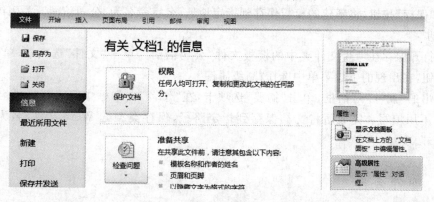

图 5-29 高级属性

在弹出的"属性"对话框（见图 5-30）中，单击"摘要"选项卡，在"作者"文本框中输入假设姓名"张三"，其他信息不用填写。完成后将文档保存到指定路径，保存类型选 Word 文件，名为"简历.docx"。

【样题二】

修改并应用"基本信函"模板，打开"基本信函"模板，在考生文件夹 Word 子文件下保存为"公司信函"模板。根据"公司信函"模板，在考生文件夹 Word 子文件下，建立文档"A 公司信函.docx"，在"作者"文本框中输入假设姓名"张三"，其他信息不用填写。

【操作步骤】

第一步：

打开 Word 软件，在"文件"选项卡中选择"新建"，类似于上题选择"样本模板"，在弹出的

201

界面,双击"基本信函"图标。

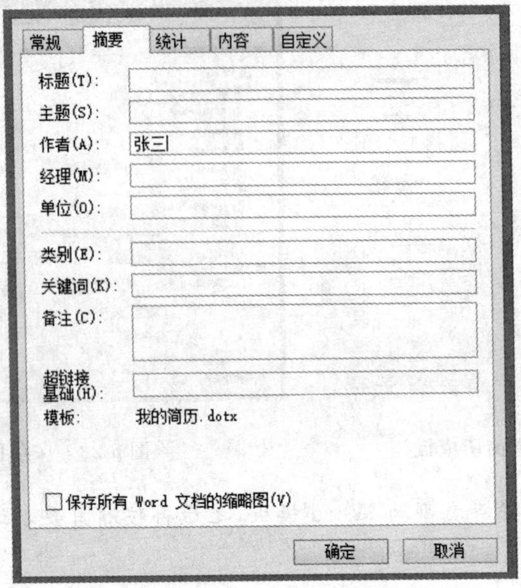

图 5-30 设置作者信息

第二步:

单击"保存"按钮,将新建的模板保存到指定地址,名字命名为"公司信函",关闭该模板。

第三步:

双击打开保存在考生文件夹中的模板文件"公司信函",单击"文件"选项卡,单击右侧的"属性"按钮,在出现的下拉菜单中选择"高级属性"。

在弹出的"属性"对话框,单击"摘要"选项卡,在"作者"文本框中输入假设姓名"张三",其他信息不用填写。完成后将文档保存到指定路径,保存类型选 Word 文件,名为"A 公司信函.docx"。

5.1.5 邮件合并

【样题一】

在考生文件夹 Word 子文件下,建立成绩信息(CJ.xlsx),如表 5-3 所示。再使用邮件合并功能,建立成绩单范本文件 CJ_T.docx,如图 5-31 所示。最后生成所有考生的成绩单"CJ.docx"。

表 5-3 成绩表

姓名	语文	数学	英语
张三	80	91	98
李四	78	69	79
王五	87	86	76
赵六	65	97	81

图 5-31

【操作步骤】

第一步：

在考生文件夹 Word 子文件下，右键单击"新建"Microsoft Excel 工作表；命名为 CJ.xlsx。

第二步：

打开 CJ.xlsx；将表 5-3 的内容输入 Sheet1 中，右键单击"设置单元格格式"，在"边框"选项卡内选加边框。

第三步：

在考生文件夹 Word 子文件下，右键单击"新建"Microsoft Word 文档；命名为 CJ_T.docx。打开 CJ_T.docx，在其中建立表格：先输入"同学"两字，居中，回车换行；

之后如图 5-32 所示单击"插入"选项卡中的"表格"图标，选择插入一个表格（3 行 2 列）。在第一列中输入"语文"、"数学"、"英语"等文字。

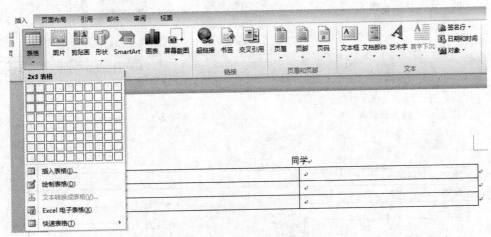

图 5-32　插入三行两列表格

注意：第一行文字和整个表格居中对齐，表格中的内容在表格内居中对齐。效果如下所示：

同学	
语文	
数学	
英语	

第四步：

鼠标单击"邮件"选项卡，如图 5-33 所示单击"选择收件人"图标，在出现的下拉式菜单中选择"使用现有列表"，选择已经建好的 CJ.xlsx 的 Sheet1。

第五步：

鼠标定位到"同学"两字之前，单击"插入合并域"图标（见图 5-34），在出现的下拉式菜单中选择

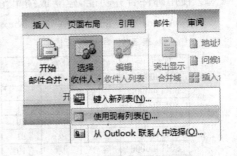

图 5-33　选择打开数据源

域"姓名"。同样方法插入表格中的其他三个域。此时一定要单击保存 CJ_T.docx。

如图 5-35 所示单击"完成并合并"图标,在弹出的下拉菜单中选择"编辑单个文档",在弹出"合并到新文档"对话框(见图 5-36)中,选择"全部"单选按钮并单击"确定"按钮完成邮件合并。

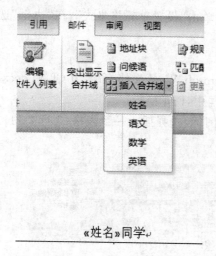

图 5-34 插入合并域

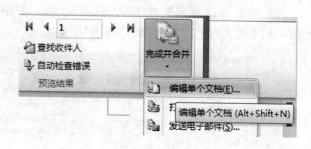

图 5-35 完成合并

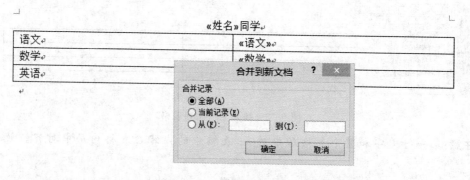

图 5-36 合并到新文档

将生成文件保存到指定路径,命名为 CJ.docx。

【样题二】

在考生文件夹 Word 子文件下,建立考生信息"Ks.xlsx",如表 5-4 所示。要求:
(1) 使用邮件合并功能,建立成绩单范本文件"Ks_T.docx",如图 5-37 所示;
(2) 生成所有考生的信息单"Ks.docx"。

表 5-4 学生准考信息

准考证号	姓名	性别	年龄
8011400001	张三	男	22
8011400002	李四	女	18
8011400003	王五	男	21
8011400004	赵六	女	80
8011400005	吴七	女	21
8011400006	陈一	男	19

准考证号:	《准考证号》
姓名	《姓名》
性别	《性别》
年龄	《年龄》

图 5-37

【操作步骤】

第一步：

在考生文件夹 Word 子文件下，右键单击"新建"Microsoft Excel 工作表；命名为 Ks.xlsx。

第二步：

打开 Ks.xlsx；将表 5-4 的内容输入 Sheet1 中，右键单击"设置单元格格式"，在"边框"选项卡内选加边框。

第三步：

在考生文件夹 Word 子文件下，右键单击"新建"Microsoft Word 文档；命名为 Ks_T.docx。打开 Ks_T.docx，在其中建立表格：先输入"准考证号："，居中，按 Enter 键换行；之后单击"插入"选项卡中的"表格"图标，选择插入一个表格（3 行 2 列），在第一列中输入"姓名"、"性别"、"年龄"等文字。

注意：第一行文字和整个表格居中对齐，表格中的内容在表格内左对齐。

第四步：

单击"邮件"选项卡中的"选择收件人"图标，在出现的下拉式菜单中选择"使用现有列表"，选择已经建好的 Ks.xlsx 的 Sheet1。

第五步：

鼠标定位到"准考证号"几字之后，单击"插入合并域"图标，在出现的下拉式菜单中选择域"准考证号"。同样方法插入表格中的其他三个域。此时一定要单击保存 Ks_T.docx。

单击"完成并合并"图标，在弹出的下拉菜单中选择"编辑单个文档"，在弹出"合并到新文档"对话框，选择"全部"并单击"确定"按钮完成邮件合并。

将生成文件保存到指定路径，命名为 Ks.docx。

5.1.6 自动编号

【样题一】

在考生文件夹 Word 子文件下，建立文档"city.docx"，共有两页组成。要求：

（1）第一页内容如下：

第一章　浙江

　　第一节　杭州和宁波

第二章　福建

　　第一节　福州和厦门

第三章　广东

　　第一节　广州和深圳

要求：章和节的序号为自动编号（多级符号），分别使用样式"标题 1"和"标题 2"。

（2）新建样式"福建"，使其与样式"标题 1"在文字格式外观上完全一致，但不会自动添加到目录中，并应用于"第二章福建"；在文档的第二页中自动生成目录。（注意：不修改目录对话框的缺省设置）

（3）对"宁波"添加一条批注，内容为"海港城市"；对"广州和深圳"添加一条修订，删除"和深圳"。

【操作步骤】

第一步：

在考生文件夹的 Word 子文件夹，在其下单击右键，选择新建 Microsoft Word 文档，建立文档"city.docx"，打开"city.docx"输入以下内容：

第一章　浙江
　　第一节　杭州和宁波
第二章　福建
　　第一节　福州和厦门
第三章　广东
　　第一节　广州和深圳

注意：docx 为 Word 文档的扩展名，在新建文档命名时不要将其理解为文档的名字的一部分。

将光标定位在"广州和深圳"右侧，单击"页面布局"选项卡中的"分隔符"图标，单击分节符"下一页"，形成第二页。

第二步：

单击"开始"选项卡中的"多级列表"图标，如图 5-38 所示在出现的界面下部选择"定义新的多级列表"，在弹出的"定义新多级列表"对话框中（见图 5-39）选取要修改的级别为"1"，在"输入编号的格式"文本框中输入文字"第"、"章"，鼠标定位在"第"、"章"之间，然后设置"此级别的编号样式"为"一，二，三，…"，单击该对话框左下角的"更多"按钮，则图 5-39 更新为图 5-40 链接到标题 1，设置右侧的"将级别链接到样式"为"标题 1"。

图 5-38　选择定义新的多级列表

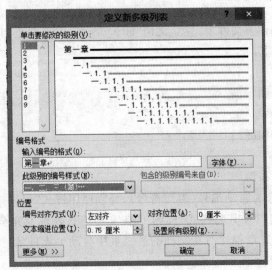

图 5-39　定义新的多级列表

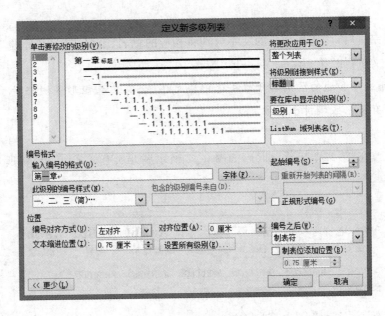

图 5-40　链接到标题 1

第三步：

为了设置节的样式，单击"开始"选项卡中的"多级列表图标"，在如图 5-38 所示的界面下部选择"定义新的多级列表"，在弹出的"定义新多级列表"对话框中，如图 5-41 所示选取要修改的级别为"2"，在"输入编号的格式"文本框中输入文字"第"、"节"，鼠标定位在"第"、"节"之间，然后设置"此级别的编号样式"为"一，二，三，…"，单击该对话框左下角的"更多"按钮，设置右侧的"将级别链接到样式"为"标题 2"。

单击"确定"按钮，完成章节名的自动编号。

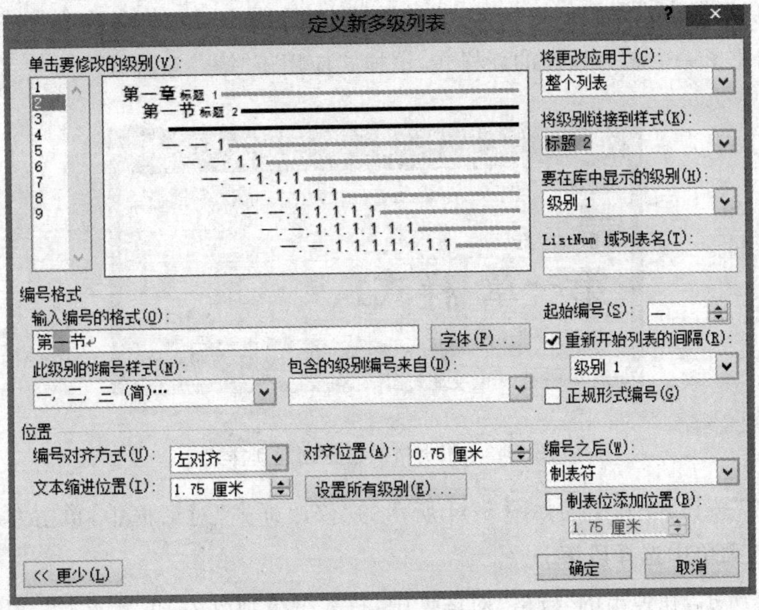

图 5-41　多级列表级别 2 的设置

第四步：

上述步骤完成后，可选择相应的文字分别将相应的章名、节名应用为"标题1"、"标题2"样式。删除多余文字，如"第一章"、"第一节"等。

注意：普通文字和域的区别在于单击选中域文字，会有灰色矩形区域陪衬于域文字下方，而普通文字没有灰色区域衬于下方。

第五步：

将鼠标定位在"第二章福建"部分，如图5-42所示展开所有样式，单击"将所选内容保存为新快速样式"。

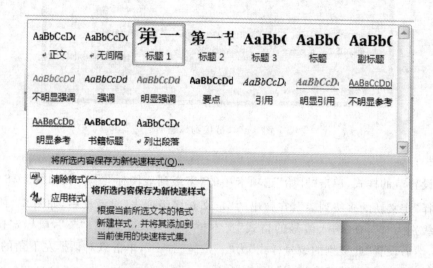

图5-42　将所选内容保存为新快速样式

在弹出的"根据格式设置创建新样式"对话框中（见图5-43），将名称改为"福建"，单击"确定"按钮，则创建了一个名为福建的新样式，该样式应用于"第二章福建"。

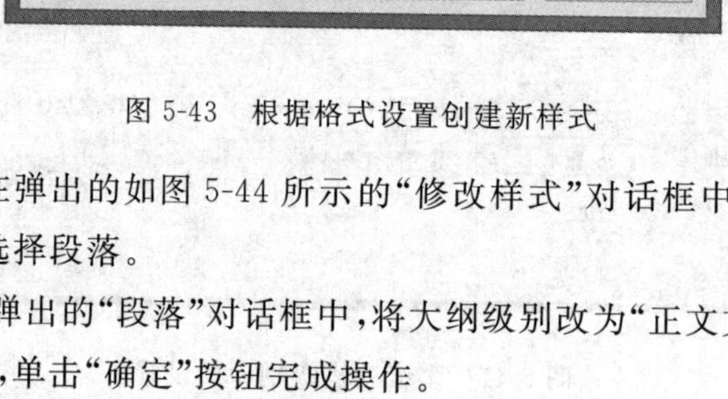

图5-43　根据格式设置创建新样式

单击"修改"按钮，在弹出的如图5-44所示的"修改样式"对话框中，单击左下角的"格式"按钮，在出现的菜单中选择段落。

如图5-45所示，在弹出的"段落"对话框中，将大纲级别改为"正文文本"，单击"确定"按钮返回"修改样式"对话框，单击"确定"按钮完成操作。

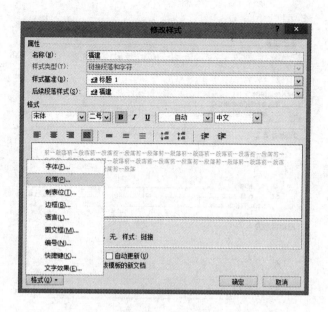

图 5-44　修改样式

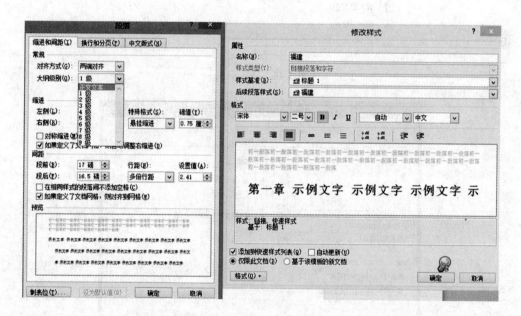

图 5-45　修改大纲级别

第六步：

将光标定位到第二页，如图 5-46 所示单击"引用"选项卡中的"目录"图标，在出现的下拉式菜单中选择插入目录。

在出现的"目录"对话框（见图 5-47）中设置显示级别为 2，单击"确定"按钮即可。

第七步：

在正文中选择文字"宁波"，单击"审阅"选项卡中的"新建批注"图标，在弹出的粉红色批注框内输入"海港城市"。

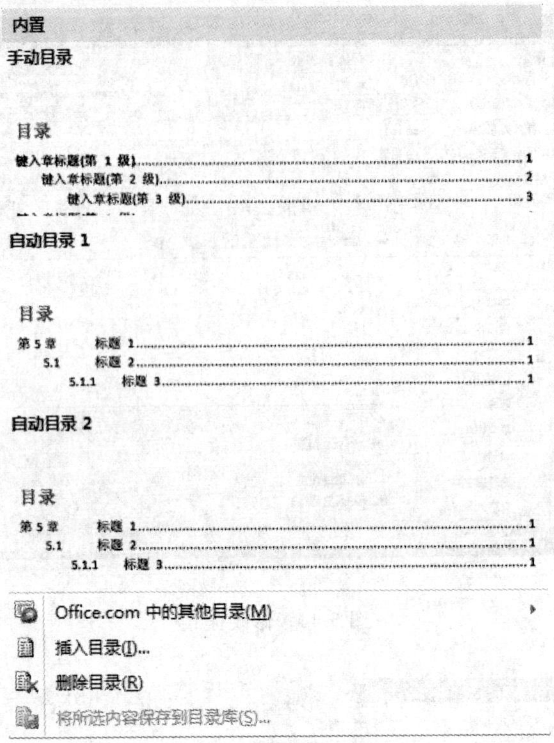

图 5-46 插入目录

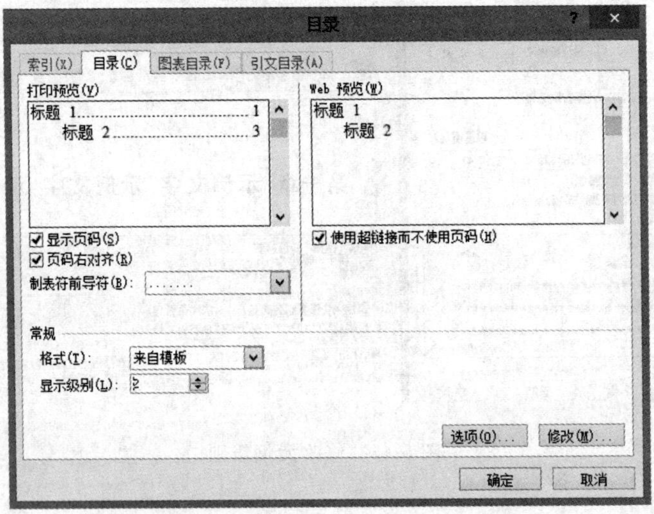

图 5-47 "目录"对话框

在正文中选择文字"广州和深圳",单击"审阅"选项卡中的"修订"图标,在出现的下拉式菜单中选择"修订",之后选中"和深圳"将其删除,则在文本中会出现删除记录。第一节 广州和深圳。

【样题二】

在考生文件夹 Word 子文件夹下,建立文档"yu.docx"。要求:

(1) 输入以下内容:

第一章　浙江
　　　第一节　杭州和宁波
第二章　福建
　　　第一节　福州和厦门
第三章　广东
　　　第二节　广州和深圳

其中,章和节的序号为自动编号(多级符号),分别使用样式"标题 1"和"标题 2",并设置每章均从奇数页开始。

(2) 在第一章第一节的第一行写入文字"当前日期:×年×月×日",其中"×年×月×日"为使用插入的域自动生成,并以中文数字的形式显示。

(3) 将文档的作者改为张三,并在第二章第一节下的第一行写入文字"作者,×××",其中"×××"为使用插入的域自动生成。

(4) 在第三章第一节的第一行写入文字"总字数:×",其中"×"为使用插入的域自动生成,并以中文数字的形式显示。

(5) 设置打开文件的密码为:123;设置修改文件的密码为:456。

【操作步骤】

第一步:

在考生文件夹的 Word 子文件夹下单击鼠标右键,选择新建 Microsoft Word 文档,建立文档"yu.docx",打开"yu.docx"输入以下内容:

第一章　浙江
　　　第一节　杭州和宁波
第二章　福建
　　　第一节　福州和厦门
第三章　广东
　　　第一节　广州和深圳

第二步:

单击"开始"选项卡中的"多级列表"图标,在出现的下拉式菜单中选择"定义新的多级列表",继而在弹出的"定义新的多级列表"对话框中,选取要修改的级别为"1",在"输入编号格式"文本框中输入文字"第"、"章",鼠标定位在"第"、"章"之间,然后设置"此级别的编号样式"为"一,二,三,…",单击该对话框左下角的"更多"按钮,在出现的界面中设置右侧的"将级别链接到样式"为"标题 1"。

第三步:

为了设置节的样式,单击"开始"选项卡中的"多级列表"图标,在出现的下拉式菜单中选择"定义新的多级列表",继而在弹出的"定义新的多级列表"对话框中,选取要修改的级别为"2",在"输入编号格式"文本框中输入文字"第"、"节",鼠标定位在"第"、"节"之间,然后设置

"此级别的编号样式"为"一,二,三,…",单击该对话框左下角的"更多"按钮,在出现的界面设置右侧的"将级别链接到样式"为"标题2"。单击"确定"按钮,完成章节名的自动编号。

上述步骤完成后,可选择相应的文字分别将相应的章名、节名应用为"标题1"、"标题2"样式。删除多余文字,如"第一章"、"第一节"等。

第四步:

选中"第二章福建",单选"页面布局"选项卡中的"分隔符"项,在出现的下拉式菜单中单击分节符类型"下一页"实现节的插入,选中"第三章广东"重复上述操作也插入为一节。

第五步:

将光标定位在"第一章浙江"处,继而单击"页面布局"选项卡中"页面设置"功能区右侧的斜三角,在弹出的"页面设置"对话框(见图5-48)中,选择"版式"选项卡,设置"节的起始位置"为"奇数页","应用于"选择"插入点之后",单击"确定"按钮完成设置。

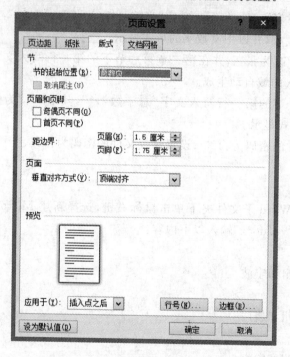

图 5-48 设置节从奇数页起始

第六步:

将光标定位在第一章第一节的第一行输入文字"当前日期:",如图5-49所示单击"插入"选项卡中的"文档部件"图标,在出现的下拉菜单中选择"域"。

在弹出的"域"窗口中,选择类别为"日期和时间",选择域名为"Date",日期格式选择中文数字的形式如图5-50所示,单击"确定"按钮完成操作。

第七步:

将光标定位在第二章第一节的第一行,输入文字"作者:",单击"插入"选项卡中的"文档部件"图标,在出现的下拉菜单中选择"域"。

在弹出的如图5-51所示的"域"窗口中,选择类别为"文档信息",选择域名为"Author",新名称填写为张三,单击"确定"按钮完成操作。

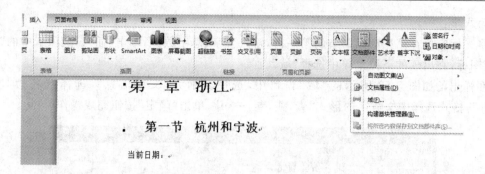

图 5-49 选择插入域

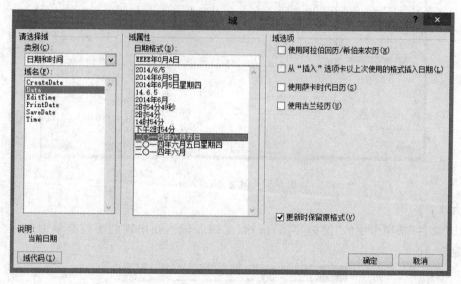

图 5-50 域之 Date

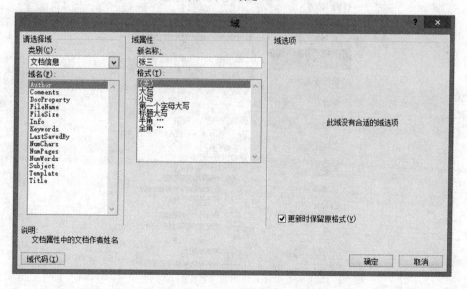

图 5-51 域之 Author

第八步：

将光标定位在第三章第一节的第一行，输入文字"总字数："，单击"插入"选项卡中的"文档部件"图标，在出现的下拉菜单中选择"域"。

在弹出的如图 5-52 所示的"域"窗口中，选择类别为"文档信息"，选择域名为"NumWords"，格式选择中文数字的形式"壹，贰，叁，……"，单击"确定"按钮完成操作。

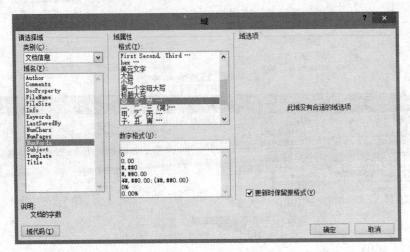

图 5-52 域之 NumWords

第九步：

单击"文件"选项卡中的"保护文档"图标（见图 5-53），在出现的下拉菜单中选择"用密码进行加密"。

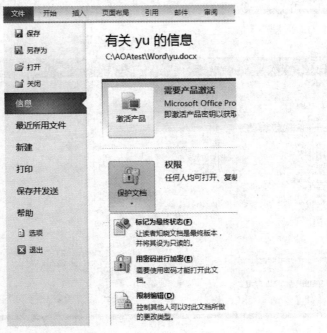

图 5-53 设置密码进行加密

在出现的"加密文档"对话框(见图 5-54)中输入"123",单击"确定"按钮;在弹出的"确认密码"对话框(见图 5-55)中再次输入"123",单击"确定"按钮完成打开密码设置。

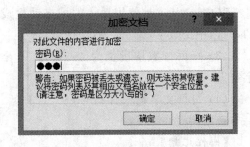
图 5-54 初次输入密码

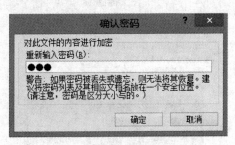
图 5-55 确认密码

第十步:

单击"文件"选项卡,选择其下的"另存为",在出现的"另存为"对话框中(见图 5-56),单击下部的"工具"按钮,在出现的下拉式菜单中选择"常规选项"。

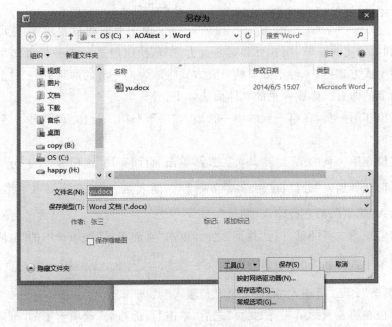
图 5-56 常规选项

在出现的"常规选项"对话框(见图 5-57)中输入修改文件时的密码"456",单击"确定"按钮,在弹出的"确认密码"对话框再次输入密码"456",单击"确定"按钮完成修改文件密码的设置。

【样题三】

在考生文件夹 Word 子文件夹下,建立文档"wg.docx"。要求:

(1) 文档总共有 6 页,第 1 页和第 2 页为一节,第 3 页和第 4 页为一节,第 5 页和第 6 页为一节。

(2) 每页显示内容均为三行,左右居中对齐,样式为"正文"。

① 第一行显示:第 x 节;

② 第二行显示:第 y 页;

图 5-57　设置并确认修改文件密码

③ 第三行显示:共 z 页。

其中,x、y、z 是使用插入的域自动生成的,并以中文数字(壹、贰、叁)的形式显示。

(3) 每页行数均设置为 40,每行 30 个字符。

(4) 每行文字均添加行号,从"1"开始,每节重新编号。

【操作步骤】

第一步:

找到考生文件夹的 Word 子文件夹,在其下单击鼠标右键,选择新建 Microsoft Word 文档,建立文档"wg.docx",打开"wg.docx"。

由于考虑题目要求第 1 页和第 2 页为一节,第 3 页和第 4 页为一节,第 5 页和第 6 页为一节,所以经进一步分析可知生成新页时要分别使用两种生成方式:第一种不分节的分页方式生成为同一节的两页;第二种分节的分页方式生成分成两节的两页。生成六页的具体做法如下:

将光标定位在第一页,在第一页的第一行输入"第节";第二行输入"第页";第三行输入"共页"。

将光标定位在第一页的第三行"共页"之后,单击"页面布局"选项卡中的"分隔符"图标,在出现的下拉菜单选择插入"分页符",插入第二页;在第二页上第一行输入"第节";第二行输入"第页";第三行输入"共页"。

将光标定位在第二页的第三行"共页"之后,单击"页面布局"选项卡中的"分隔符"图标,在出现的下拉菜单中选择插入"分节符"中的"下一页",插入第三页;在第三页上第一行输入"第节";第二行输入"第页";第三行输入"共页"。

将光标定位在第三页的第三行"共页"之后,单击"页面布局"选项卡中的"分隔符"图标,在出现的下拉菜单选择插入"分页符",插入第四页;在第四页的第一行中输入"第节";第二行中输入"第页";第三行中输入"共页"。

将光标定位在第四页的第三行"共页"之后,单击"页面布局"选项卡中的"分隔符"图标,在出现的下拉菜单中选择插入"分节符"中的"下一页",插入第五页;在第五页的第一行中输入"第节";第二行中输入"第页";第三行中输入"共页"。

将光标定位在第五页的第三行"共页"之后,单击"页面布局"选项卡中的"分隔符"图标,在出现的下拉菜单中选择插入"分页符",插入第六页;在第六页上第一行中输入"第节";第二行中输入"第页";第三行中输入"共页"。

第二步：

分别选中每页的文字"第节"、"第页"、"共页"，单击"开始"选项卡，单击 应用样式"正文"；分别选中每页的文字"第节"、"第页"、"共页"，单击"居中"按钮 设置居中对齐显示。

第三步：

将光标定位到每页的文字"第节"的中间，单击"插入"选项卡中的图标 ，在出现的下拉菜单中选择"域"，弹出如图 5-58 所示的"域"对话框，将"类别"设置为"编号"；"域名"选择为"Section"，"格式"设置为"壹，贰，叁，…"中文数字形式。

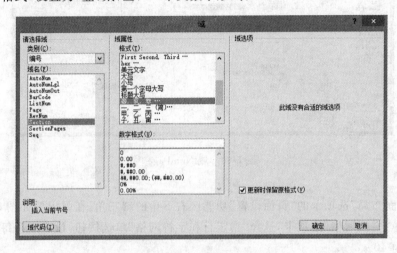

图 5-58　域 Section

继而将光标定位到每页的文字"第页"的中间，单击"插入"选项卡中的图标 ，在出现的下拉菜单中选择"域"，在弹出的如图 5-59 所示的"域"对话框中"类别"设置为"编号"；"域名"选择为"Page"，"格式"设置为"壹，贰，叁，…"中文数字形式。

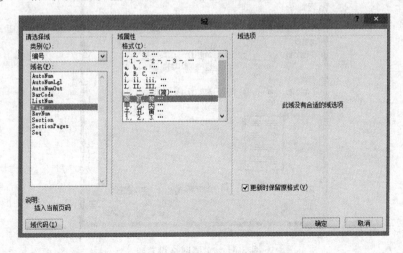

图 5-59　域 Page

再将光标定位到每页的文字"共页"的中间,单击"插入"选项卡中的图标 ,在出现的下拉菜单中选择"域",在弹出的如图 5-60 所示的"域"对话框中"类别"设置为"文档信息";"域名"选择为"NumPages","格式"设置为"壹,贰,叁,…"中文数字形式。

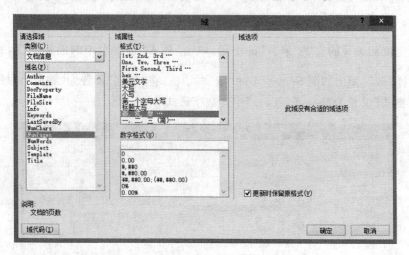

图 5-60　域 NumPage

第四步:

单击"页面布局"选项卡的"页面设置"功能区右下角的斜三角,在弹出的如图 5-61 所示的对话框中选择"文档网格"选项卡,选择"指定行和字符网格"单选按钮,设置字符每行 30 个,设置行数每页为 40。

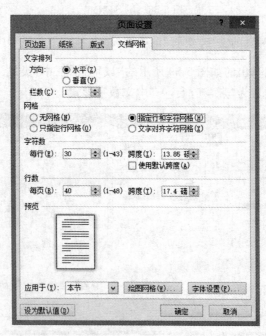

图 5-61　文档网格设置

第五步：

单击"页面设置"对话框中的"版式"选项卡，单击"行号"按钮，在弹出的"行号"对话框（见图 5-62）中勾选添加行号，设置"起始编号"从"1"开始，选择"每节重新编号"单选按钮，单击"确定"按钮返回"页面设置"对话框，单击"确定"按钮完成设置。

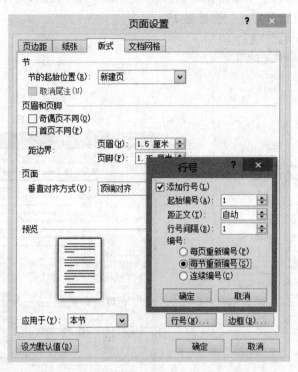

图 5-62　设置行号

5.2　Word 综合

5.2.1　用多级符号对章名、小节名进行自动编号

【样题】

使用多级符号对章名、小节名进行自动编号，替换原有的编号。要求：

章号的自动编号格式为：第 X 章（例：第 1 章），其中：X 为自动排序，阿拉伯数字序号，对应级别 1，居中显示。

小节名自动编号格式为：$X.Y$，X 为章数字序号，Y 为节数字序号（例：1.1），X、Y 均为阿拉伯数字序号，对应级别 2，左对齐显示。

【操作步骤】

第一步：

单击"多级列表"图标,在出现的如图 5-63 所示的下拉菜单中选择"定义新的多级列表",继而在弹出的"定义新的多级列表"对话框中,如图 5-64 所示选取要修改的级别为"1",在"输入编号的格式"文本框中输入文字"第"、"章",鼠标定位在"第"、"章"之间,然后设置"此级别的编号样式"为"1,2,3,…",单击该对话框左下角的"更多"按钮,则图 5-64 更新为图 5-65,设置右侧的"将级别链接到样式"为"标题 1"。

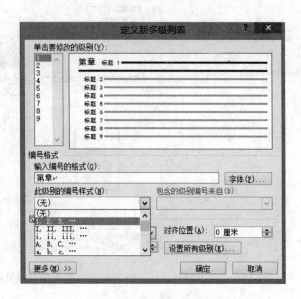

图 5-63 多级列表　　　　　　　　图 5-64 定义新的多级列表

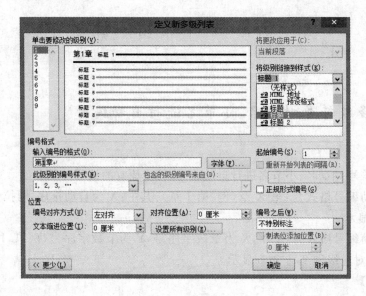

图 5-65 链接到样式一

第二步：

为了设置节的样式，在图 5-66 所示对话框中继续选取要修改的级别为"2"，将光标移到"输入编号的格式"文本框处，在"包含的级别编号来自"中选择"级别一"；设置"此级别的编号样式"为"1,2,3,…"，最后设置右侧的"将级别链接到样式"为"标题 2"。单击"确定"按钮，完成章名的自动编号。

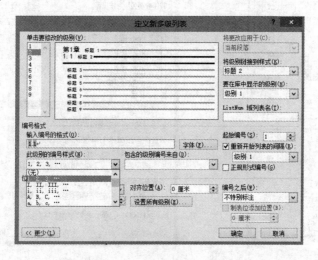

图 5-66　多级列表级别 2 的设置

第三步：

如图 5-67 所示，单击"更改样式"图标右下角的斜箭头，或按下组合键 Alt＋Ctrl＋Shift＋S，显示样式窗口。

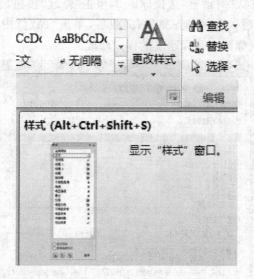

图 5-67　显示更改样式

在弹出的如图 5-68 所示的"样式"对话框的底部，单击"管理样式"图标，则会弹出"管理样式"对话框。

在弹出的如图 5-69 所示的"管理样式"对话框，单击"推荐"选项卡，选择"标题 2"，单击"显示"按钮。

图 5-68 选择管理样式对话框

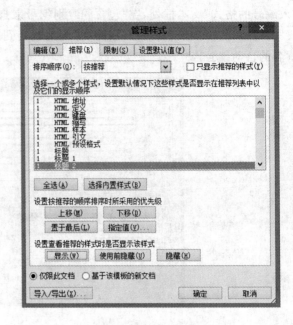

图 5-69 选择显示标题 2

接下来单击"管理样式"对话框(见图 5-70)中的"编辑"选项卡,选择标题 1,单击"修改"按钮,在弹出的"修改样式"对话框(见图 5-71)中,按题目要求修改标题 1 为居中显示,之后单击"确定"按钮,返回"管理样式"对话框,选择标题 2,单击"修改"按钮,在弹出的"修改样式"对话框中,按题目要求修改标题 2 为左对齐显示,完成后,单击"确定"按钮,返回"管理样式"对话框,单击"确定"按钮,完成标题 1 和标题 2 的样式修改。

图 5-70 管理标题 1

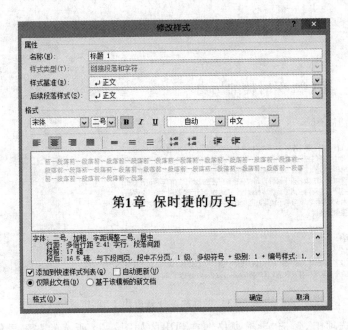

图 5-71　修改标题 1 样式

将光标移动到文章中章名的右侧，单击如图 5-72 所示右侧的"样式"对话框中的标题 1，将标题 1 样式应用于章名处，删除多余文字，如"第一章"、"第二章"。重复上述操作，直到所有章名都被应用了"标题 1"样式。

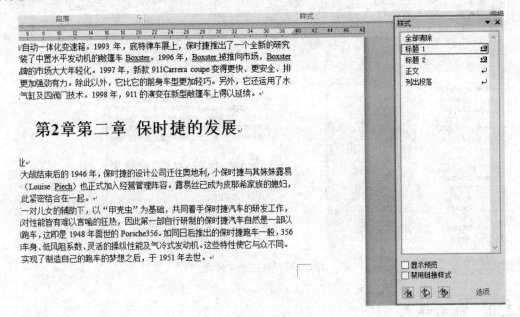

图 5-72　将标题 1 样式应用于章名

将光标移动到文章中节名的右侧，单击如图 5-73 所示右侧的"样式"对话框中的标题 2，将标题 2 样式应用于节名处，删除多余文字，如"1.1"、"1.2"。重复上述操作，直到所有节名都被应用了"标题 2"样式。

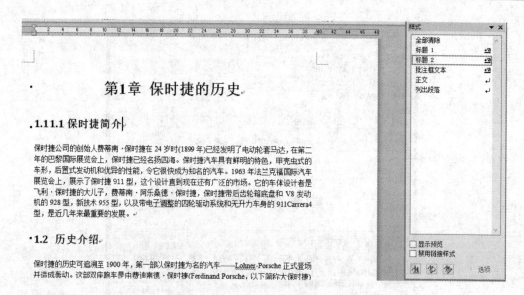

图 5-73　将标题 2 样式应用于节名

单击"视图"选项卡,勾选"导航窗格",在弹出的如图 5-74 所示的左侧导航中,将样式错误的内容进行样式调整,例如,选中下图左侧"双方渊源,保时捷和大众……",单击如图 5-74 所示"样式"窗口右侧的"正文"样式。修正导航中显示出的错误样式级别。

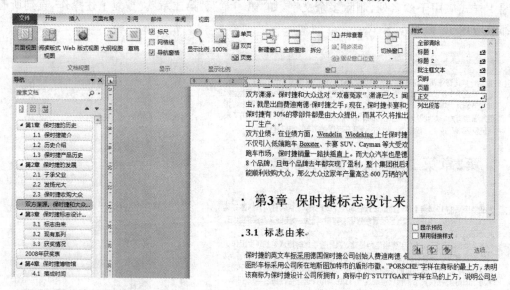

图 5-74　修正正文样式

5.2.2　新建样式

【样题】

(1) 新建样式,样式名为:"样式 0000"。其中:

字体:

第 5 章 二级真题分步解答

建样式"按钮，弹出"创建新样式"对话框。

将鼠标定位在正文部分，如图 5-75 所示"样式"对话框会自动切换到"正文"样式，单击"新

第一步：

（2）将（1）中的样式应用到正文中，表和图的题注、尾注。

不包括章名、小节名，表文字，表和图的题注的文字。

其余格式，默认设置。

段前 0.5 行，段后 0.5 行，行距 1.5 倍；

首行缩进 2 字符

段落：

字号为"小四"。

西文字体为"Times New Roman"；

中文字体为"楷体"；

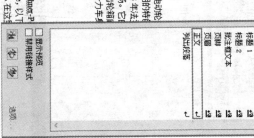

图 5-75 新建基于正文的样式

1.1 保时捷简介

保时捷公司创始人费迪南·保时捷在 24 岁时(1899 年)已经发明了电动轮
车的巴黎国际展览会上，保时捷已经名扬四海。保时捷汽车具有鲜明的特
年形，后置式发动机和水导的性能，令它很快成为知名的汽车。1963 年法
展览会上，展示了保时捷 911 型，这个设计直到现在还有广泛的市场。
飞利·保时捷的大儿子，费蒂南·保时捷，保时捷带后岔出轮胎
机外 928 型，新达木 955 型，以及带电动调整的四轮驱动系统和无针力车身
型，是近几年来最重要的发展。

1.2 历史介绍

保时捷的历史可追溯至 1900 年，第一部以保时捷为名的汽车——Lohner-P
共造成轰动，这部双座跑车是由费迪南德·保时捷(Ferdinand Porsche，以下
设计，当时才是二十五岁的大保时捷受聘于 Lohner 车厂担任设计师。在这

图 5-76 所示格名称设为"样式 0000"；单击"格式"按钮，分别选择"字体"、"段落"，在弹
出的"字体"对话框中设置字体(见图 5-77)；中文字体为"楷体"，西文字体为"Times New Ro-
man"，字号为"小四"。

在弹出的"段落"对话框中设置段落：首行缩进 2 字符，段前 0.5 行，段后 0.5 行，行距 1.5
倍(段落的设置界面见图 5-78)；其余格式，保持默认设置，单击"确定"按钮。返回"创建新样
式"对话框，单击"确定"按钮。这时第一段的样式会自动应用"样式 0000"。

第二步：

选中第一段文字，双击"格式刷"格式刷，光标变为刷子形状，单击正文中其他无编号的
文字以及章名、小节名，表文字，表和图的题注以外的文字，从而应用样式 0000。

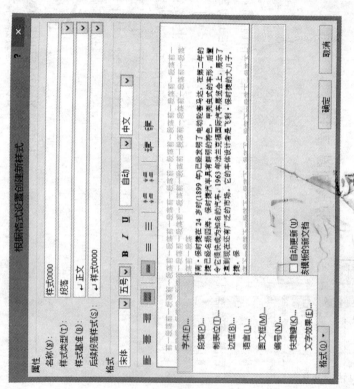

图 5-76 "创建新样式"对话框

图 5-77 字体设置

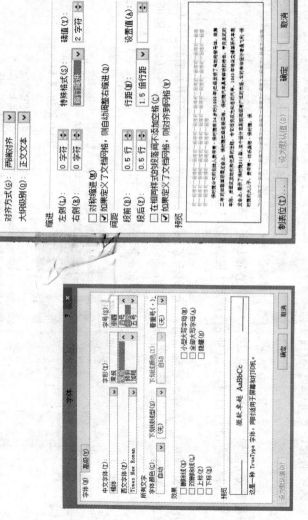

图 5-78 段落设置

5.2.3 添加题注"图"、"表"

【样题】

（1）对正文中的图添加题注"图"，位于图下方，居中。要求：

编号为"章序号"-"图在章中的序号"（如第1章中第2幅图，题注编号为1-2），图的说明使用图下一行的文字，格式同编号，图居中。

（2）对正文中的表添加题注"表"，位于表上方，居中。

编号为"章序号"-"表在章中的序号"（如第1章中第1张表，题注编号为1-1），表的说明使用表上一行的文字，格式同编号。表居中，表内文字不要求居中。

【操作步骤】

第一步：

将鼠标定位在 Word 文档中图的下方的图题的前方，单击"引用"选项卡，如图 5-79 所示单击"插入题注"图标。在弹出的对话框（见图 5-80）中单击"新建标签"按钮；在"新建标签"的对话框内，输入文字"图"，单击"确定"按钮，从而创建新的标签"图"。

图 5-79 插入题注图标

返回"题注"对话框，单击"编号"按钮设置题注样式（见图 5-81），注意要勾选"包含章节号"复选框；单击"确定"按钮。

上述操作完成后选中图及图题注，单击"开始"选项卡中的，单击"居中"按钮 将选中的图及图题注居中。

依次选中文中出现的所有图下方的图题，重复上述操作完成图题注的添加。

第二步：表题注的添加

将鼠标定位在 Word 文档中表下方的表题的前方，单击"引用"选项卡中的"插入题注"图标。在弹出的对话框中单击"新建标签"按钮；在"新建标签"的对话框内，输入文字"表"，单击"确定"按钮，从而创建新的标签"表"。

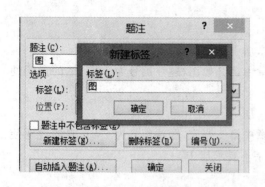

图 5-80　新建图标签

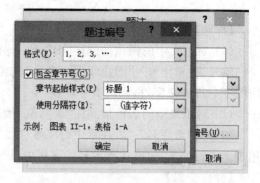

图 5-81　添加图题注

返回"题注"对话框，单击"编号"按钮设置表题注样式（见图 5-82），注意要勾选"包含章节号"复选框；单击"确定"按钮。

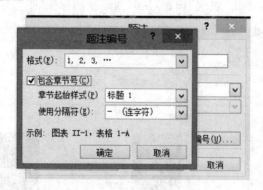

图 5-82　新建表选项卡

上述操作完成后选中表题注，单击"开始"选项卡，单击 ≡ 按钮将选中的表题注居中显示。

接下来单击表格左上角的 ⊕ 标记，选中整个表格，单击"开始"选项卡，单击 ≡ 按钮将选中的表居中显示。

依次选中文中出现的所有表下方的表题，重复上述操作完成表题注的添加。

5.2.4　交叉引用

【样题】
(1) 对正文中出现"如下图所示"中的"下图"两字，使用交叉引用。
改为"图 X-Y"，其中"X-Y"为图题注的编号。
(2) 对正文中出现"如下表所示"中的"下表"两字，使用交叉引用。
改为"表 X-Y"，其中"X-Y"为表题注的编号。

【操作步骤】
选中正文中出现"如下图所示"中的"下图"两字，如图 5-83 所示单击"引用"选项卡中的

"交叉引用"图标,在弹出的"交叉引用"对话框中(见图 5-84),将"引用类型"设为"图";"引用内容"设为"只有标签和编号",选用要引用的图题注,单击"插入"按钮完成图题注的交叉引用。

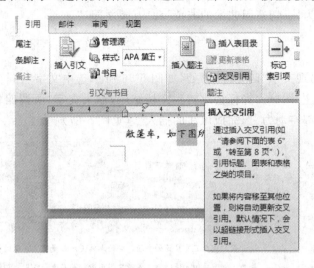

图 5-83　选择交叉引用图标

重复上述步骤,对全文中出现"如下图所示"中的"下图"两字使用图题注的交叉引用。

选中正文中出现"如下表所示"中的"下表"两字,如图 5-83 所示单击"引用"选项卡中的"交叉引用"图标,在弹出的"交叉引用"对话框中(见图 5-85),将"引用类型"设为"表";"引用内容"设为"只有标签和编号",选用要引用的表题注,单击"插入"按钮完成表题注的交叉引用。

重复上述步骤,对全文中出现"如下表所示"中的"下表"两字使用表题注的交叉引用。

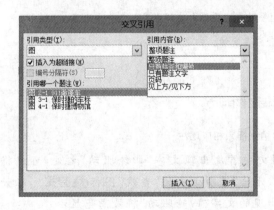

图 5-84　图题注的交叉引用

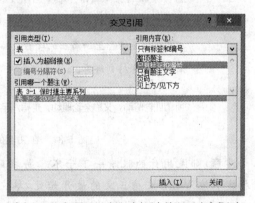

图 5-85　表题注的交叉引用

5.2.5　插入脚注和尾注

【样题】

(1) 对正文中首次出现"四轮驱动"的地方插入尾注(置于文档结尾)。

添加文字"所谓四轮驱动,又称全轮驱动,是指汽车前后轮都有动力。"

(2) 对正文中首次出现"圆明园"的地方插入脚注。

添加文字"被誉为'一切造园艺术的典范'和'万园之园'"。

【操作步骤】

第一步:

找到文中首次出现文字"四轮驱动"处,如图5-86所示选中文字"四轮驱动",单击"引用"选项卡中的"插入尾注"图标。光标会跳转到文档结尾,输入文字"所谓四轮驱动,又称全轮驱动,是指汽车前后轮都有动力。",完成尾注的插入。(见图5-87)

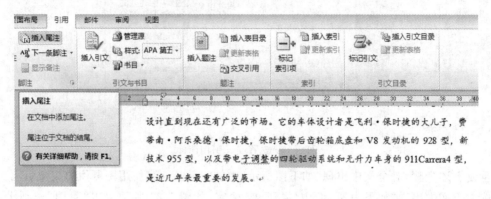

图 5-86　选择插入尾注图标

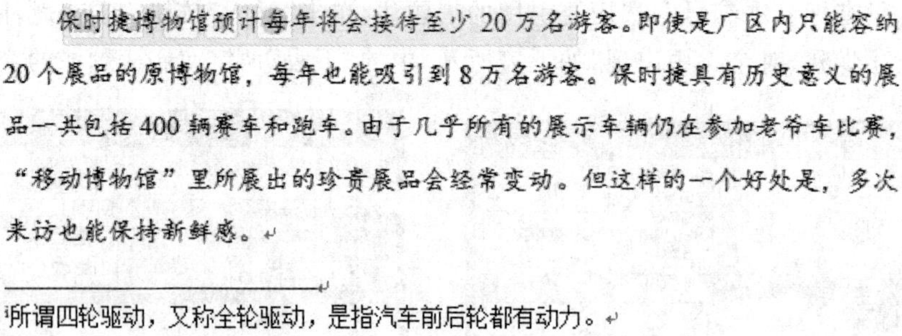

图 5-87　在文档的结尾插入相应尾注

注意:如果用你的眼睛一下子不容易找到文中首次出现文字"四轮驱动"之处,可以将鼠标定位在Word文档正文的最开始处,单击"开始"选项卡中的"查找"图标，在如图5-88左侧导航处输入"四轮驱动",则首次出现的文字"四轮驱动"将被高亮显示。

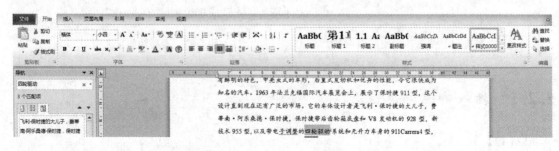

图 5-88　正文中查找"四轮驱动"

第二步：

找到文中首次出现文字"圆明园"处，如图 5-89 所示选中文字"圆明园"，单击"引用"选项卡中的"插入脚注"图标，光标会跳转到页面底端，输入文字"被誉为'一切造园艺术的典范'和'万园之园'"，完成脚注的插入。

注意：如果想自行选择插入位置，请单击图 5-89"脚注"功能区右下角的 ，则弹出"脚注、尾注"对话框，可选择其他系统允许的插入位置。

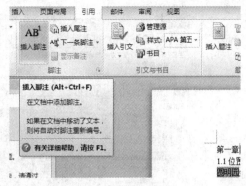

图 5-89　插入脚注

5.2.6　插入节以及目录、图索引、表索引

【样题】

在正文前按序插入三节，使用 Word 提供的功能，自动生成如下内容：

(1) 第 1 节：目录。其中：

"目录"使用样式"标题 1"，并居中；

"目录"下为目录项。

(2) 第 2 节：图索引。其中：

"图索引"使用样式"标题 1"，并居中；

"图索引"下为图索引项。

(3) 第 3 节：表索引。其中：

"表索引"使用样式"标题 1"，并居中；

"表索引"下为表索引项。

【操作步骤】

第一步：

在生成目录前要先生成三个新的节，如图 5-90 将光标定位到"第 1 章"的右侧；单击"页面布局"选项卡中的"分隔符"图标，再选择"分节符"为"下一页"，重复上述操作三次生成三个新的节。

在新建节的章序号"域"中（小黑点后），分别输入目录的名称（目录、图索引、表索引）；此时会出现"第 1 章"的"域"（如图 5-91 中的灰色表示域），选中删除它。

将光标定位到第一节"目录"两字之后，按 Enter 键；进而单击"引用"选项卡，在如图 5-92 所示界面左侧单击"目录"图标下端的小三角形，在出现的下拉菜单中选择"插入目录"。

在弹出的如图 5-93 所示的"目录"对话框中，设置显示级别为"2"，即目录中只出现样式为"标题 1"、"标题 2"的级别内容，单击"确定"按钮完成目录的插入。

第二步：

将光标定位到第二节"图索引"三字之后，按 Enter 键；进而单击"引用"选项卡，在如图 5-93 所示界面找到并单击"插入表目录"图标，在出现的如图 5-94 所示对话框中设置"题注标签"为"图"，单击"确定"按钮完成图目录的插入。

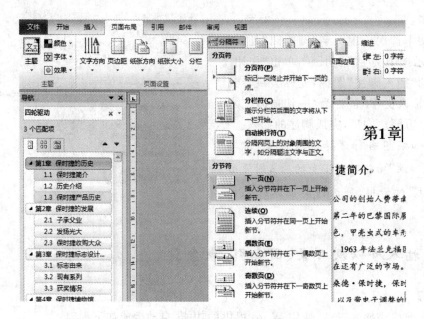

图 5-90 插入分节符"下一页"

图 5-91 目录自动应用标题一的样例

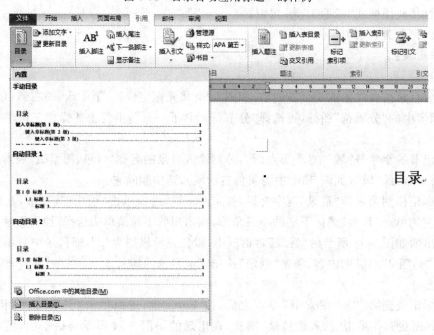

图 5-92 选择插入目录

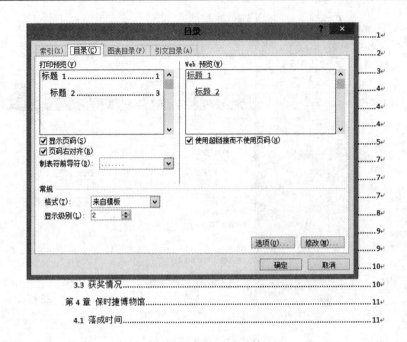

图 5-93 插入目录

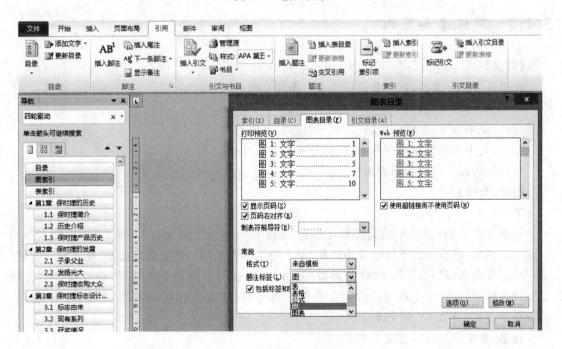

图 5-94 插入图索引

第三步：

将光标定位到第三节"表索引"三字之后，按 Enter 键；进而单击"引用"选项卡，在如图 5-95 所示界面找到并单击"插入表目录"图标，在出现的图表目录对话框中设置"题注标签"为"表"，单击"确定"按钮完成表目录的插入。

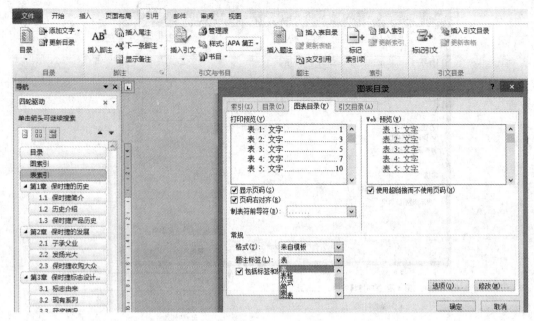

图 5-95 插入表索引

5.2.7 用域添加页脚

【样题】

使用适合的分节符,对正文进行分节。添加页脚,使用域插入页码,居中显示。要求:
(1)正文前的节,页码采用"i,ii,iii,…"格式,页码连续;
(2)正文中的节,页码采用"1,2,3,…"格式,页码连续;
(3)正文中每章为单独一节,页码总是从奇数页开始;
(4)更新目录、图索引和表索引。

【操作步骤】

第一步:

从第 2 章开始,如图 5-96 将光标定位到"第 2 章"的"域"上;单击"页面布局"选项卡中的"分隔符"图标,在出现的下拉菜单中选择"分节符"为"奇数页";将光标定位到"第 3 章"的"域"上;单击"页面布局"选项卡中的"分隔符"图标,在出现的下拉菜单中选择"分节符"为"奇数页";将光标定位到"第 4 章"的"域"上;单击"页面布局"选项卡中的"分隔符"图标,在出现的下拉菜单中选择"分节符"为"奇数页"。

注意:第 1 章不执行上述步骤。

第二步:

将光标定位到"第 1 章"的"域"上,单击"页面布局"选项卡,如图 5-97 所示单击"页面设置"右侧的小三角,在弹出的"页面设置"对话框中选择"版式"选项卡,在如图 5-98 所示的对话框中,"节的起始位置"选为"奇数页",勾选"奇偶页不同"复选框,"应用于"选择"插入点之后",单击"确定"按钮。

第5章 二级真题分步解答

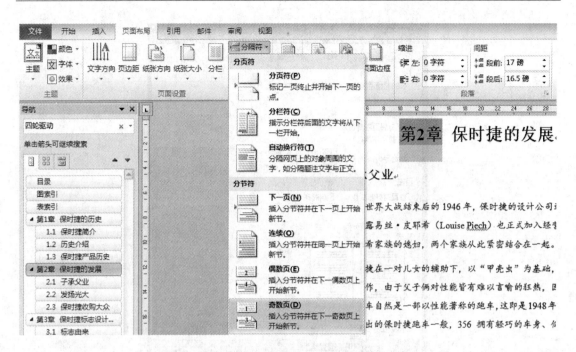

图 5-96 为正文每章分节(类型奇数页)

单击"插入"选项卡的"页眉"图标，在出现的下拉菜单中选择"编辑页眉"，继而光标会定位到"第1章"的第1页的页眉上，单击 链接到前一条页眉 取消与上节相同；单击 下一节将光标定位到"第1章"的第二页的页眉上，单击 链接到前一条页眉 取消与上节相同；单击 转至页脚 将光标定位到"第1章"的第二页的页脚上，单击 链接到前一条页眉 取消与上节相同；单击 上一节将光标定位到"第1章"的第一页的页脚上，单击 链接到前一条页眉 取消与上节相同。

图 5-97 页面设置按钮

235

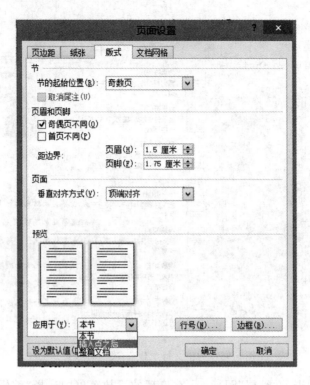

图 5-98 "页面设置"对话框

第三步：

用上述方法将光标定位到"目录"页的页脚上，单击 使页码居中，如图 5-99 所示单击"页眉页脚工具"中的"文档部件"，在出现的下拉菜单中选择"域"，在弹出的如图 5-100 所示的"域"窗口中，"域名"选择"Page"项，在"格式"中选择所需页码的样式"i,ii,iii,…"，单击"确定"按钮完成设置。选中已插入的页码域 i，单击 ，在出现的下拉菜单中(见图 5-101)，选择"设置页码格式"，在弹出的"页码格式"对话框(见图 5-102)中选择编号格式为"i,ii,iii,…"，单击"确定"按钮。

图 5-99 选择插入域

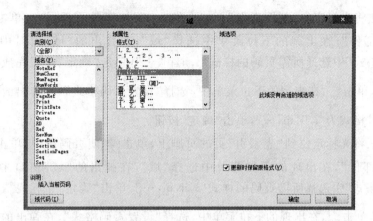

图 5-100 插入 Page 域

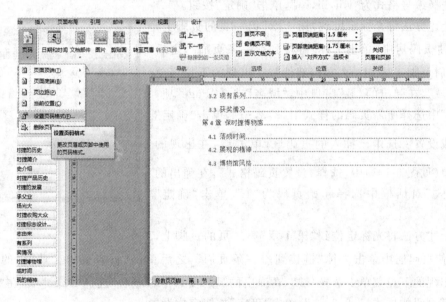

图 5-101 选择设置页码格式

图 5-102 设置页码格式为"i,ii,iii,…"

用上述方法将光标定位到"图索引"页的页脚上,单击≡使页码居中,单击"页眉页脚工具"中的"文档部件",在出现的下拉菜单中选择"域",在弹出的"域"窗口中,"域名"选择"Page"项,在"格式"中选择所需页码的样式"i,ii,iii,…",单击"确定"按钮完成设置。选中已插入的页码域i,单击，在出现的下拉菜单中,选择"设置页码格式",在弹出的"页码格式"对话框中选择编号格式为"i,ii,iii,…",单击"确定"按钮。

用上述方法将光标定位到"表索引"页的页脚上,单击≡使页码居中,单击"页眉页脚工具"中的"文档部件",在出现的下拉菜单中选择"域",在弹出的"域"窗口中,"域名"选择"Page"项,在"格式"中选择所需页码的样式"i,ii,iii,…",单击"确定"按钮完成设置。选中已插入的页码域i,单击，在出现的下拉菜单中,选择"设置页码格式",在弹出的"页码格式"对话框中选择编号格式为"i,ii,iii,…",单击"确定"按钮。

用上述方法将光标定位到"第1章"第一页的页脚上,单击≡使页码居中,单击去掉"链接到前一条页眉",之后单击"页眉页脚工具"中的"文档部件",在出现的下拉菜单中选择"域",在弹出的"域"窗口中,"域名"选择"Page"项,在"格式"中选择所需页码的样式"1,2,3,…",单击"确定"按钮完成设置。选中已插入的页码域,单击，在出现的下拉菜单(见图5-103)中,选择"设置页码格式",在弹出的"页码格式"对话框中选择起始页码为"1",单击"确定"按钮。

图5-103 页码格式设置

用上述方法将光标定位到"第1章"第二页的页脚上,单击≡使页码居中单击去掉"链接到前一条页眉",之后单击"页眉页脚工具"中的"文档部件",在出现的下拉菜单中选择"域",在弹出的"域"窗口中,"域名"选择"Page"项,在"格式"中选择所需页码的样式"1,2,3,…",单击"确定"按钮完成设置。

第四步:

如图5-104所示将光标定位到"目录"页的目录域,右键选择"更新域"的"更新整个目录"。重复上述动作更新"图索引"、"表索引"。

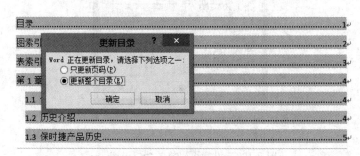

图5-104 更新目录域

5.2.8 用域添加页眉

【样题】

添加正文的页眉。使用域,按以下要求添加内容,居中显示。其中:

(1) 对于奇数页,页眉中的文字为:章序号章名(如第 1 章 XXX);

(2) 对于偶数页,页眉中的文字为:节序号节名(如 1.1 XXX)。

【操作步骤】

方法同上,将光标定位到"第 1 章"的第一页的页眉上,单击去掉"链接到前一条页眉",之后单击 ≡ 使页眉居中,单击"页眉页脚工具"中的"文档部件",在出现的下拉菜单中选择"域",在弹出的如图 5-105 的"域"窗口中,"域名"选择"StyleRef"项,"样式名"选择"标题 1","域选项"勾选上"插入段落编号"复选框,单击"确定"按钮插入章序号。

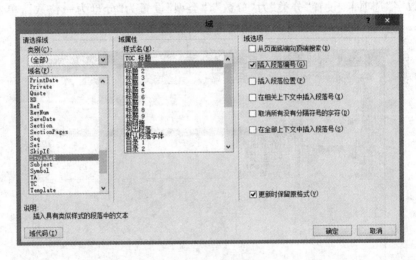

图 5-105 插入章序号

再将光标定位到"第 1 章"的第一页的页眉上,单击"页眉页脚工具"中的"文档部件",在出现的下拉菜单中选择"域",在弹出的"域"窗口中,"域名"选择"StyleRef"项,"样式名"选择"标题 1","域选项"什么也不选,单击"确定"按钮插入章名。

方法同上,将光标定位到"第 1 章"的第二页的页眉上,单击去掉"链接到前一条页眉",之后单击"页眉页脚工具"中的"文档部件",在出现的下拉菜单中选择"域",在弹出的"域"窗口中,"域名"选择"StyleRef"项,"样式名"选择"标题 2","域选项"勾选上"插入段落编号",单击"确定"按钮插入节序号。

再将光标定位到"第 1 章"的第二页的页眉上,单击去掉"链接到前一条页眉",之后单击"页眉页脚工具"中的"文档部件",在出现的下拉菜单中选择"域",在弹出的"域"窗口中,"域名"选择"StyleRef"项,"样式名"选择"标题 2","域选项"什么也不选,单击"确定"按钮插入节名。

5.3 Excel 函数应用

5.3.1 数学、语文、英语三科成绩

【样题】
(1) 在 Sheet1 的 A50 单元格中输入分数 1/3。
【操作步骤】
要想在单元格输入并显示分数,首先要选中 Sheet1 的 A50 单元格,单击右键,在弹出快捷的菜单中选择"设置单元格格式",继而在弹出的如图 5-106 所示的"设置单元格格式"对话框中选择"数字"选项卡,设置"分类"为"分数","类型"设置为"分母为一位数",单击"确定"按钮结束操作。进而在 Sheet1 的 A50 单元格内输入分数 1/3。

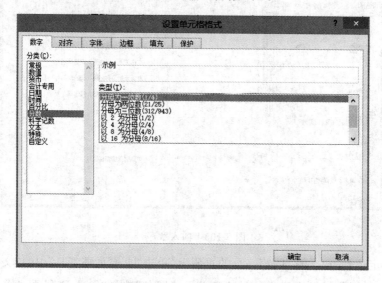

图 5-106 设置单元格

注意:不想输入的分数 2/4 变为 1/2 时,要将类型设置为"以 4 为分母"。
(2) 在 Sheet1 中使用函数计算全部语文成绩中奇数的个数,结果存放在 B50 单元格中。
【操作步骤】
所谓奇数就是除以 2 后余数为 1 的数,所以此处考虑用求余函数 Mod 来判断一个数是否为奇数。

选中 B50 单元格,单击 ![fx],弹出"插入函数"对话框,如图 5-107 所示选择统计函数 COUNT,单击"确定"按钮。

在弹出的 COUNT"函数参数"对话框(见图 5-108)中设置参数为 if(mod(C2:C39,2)=1,1,""),之后将光标移到 ![fx] 右侧的文本框内容的最右端,按组合键 Ctrl+Shift+Enter 即可得

到结果。

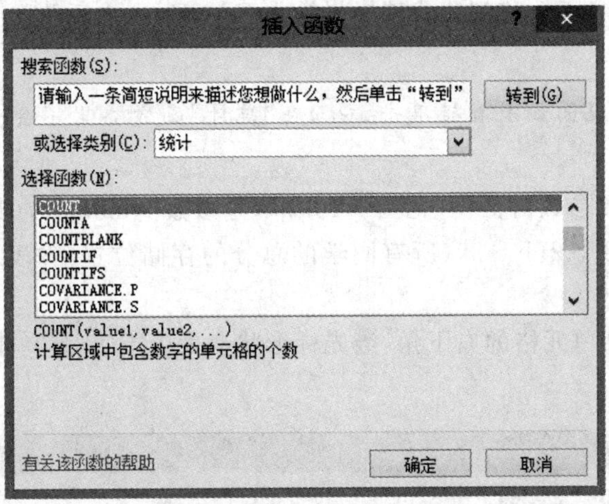

图 5-107　COUNT 函数

其中 if(mod(C2:C39,2)=1,1,″″)的意思是如果 C2:C39 中的数满足 mod(C2:C39,2)=1,则该数为奇数,记 1,否则置″″。COUNT 函数将会统计"1"的个数,而这就是语文成绩中奇数的个数。

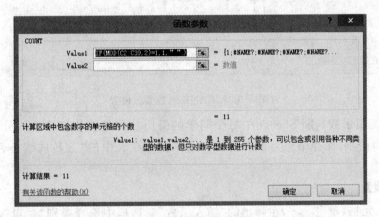

图 5-108　COUNT 函数参数设置

（3）使用数组公式,对 Sheet1 计算总分和平均分,将其计算结果保存到表中的"总分"列和"平均分"列当中。

【操作步骤】

选中需要填写总分运算结果的单元格区域 F2:F39,在 f_x 右侧文本框处输入＝C2:C39＋D2:D39＋E2:E39,按下 Ctrl＋Shift＋Enter 组合键,则出现 {=C2:C39+D2:D39+E2:E39},数组公式完成。

选中需要填写平均分运算结果的单元格区域 G2:G39,在 f_x 右侧文本框处输入＝F2:F39/3,按下 Ctrl＋Shift＋Enter 组合键,则出现 {=F2:F39/3},数组公式完成。

（4）使用 RANK 函数,对 Sheet1 中的每个同学排名情况进行统计,并将排名结果保存到表中的"排名"列当中。

【操作步骤】

选中 H2 单元格，光标上移到公式编辑栏输入 RANK()，之后单击 fx，会弹出 RANK 函数参数设置对话框。

注意：Excel 2010 里面如果直接单击 fx，在"统计"函数类里不会直接出现 RANK，所以用上述方法操作。

继而在弹出的函数参数对话框（见图 5-109）填写参数 Number 为 F2（要排名的总分的存储位置），参数 Ref 为 F\$2:F\$39（所有同学的总分的存储位置，\$ 表示函数复制时，行号不变）。

将光标移动到 H2 单元格的右下角，当光标形状变为黑十字时，单击鼠标左键向下拖曳实现公式的复制填写。

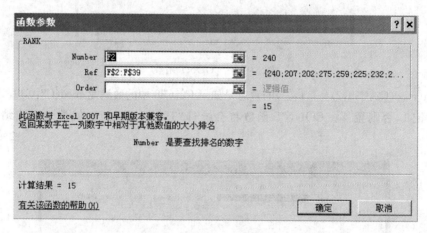

图 5-109　RANK 函数参数设置

（5）使用逻辑函数判断 Sheet1 中每个同学的每门功课是否均高于平均分，如果是，保存结果为 TRUE，否则，保存结果为 FALSE，将结果保存在表中的"三科成绩是否均超过平均"列当中。

【操作步骤】

选中 I2 单元格，单击 fx，在弹出的"插入函数"对话框中选择类别"逻辑"，选择函数 IF，单击"确定"按钮。

继而在弹出的函数参数对话框（见图 5-110）填写参数 Logical_test 为 AND(C2>AVERAGE(\$C\$2:\$C\$39),D2>AVERAGE(\$D\$2:\$D\$39),E2>AVERAGE(\$E\$2:\$E\$39)（判断每个同学的语文是否大于语文的班级平均分 AVERAGE(\$C\$2:\$C\$39)，并且其数学是否大于数学的班级平均分 AVERAGE(\$D\$2:\$D\$39)，并且其英语是否大于英语的班级平均分 AVERAGE(\$E\$2:\$E\$39))，参数 Value_if_true 为 true（当某同学的所有课程成绩都大于相应该课程的班级平均分数时，显示 true），参数 Value_if_false 为 false（当某同学的所有课程成绩不都大于相应该课程的班级平均分数时，显示 false）。

将光标移动到 I2 单元格的右下角，当光标形状变为黑色十字时，单击鼠标左键向下拖曳实现公式的复制填写。

（6）根据 Sheet1 中的结果，使用统计函数，统计"数学"考试成绩各个分数段的同学人数，将统计结果保存到 Sheet2 中的相应位置。

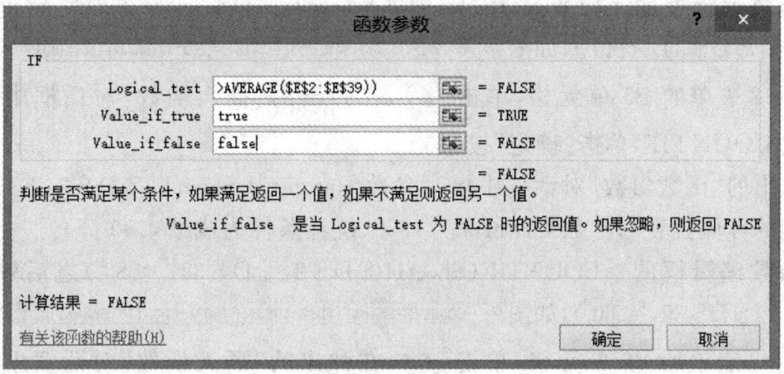

图 5-110　IF 函数参数设置

【操作步骤】

选中 Sheet2 表单的 B2 单元格，单击 *fx*，在弹出的"插入函数"对话框中选择类别"统计"，选择函数 COUNTIF，单击"确定"按钮。

继而在弹出的"函数参数"对话框(见图 5-111)中填写参数 Range 为 Sheet1! \$D\$2: \$D\$39(统计范围为数学成绩的存储位置)，参数 Criteria 为＜20(统计条件为成绩＜20 分)。

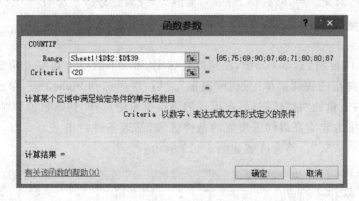

图 5-111　COUNTIF 函数参数设置

选中 Sheet2 表单的 B3 单元格，单击 *fx*，在弹出的"插入函数"对话框中选择类别"统计"，选择函数 COUNTIF，单击"确定"按钮。

继而在弹出的"函数参数"对话框中填写参数 Range 为 Sheet1! \$D\$2: \$D\$39(统计范围为数学成绩的存储位置)，参数 Criteria 为＜40(统计条件为成绩＜40 分)。

继而在函数编辑框的＝COUNTIF(Sheet1! \$D\$2: \$D\$39,″＜40″)之后输入-COUNTIF(Sheet1! \$D\$2: \$D\$39,″＜20″)，如图 *fx* =COUNTIF(Sheet1!$D$2:$D$39,"<40")-COUNTIF(Sheet1!$D$2:$D$39,"<20") 。这是因为 COUNTIF 的参数 Criteria 只能表示单边区域(＜50 或＞50)，要想表示类似大于等于 20 到小于 40 之间的条件，只能用两个 COUNTIF 相减求结果。

选中 Sheet2 表单的 B4 单元格，单击 *fx*，在弹出的"插入函数"对话框中选择类别"统计"，选择函数 COUNTIF，单击"确定"按钮。

继而在弹出的"函数参数"对话框中填写参数 Range 为 Sheet1! \$D\$2: \$D\$39(统计范

围为数学成绩的存储位置),参数 Criteria 为＜60(统计条件为成绩＜60 分)。

继而在函数编辑框的＝COUNTIF(Sheet1!＄D＄2:＄D＄39,"＜60")之后键入-COUNTIF(Sheet1!＄D＄2:＄D＄39,"＜40"),如图 `=COUNTIF(Sheet1!$D$2:$D$39,"<60")-COUNTIF(Sheet1!$D$2:$D$39,"<40")`。

选中 Sheet2 表单的 B5 单元格,单击 fx ,在弹出的"插入函数"对话框中选择类别"统计",选择函数 COUNTIF,单击"确定"按钮。

继而在弹出的"函数参数"对话框中填写参数 Range 为 Sheet1!＄D＄2:＄D＄39(统计范围为数学成绩的存储位置),参数 Criteria 为＜80(统计条件为成绩＜80 分)。

继而在函数编辑框的＝COUNTIF(Sheet1!＄D＄2:＄D＄39,"＜80")之后输入-COUNTIF(Sheet1!＄D＄2:＄D＄39,"＜60"),如图 `=COUNTIF(Sheet1!$D$2:$D$39,"<80")-COUNTIF(Sheet1!$D$2:$D$39,"<60")`。

选中 Sheet2 表单的 B6 单元格,单击 fx ,在弹出的"插入函数"对话框中选择类别"统计",选择函数 COUNTIF,单击"确定"按钮。

继而在弹出的"函数参数"对话框中填写参数 Range 为 Sheet1!＄D＄2:＄D＄39(统计范围为数学成绩的存储位置),参数 Criteria 为＜＝100(统计条件为成绩＜＝100 分)。

继而在函数编辑框的＝COUNTIF(Sheet1!＄D＄2:＄D＄39,"＜＝100")之后输入-COUNTIF(Sheet1!＄D＄2:＄D＄39,"＜80"),如图 `=COUNTIF(Sheet1!$D$2:$D$39,"<=100")-COUNTIF(Sheet1!$D$2:$D$39,"<80")`。

(7) 将 Sheet1 复制到 Sheet3 中,并对 Sheet3 进行高级筛选,要求:

① 筛选条件:语文＞＝75,数学＞＝75,英语＞＝75,总分＞＝250;

② 将结果保存在 Sheet3 中。

【操作步骤】

首先将 Sheet1 复制到 Sheet3 中,注意此处选中 Sheet1 后单击其左上角选中整个表单内容,右键单击,在弹出的快捷菜单上选择"复制"以后,继而选到 Sheet3 表,单击其左上角选中整个表单,单击右上角的"粘贴"图标,在出现的下拉菜单中选择"粘贴数值和源格式"。

在原始表格下方建立高级筛选所需的条件区域,筛选条件:"语文＞＝75,数学＞＝75,英语＞＝75,总分＞＝250"。筛选区域如图 5-112 所示。

	A	B	C	D	E	F	G	H	I
25	20041024	邓云	80	87	82	249	83.00	11	TRUE
26	20041025	贾丽娜	60	68	71	199	66.33	35	FALSE
27	20041026	万基莹	81	83	89	253	84.33	9	TRUE
28	20041027	吴冬玉	75	84	67	226	75.33	22	FALSE
29	20041028	项文双	68	50	70	188	62.67	38	FALSE
30	20041029	徐华	75	85	81	241	80.33	14	FALSE
31	20041030	罗金梅	67	75	64	206	68.67	31	FALSE
32	20041031	齐明	58	69	74	201	67.00	34	FALSE
33	20041032	赵援	94	90	88	272	90.67	3	TRUE
34	20041033	罗颖	84	87	83	254	84.67	8	TRUE
35	20041034	张永和	72	65	85	222	74.00	25	FALSE
36	20041035	陈平	80	71	76	227	75.67	21	FALSE
37	20041036	谢彦	84	80	75	239	79.67	17	FALSE
38	20041037	明小莉	78	80	73	231	77.00	20	FALSE
39	20041038	张立娜	94	82	82	258	86.00	6	TRUE
40									
41			语文	数学	英语	总分			
42			>=75	>=75	>=75	>=250			

图 5-112 建立筛选条件

注意:筛选条件中的标题,例如,"数学"、"语文"、"英语"、"总分"等尽量从要筛选的表格中复制。

之后选择"数据"选项卡的"排序和筛选"功能区的"高级"图标;如图 5-113 在出现的"高级筛选"对话框中进行参数配置,之后单击"确定"即可。

图 5-113　高级筛选

(8) 根据 Sheet1 中的结果,在 Sheet4 中创建一张数据透视表,要求:
① 显示是否三科均超过平均分的学生人数;
② 行区域设置为:"三科成绩是否均超过平均";
③ 计数项为三科成绩是否均超过平均。

【操作步骤】

将光标定位在 Sheet4 的 A1 单元格,如图 5-114 所示单击"插入"选项卡中的"数据透视表"图标,进一步选择"数据透视表"。

图 5-114　选择插入数据透视表

如图 5-115 所示设置要分析的数据以及数据透视表要放置的位置。

根据题目要求,如图 5-116 所示通过选择"三科成绩是否均超过平均"并将其拖曳入"行标签"将行区域设置为:"三科成绩是否均超过平均";

通过选择"三科成绩是否均超过平均"并将其拖曳入"数值"区域将计数项设置为"三科成绩是否均超过平均"。

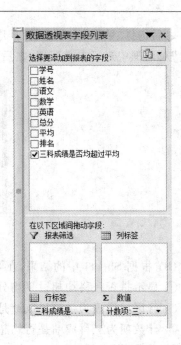

　　图 5-115　创建数据透视表　　　　　　　图 5-116　设置行区域和计数项

5.3.2　书籍出版

【样题】

（1）在 Sheet5 的 A1 单元格中设置只能录入 5 位数字或文本。当录入位数错误时，提示错误原因，样式为"警告"，错误信息为"只能录入 5 位数字或文本"。

【操作步骤】

　　鼠标单击选中 Sheet5 的 A1 单元格，如图 5-117 所示单击"数据"选项卡中的"数据有效性"图标，在出现的下拉菜单中选择"数据有效性"。

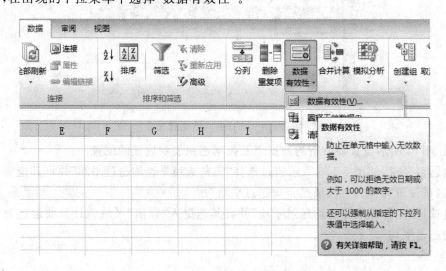

图 5-117　选择数据有效性

在弹出的"数据有效性"对话框的"设置"选项卡中(见图5-118),"允许"下拉列表中选择"文本长度";"数据"下拉列表中选择"等于";"长度"下拉列表中选择"5";继而选择"出错警告"选项卡(见图5-119),"样式"下拉列表中选择"警告";"错误信息"文本框中输入"只能录入5位数字或文本"。

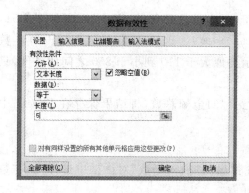

图 5-118　有效性条件设置

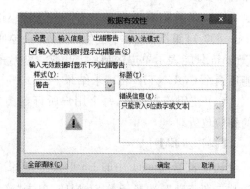

图 5-119　出错警告设置

(2) 使用数组公式,计算 Sheet1 中的订购金额,将结果保存到表中的"金额"列当中。

【操作步骤】

选中"金额"所在 I 列的 I3:I52 单元格,将光标移动到  的空白处输入 H2:H51＊G2:G51,按下 Ctrl＋Shift＋Enter 组合键生成数组公式＝{H2:H51＊G2:G51}。

(3) 使用统计函数,对 Sheet1 中结果按以下条件进行统计,并将结果保存在 Sheet1 中的相应位置,要求:

① 统计出版社名称为高等教育出版社的书的种类数;

② 统计订购数量大于 110 且小于 850 的书的种类数。

【操作步骤】

选中表单 Sheet1 中的 L2 单元格,单击 ,在弹出的"插入函数"对话框中选择类别"统计函数",选择函数 COUNTIF,单击"确定"按钮。

继而在弹出的"函数参数"对话框中填写参数 Range 为 D2:D51(统计范围为出版社的存储位置),参数 Criteria 为"高等教育出版社"(统计条件为出版社是高等教育出版社的),如图 5-120 所示。

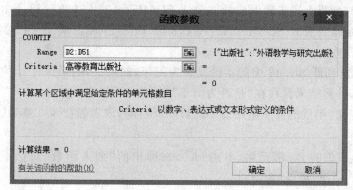

图 5-120　COUNTIF 参数设置

选中表单 Sheet1 中的 L3 单元格,单击 *fx* ,在弹出的"插入函数"对话框中选择类别"统计函数",选择函数 COUNTIF,单击"确定"按钮。

继而在弹出的"函数参数"对话框中填写参数 Range 为 G2:G51(统计范围为订数的存储位置),参数 Criteria 为>110(统计条件为订数>110")。

继而在函数编辑框的=COUNTIF(G2:G51,">110")之后输入-COUNTIF(G2:G51,">=850"),如图 *fx* =COUNTIF(G2:G51,">110")-COUNTIF(G2:G51,">=850")。这是因为 COUNTIF 的参数 Criteria 只能表示单边区域(<50 或>50),要想表示类似大于 110 到小于 850 之间的条件,只能用两个 COUNTIF 相减求结果。

(4) 使用函数计算,每个用户所订购图书所需支付的金额总数,将结果保存在 Sheet1 中的相应位置。

【操作步骤】

选中表单 Sheet1 中的 L8 单元格,单击 *fx* ,在弹出的"插入函数"对话框中选择类别"数学与三角函数",选择函数 SUMIF,单击"确定"按钮。

继而在弹出的如图 5-121 的"函数参数"对话框中填写参数 Range 为 A2:A51(要进行计算的单元格区域,即客户的数据区域),参数 Criteria 为 K8(求和条件,此例为客户 C1),参数 Sum_range 为 I2:I51(用于求和的实际单元格,此处为金额数量列),单击"确定"按钮完成操作。

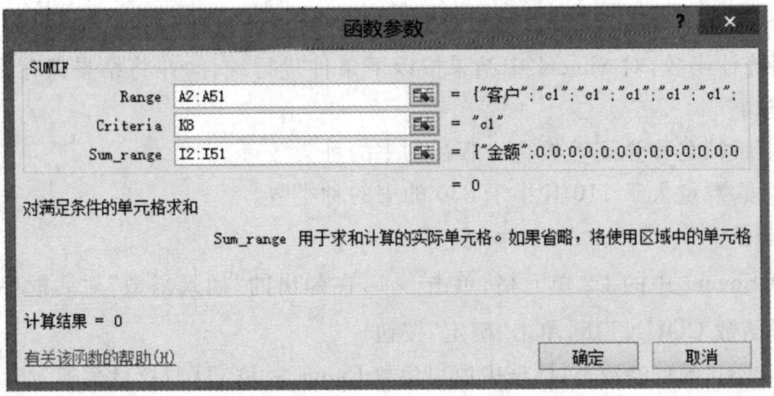

图 5-121 SUMIF 参数设置

对于客户 C2,参照上述步骤生成最终公式 SUMIF(A2:A51,K9,I2:I51);对于客户 C3,参照上述步骤生成最终公式 SUMIF(A2:A51,K10,I2:I51);对于客户 C4,参照上述步骤生成最终公式 SUMIF(A2:A51,K11,I2:I51)。

(5) 使用函数,判断 Sheet2 中的年份是否为闰年,如果是,结果保存"闰年",如果不是,则结果保存"平年",并将结果保存在"是否为闰年"列中。

说明:闰年定义:年数能被 4 整除而不能被 100 整除,或者能被 400 整除的年份。

【操作步骤】

选中 Sheet2 表单的 B2 单元格,单击 *fx* ,在弹出的"插入函数"对话框中选择类别"逻辑",选择函数 IF,单击"确定"按钮。

继而在弹出的函数参数对话框(见图 5-122)填写参数 Logical_test 为 OR(MOD(A2,400)

＝0,AND(MOD(A2,4)＝0,MOD(A2,100)＜＞0))(根据提示的闰年判别定理判断相应的年份是否为闰年),参数 Value_if_true 为"闰年"(当满足闰年判别定理时,显示闰年),参数 Value_if_false 为平年(当不满足闰年判别定理时,显示平年)。

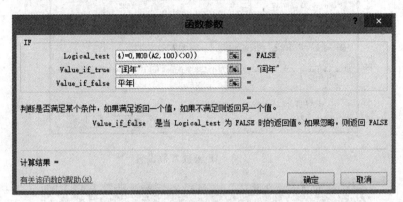

图 5-122　IF 函数参数设置

将光标移动到 B2 单元格的右下角,当光标形状变为黑色十字时,单击鼠标左键向下拖曳实现公式的复制填写。

5.3.3　西湖区、上城区人员信息

【样题】

(1) 在 Sheet5 的 B1 单元格中输入公式,判断当前年份是否为闰年,结果为 TRUE 或 FALSE。

【操作步骤】

选中 Sheet5 表单的 B1 单元格,单击 fx,在弹出的"插入函数"对话框中选择类别"逻辑",选择函数 IF,单击"确定"按钮。

继而在弹出的"函数参数"对话框(见图 5-123)填写参数 Logical_test 为 OR(MOD(YEAR(NOW()),400)＝0,AND(MOD(YEAR(NOW()),4)＝0,MOD(YEAR(NOW()),100)＜＞0))(根据提示的闰年判别定理判断当前的年份是否为闰年),参数 Value_if_true 为"TRUE"(当满足闰年判别定理时,显示 TRUE),参数 Value_if_false 为 FALSE(当不满足闰年判别定理时,显示 FALSE)。

(2) 使用时间函数,对 Sheet1 中用户的年龄进行计算。

要求:计算用户的年龄,并将其计算结果填充到"年龄"列当中。

【操作步骤】

选中 Sheet1 表单的 D2 单元格,单击 fx,在弹出的"插入函数"对话框中选择类别"日期与时间",选择函数 YEAR,单击"确定"按钮。

继而在弹出的"函数参数"对话框(见图 5-124)中填写参数 Serial_number 为 NOW()(这是时间函数中的一个,用于返回当前日期时间);由于年龄是当前年份减去出生年份,所以还要用 YEAR(C2)求出出生年份。

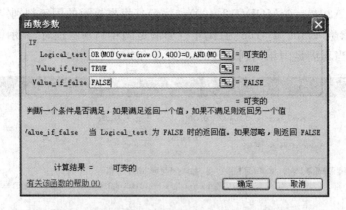

图 5-123 IF 函数参数设置

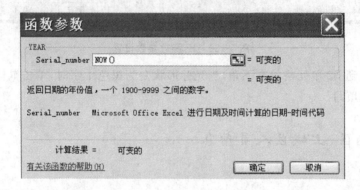

图 5-124 YEAR 函数参数设置

将光标移动到 D2 单元格的右下角,当光标形状变为黑色十字时,单击鼠标左键向下拖曳实现公式的复制填写。

(3) 使用 REPLACE 函数,对 Sheet1 中用户的电话号码进行升级。

要求:

① 对原电话号码列中的电话号码进行升级;

② 升级方法是在区号(0571)后面加上 8;

③ 并将其计算结果保存在升级电话号码列的相应单元格中。

【操作步骤】

选中 Sheet1 表单的 G2 单元格,单击 f_x ,在弹出的"插入函数"对话框中选择类别"文本",选择函数 REPLACE,单击"确定"按钮。

继而在弹出的"函数参数"对话框(见图 5-125)中填写参数 Old_text 为 F2(就是要进行字符替换的文本存储位置);参数 Start 为"1"(要替换为 New_text 的字符在 Old_text 中的位置是从第 1 个开始);参数 Num_chars 为"4"(要从 Old_text 中替换的字符个数为 4);参数 New_text 为"05718"(用来替换的新字符为"05718")。

将光标移动到 G2 单元格的右下角,当光标形状变为黑色十字时,单击鼠标左键向下拖曳实现公式的复制填写。

(4) 使用逻辑函数,判断 Sheet1 中的"大于等于 40 岁的男性",将结果保存在 Sheet1 中的

"是否>=40男性"。

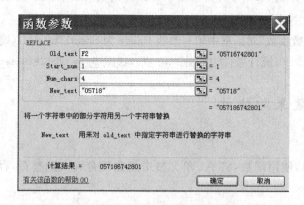

图 5-125　REPLACE 函数参数设置

【操作步骤】

选中 Sheet1 表单的 H2 单元格,单击 *fx*,在弹出的"插入函数"对话框中选择类别"逻辑",选择函数 IF,单击"确定"按钮。

继而在弹出的"函数参数"对话框(见图 5-126)中填写参数 Logical_test 为 D2>=40(判断年龄是否大于 40),参数 Value_if_true 为 IF(B2="男",TRUE,FALSE)(进一步判断性别是否为男性),参数 Value_if_false 为 FALSE(当不是年龄大于 40 的男性时,显示 FALSE)。

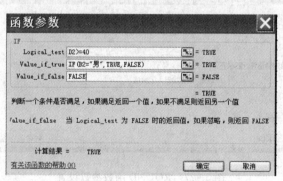

图 5-126　IF 函数参数设置

将光标移动到 H2 单元格的右下角,当光标形状变为黑色十字时,单击鼠标左键向下拖曳实现公式的复制填写。

(5) 对 Sheet1 中的数据,根据以下条件,利用函数进行统计:

① 统计性别为男的用户人数,将结果填入 Sheet2 的 B1 单元格中;
② 统计年龄为>40 岁的用户人数,将结果填入 Sheet2 的 B2 单元格中。

【操作步骤】

选中表单 Sheet2 中的 B1 单元格,单击 *fx*,在弹出的"插入函数"对话框中选择类别"统计函数",选择函数 COUNTIF,单击"确定"按钮。

继而在弹出的"函数参数"对话框中填写参数 Range 为 Sheet1!B2:B37(统计范围为性别的存储位置),参数 Criteria 为"男"(统计条件为性别是男性)。如图 *fx* =COUNTIF(Sheet1!B2:B37,"男")。

选中表单 Sheet2 中的 B2 单元格,单击 ,在弹出的"插入函数"对话框中选择类别"统计函数",选择函数 COUNTIF,单击"确定"按钮。

继而在弹出的"函数参数"对话框中填写参数 Range 为 Sheet1!D2:D37(统计范围为年龄的存储位置),参数 Criteria 为>40(统计条件为年龄>40 岁),如图 =COUNTIF(Sheet1!D2:D37,">40") 。

5.3.4 公司服装采购统计

【样题】
(1) 在 Sheet5 中,使用函数,将 A1 单元格中的数四舍五入到整百,存放在 B1 单元格中。
【操作步骤】
选中表单 Sheet5 的 A1 单元格,单击 ,在弹出的"插入函数"对话框中选择类别"数学与三角函数",选择函数 ROUND,单击"确定"按钮。

继而在弹出的如图 5-127 所示的"函数参数"对话框中填写参数 Number 为 A1/100(将原数字个位和十位转换为小数点左边的部分),参数 Num_digits 为 0(四舍五入时小数点左边保留 0 位)。

将光标移回 处,在=ROUND(A1/100,0)后添加 * 100,按 Enter 键完成操作。

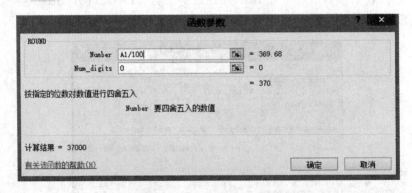

图 5-127 ROUND 函数参数设置

(2) 在 Sheet1 中,使用条件格式将"采购数量"列中数量大于 100 的单元格字体颜色设置为红色、加粗显示。
【操作步骤】
选中"采购数量"列中数据,单击"开始"选项卡中的"条件格式"图标 ,在下拉式菜单中选择"突出显示单元格规则"的下一级子菜单"大于",在弹出大于设置菜单左侧填"100",右侧选择"自定义格式",在随后弹出的"设置单元格格式"对话框,选择"颜色"为红色,选择字形为加粗(见图 5-128),单击"确定"按钮。

(3) 使用 VLOOKUP 函数,对 Sheet1 中的商品单价进行自动填充。

① 要求:根据价格表中的商品单价,利用 VLOOKUP 函数,将其单价自动填充到采购表中的"单价"列中。

② 注意:函数中参数如果需要用到绝对地址的,请使用绝对地址进行答题,其他方式无效。

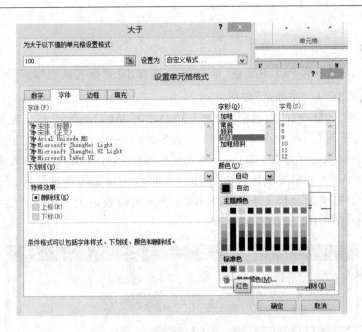

图 5-128　设置条件格式

【操作步骤】

选中表单 Sheet1 中的 D11 单元格，单击 ![fx]，在弹出的"插入函数"对话框中选择类别"查找和引用函数"，选择函数 VLOOKUP，单击"确定"按钮。

继而在弹出的"函数参数"对话框（见图 5-129）填写参数 Lookup_Value 为 A11（需要在数据表首列进行搜索的值，如"衣服"），参数 Table_array 为＄F＄2：＄G＄5（需要在其中搜索的信息表），参数 Col_index_num 为 2（满足条件的单元格在 Table_array 的列序号），参数 Rang_Lookup 为 FALSE（FALSE 表示大致匹配），单击"确定"按钮完成操作。

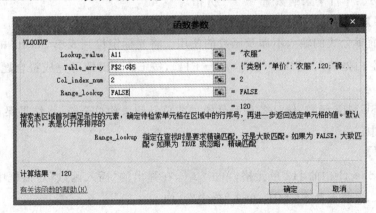

图 5-129　VLOOKUP 函数参数设置

重新将光标定位到表单 Sheet1 中的 D11 单元格的右下角，当鼠标形状变为黑色十字时，单击鼠标左键向下拖曳完成函数填充。

（4）使用 IF 逻辑函数，对 Sheet1 中的"折扣"列进行填充。

要求：根据折扣表中的商品折扣率，利用相应的函数，将其折扣率填充到采购表中的折扣

253

列中。

【操作步骤】

选中表单 Sheet1 中的 E11 单元格,单击 **fx**,在弹出的"插入函数"对话框中选择类别"逻辑函数",选择函数 IF,单击"确定"按钮。

继而在弹出的"函数参数"对话框(见图 5-130)填写参数 Logical_test 为 B11>=＄A＄6(表示采购数量大于 300),参数 Value_if_true 为＄B＄6(表示采购数量大于 300 时的折扣数10%),参数 Value_if_false 为 IF(B11>=＄A＄5,＄B＄5,IF(B11>=＄A＄4,＄B＄4,＄B＄3))(B11>=＄A＄5 表示采购数量大于 200;＄B＄5 表示采购数量大于 200 时的折扣 8%;B11>=＄A＄4 表示采购数量大于 100;＄B＄4 表示采购数量大于 100 时的折扣数 6%;＄B＄3 表示采购数量小于 100 时的折扣数 0%)。

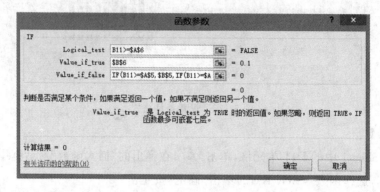

图 5-130　IF 函数参数设置

(5) 利用公式,计算 Sheet1 中的"采购表"的"合计"列进行计算。

① 要求:根据采购数量,单价和折扣,计算采购的合计金额,将结果保存在合计列中。

② 计算公式:单价＊采购数量＊(1－折扣)。

【操作步骤】

本题属于简单公式的输入不涉及函数的使用。将光标定位到表单 Sheet1 的 F11 单元格,在 **fx** 右侧的空白处输入＝D11＊B11＊(1－E11),按 Enter 键即可完成符合题意的简单公式的输入。

(6) 使用 SUMIF 函数,统计各种商品的采购总量和采购总金额,将结果保存在 Sheet1 中的"统计表"当中。

【操作步骤】

选中表单 Sheet1 中的 J12 单元格,单击 **fx**,在弹出的"插入函数"对话框中选择类别"数学与三角函数",选择函数 SUMIF,单击"确定"按钮。

继而在弹出的"函数参数"对话框(见图 5-131)填写参数 Range 为 A＄11:A＄43(要进行计算的单元格区域,即采购表的数据区域),参数 Criteria 为 I12(求和条件,此例为衣服),参数 Sum_range 为 B＄11:B＄43(用于求和的实际单元格,此处为采购数量列),单击"确定"按钮完成操作。

裤子和鞋子的总采购量可参照此例进行计算。

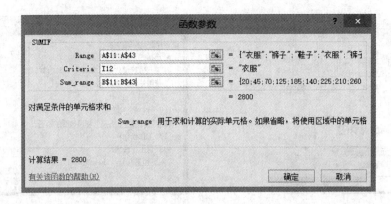

图 5-131 SUMIF 函数参数设置一

选中表单 Sheet1 中的 K12 单元格,单击 f_x ,在弹出的"插入函数"对话框中选择类别"数学与三角函数",选择函数 SUMIF,单击"确定"按钮。

继而在弹出的如图 5-132 所示的"函数参数"对话框中填写参数 Range 为 A\$11:A\$43(要进行计算的单元格区域,即采购表的数据区域),参数 Criteria 为 I12(求和条件,此例为衣服),参数 Sum_range 为 F\$11:F\$43(用于求和的实际单元格,此处为采购总金额列),单击"确定"按钮完成操作。

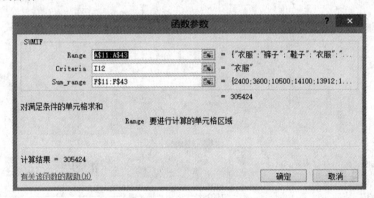

图 5-132 SUMIF 函数参数设置二

裤子和鞋子的总采购金额可参照此例进行计算。

(7) 根据 Sheet1 中的采购表,新建一个数据透视图 Chart1,要求:

① 该图形显示每个采购时间点所采购的所有项目数量汇总情况;

② x 坐标设置为采购时间;

③ 求和项为采购数量;

④ 将对应的数据透视表保存在 Sheet3 中。

【操作步骤】

根据题意,先选中 Sheet3 的 A1 单元格,单击"插入"选项卡中的"数据透视表"图标,进而选择"数据透视图",如图 5-133 所示。

在随之出现的创建数据透视表界面(见图 5-134)中选择要分析的数据所在区域以及放置数据透视表及数据透视图的位置。

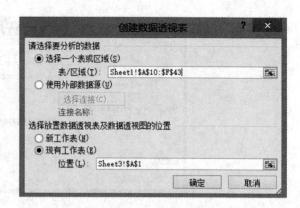

图 5-133 选择插入数据透视图

图 5-134 数据透视图步骤 1

在随之出现界面中(见图 5-135),选中"采购时间"添加到"轴字段";选中"采购数量"添加到"数据区域"。就会在 Sheet3 中同时生成数据透视表以及数据透视图(数据透视图如图 5-136 所示)。

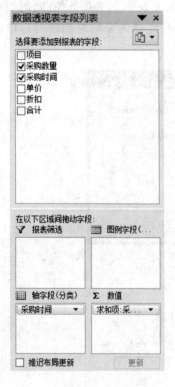

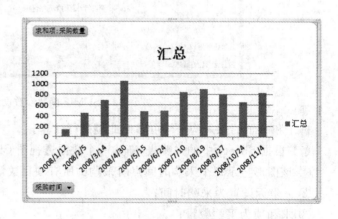

图 5-135 数据透视图步骤 2

图 5-136 数据透视图效果

5.3.5 商行采购灯泡

【样题】

(1) 在 Sheet1 中设定第 31 行中不能输重复的数值。

【操作步骤】

选中 Sheet1 表单的第 31 行,继而单击"数据"选项卡中的"数据有效性"图标,在下拉菜单中选择"数据有效性"。在弹出如图 5-137 所示的"数据有效性"对话框中设置有效性条件的允许为"自定义",公式设置框中输入公式"=COUNTIF($31:$31,A31)=1",之后单击"确定"按钮。

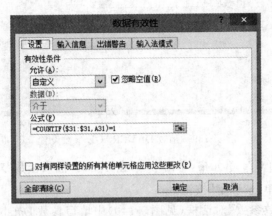

图 5-137 不能输重复的数值设置

当用户输入重复的数据时会出现如图 5-138 所示的提示界面。

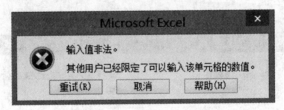

图 5-138 非法输入提示

(2) 使用数组公式,计算 Sheet1 中的每种产品的价值,将结果保存到表中的"价值"列中。计算价值的计算方法为:"单价 * 每盒数量 * 采购盒数"。

【操作步骤】

选中需要填写价值运算结果的单元格区域 H2:H17,在函数编辑栏处输入=E2:E17 * F2:F17 * G2:G17,按下 Ctrl+Shift+Enter 组合键,则出现 {=E2:E17*F2:F17*G2:G17},数组公式完成。

(3) 在 Sheet2 中,利用数据库函数及已设置的条件区域,计算以下情况的结果,并将结果保存相应的单元格中。

① 计算:商标为上海,瓦数小于 100 的白炽灯的平均单价;

② 计算:产品为白炽灯,其瓦数大于等于 80 且小于等于 100 的数量。

【操作步骤】

选中 Sheet1 表单的 G23 单元格,单击 fx,在弹出的"插入函数"对话框中选择类别"数据库",选择函数 DAVERAGE,单击"确定"按钮。

继而在弹出的"函数参数"对话框(见图 5-139)中填写参数 Database 为 A1:H17(构成数

据库的单元格区域),参数 Field 为 E1(要求平均值的那一列的列标的存储位置),参数 Criteria 为 J2:L3(包含给定条件的单元格区域,此题条件为商标为上海,瓦数小于 100 的白炽灯)。

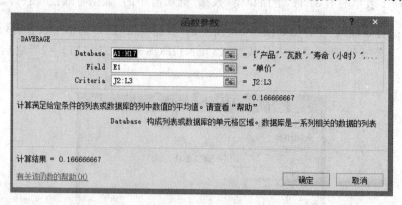

图 5-139　函数 DAVERAGE 参数设置

选中 Sheet1 表单的 G24 单元格,单击 ![fx] ,在弹出的"插入函数"对话框中选择类别"数据库",选择函数 DSUM,单击"确定"按钮。

继而在弹出的"函数参数"对话框(见图 5-140)中填写参数 Database 为 A1:H17(构成数据库的单元格区域),参数 Field 为 G1(要求和的那一列的列标的存储位置),参数 Criteria 为 J7:L8(包含给定条件的单元格区域,此题条件为产品为白炽灯,其瓦数大于等于 80 且小于等于 100)。

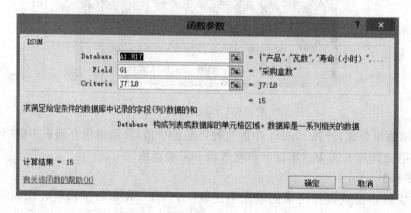

图 5-140　函数 DSUM 参数设置

(4) 某公司对各个部门员工吸烟情况进行统计,作为人力资源搭配的一个数据依据。对于调查对象,只能回答 Y(吸烟)或者 N(不吸烟)。根据调查情况,制作出 Sheet3。请使用函数,统计符合以下条件的数值。

① 统计未登记的部门个数;
② 统计在登记的部门中,吸烟的部门个数。

【操作步骤】

选中 Sheet3 表单的 B14 单元格,单击 ![fx] ,在弹出的"插入函数"对话框中选择类别"统计",选择函数 COUNTBLANK,单击"确定"按钮。

继而在弹出的"函数参数"对话框(见图 5-141)中填写参数 Range 为 B2:E11(在 B2:E11 的范围内统计空单元格数目)。

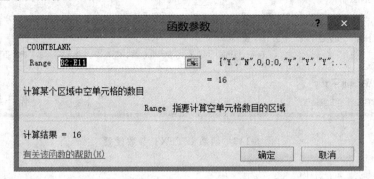

图 5-141 函数 COUNTBIANK 参数设置

选中表单 Sheet3 中的 B15 单元格,单击 ƒx ,在弹出的"插入函数"对话框中选择类别"统计函数",选择函数 COUNTIF,单击"确定"按钮。

继而在弹出的"函数参数"对话框中填写参数 Range 为 B2:E11(要统计其中非空单元格的范围),参数 Criteria 为"Y"(统计条件为单元格中写了 Y 的,Y 表示吸烟),如图 5-142 所示。

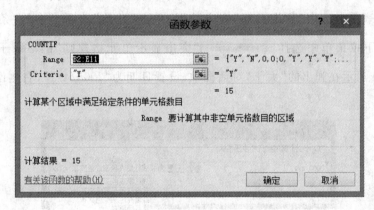

图 5-142 函数 COUNTIF 参数设置

(5) 使用函数,对 Sheet3 中的 B21 单元格中的内容进行判断,判断其是否为文本,如果是,结果为"TRUE";如果不是,结果为"FALSE",并将结果保存在 Sheet3 中的 B22 单元格当中。

【操作步骤】

选中 Sheet3 表单的 B22 单元格,单击 ƒx ,在弹出的"插入函数"对话框中选择类别"信息",选择函数 ISTEXT,单击"确定"按钮。

继而在弹出的"函数参数"对话框(见图 5-143)中填写参数 Value 为 B21(要判断是否为文本的单元格)。

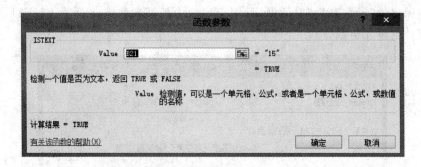

图 5-143　函数 ISTEXT 参数设置

5.3.6　房地产销售表单

【样题】

(1) 在 Sheet1 中,使用条件格式将"预定日期"列中日期为 2008-4-1 后的单元格中字体颜色设置为红色、加粗显示。

【操作步骤】

在 Sheet1 表单中选中"预定日期"列中数据,单击"开始"选项卡中的"条件格式"图标,在弹出的下拉菜单中选择,"突出显示单元格规则"的下级子菜单中的"大于",如图 5-144 所示在弹出的"大于"对话框中,设置日期为"2008/4/1",右侧设置格式为"自定义格式"。

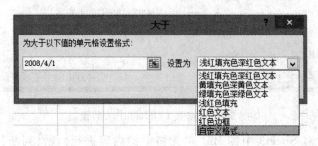

图 5-144　"大于"对话框设置

在弹出的"设置单元格格式"对话框中(见图 5-145)选择"颜色"为红色,选择"字形"为加粗,单击"确定"按钮。

(2) 利用公式,计算 Sheet1 中的房价总额。

房价总额的计算公式为:"面积 * 单价"

【操作步骤】

在 Sheet1 表单中选中 I3 单元格,之后单击　右侧的空白处,输入＝F3 * G3,按 Enter 键,之后将光标定位在 I3 单元格的右下角,当光标变为黑色十字形状是,单击鼠标左键拖曳完成公式的填充。

(3) 使用数组公式,计算 Sheet1 中的契税总额。

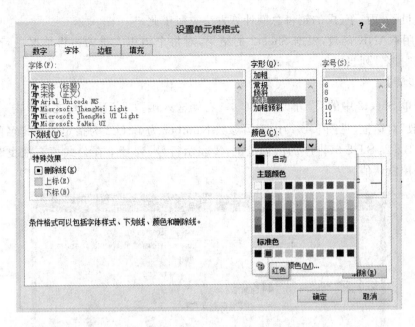

图 5-145 "设置单元格格式"对话框

契税总额的计算公式为:"契税 * 房价总额"。

【操作步骤】

选中需要填写契税总额运算结果的单元格区域 J3:J26,在 =H3:H26*I3:I26 处输入=H3:H26*I3:I26,按下 Ctrl+Shift+Enter 组合键,则出现 {=H3:H26*I3:I26},数组公式完成。

(4) 使用函数,根据 Sheet1 中的结果,统计每个销售人员的销售总额,将结果保存在 Sheet2 中的相应的单元格中。

【操作步骤】

选中表单 Sheet2 中的 B2 单元格,单击 fx,在弹出的"插入函数"对话框中选择类别"数学与三角函数",选择函数 SUMIF,单击"确定"按钮。

继而在弹出的如图 5-146 所示的"函数参数"对话框中填写参数 Range 为 Sheet1!K3:K26(要进行计算的单元格区域,即房产销售表的销售总额),参数 Criteria 为 A2(求和条件,此例为人员甲),参数 Sum_range 为 Sheet1!I3:I26(用于求和的实际单元格,此处为房价总额列),单击"确定"按钮完成操作。

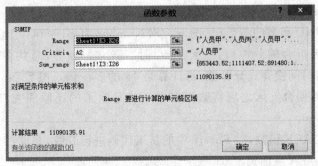

图 5-146 函数 SUMIF 参数设置

其他人员乙、丙、丁、戊的销售总额计算方法类似于此。

（5）使用 RANK 函数，根据 Sheet2 的结果，对每个销售人员的销售情况进行排序，并将结果保存在"排名"列当中。

【操作步骤】

选中表单 Sheet2 中的 C2 单元格，在 ƒx 右侧输入函数 RANK()，之后单击 ƒx，在弹出的"函数参数"对话框（见图 5-147）中填写参数 Number 为 B2（B2 为指定的要排名的数字），参数 Ref 为 \$B\$2:\$B\$6（排序的比较范围，\$ 表示行号、列号不在公式填充拖曳时改变），参数 Order 采用默认值。

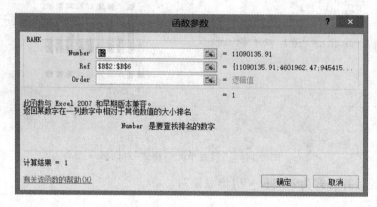

图 5-147　函数 RANK 参数设置

将鼠标定位在 C2 单元格的右下角，当光标变为黑色十字形状时，按下鼠标左键拖曳进行公式的填充。

5.3.7　公司员工职称信息表

【样题】

（1）在 Sheet4 中，使用函数，将 B1 中的时间四舍五入到最接近的 15 分钟的倍数，结果存放在 C1 单元格中。

【操作步骤】

选中 Sheet4 表单的 C1 单元格，单击 ƒx，在弹出的"插入函数"对话框中选择类别"数学与三角函数"，选择函数 ROUND，单击"确定"按钮。

进而设置 ROUND 函数的参数（见图 5-148）Number 为 B1 * 1440/15（B1 是存储时间的单元格，1440 是一天折合的分钟数：一天 24 小时，每小时 60 分，总共 24×60＝1440 分钟；B1 * 1440/15 就是将时间换算成分钟数，再计算是 15 的多少倍）；参数 Num_digits 设为 0（圆整到最接近的整数），四舍五入之后将数据多乘了或是除了的还原回去，即 ＝ROUND(B1 * 1440/15,0) * 15/1440。

（2）使用 REPLACE 函数，对 Sheet1 中的员工代码进行升级，要求：

① 升级方法：在 PA 后面加上 0；

② 将升级后的员工代码结果填入表中的升级员工代码列中。

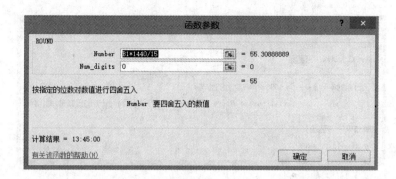

图 5-148　函数 ROUND 参数设置

【操作步骤】

选中 Sheet1 表单的 C3 单元格,单击 fx ,在弹出的"插入函数"对话框中选择类别"文本",选择函数 REPLACE,单击"确定"按钮。

继而在弹出的"函数参数"对话框(见图 5-149)中填写参数 Old_text 为 B3(就是要进行字符替换的文本存储位置);参数 Start 为"3"(要替换为 New_text 的字符在 Old_text 中的位置是从第 3 个开始);参数 Num_chars 为"0"(要从 Old_text 中替换的字符个数为 0);参数 New_text 为"0"(用来替换的新字符为"0")。

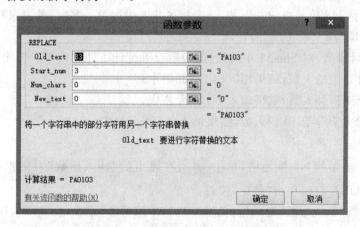

图 5-149　函数 REPLACE 参数设置

将光标移动到 B3 单元格的右下角,当光标形状变为黑色十字时,单击鼠标左键向下拖曳实现公式的复制填写。

(3) 使用时间函数,对 Sheet1 员工的"年龄"和"工龄"进行计算,并将结果填入到表中"年龄"列和"工龄"列中。

【操作步骤】

选中 Sheet1 表单的 F3 单元格,单击 fx ,在弹出的"插入函数"对话框中选择类别"日期与时间",选择函数 YEAR,单击"确定"按钮。

继而在弹出的"函数参数"对话框(见图 5-150)中填写参数 Serial_number 为 NOW()(这是时间函数中的一个,用于返回当前日期时间);由于年龄是当前年份减去出生年份,所以还要用 YEAR(E3)求出出生年份。两者作差=YEAR(NOW())−YEAR(E3)。

图 5-150 函数 YEAR 参数设置

将光标移动到 F3 单元格的右下角,当光标形状变为黑色十字时,单击鼠标左键向下拖曳实现公式的复制填写。

选中 Sheet1 表单的 H3 单元格,单击 fx ,在弹出的"插入函数"对话框中选择类别"日期与时间",选择函数 YEAR,单击"确定"按钮。

继而在弹出的"函数参数"对话框中填写参数 Serial_number 为 NOW()(这是时间函数中的一个,用于返回当前日期时间);由于工龄是当前年份减去参加工作年份,所以还要用 YEAR(G3) 求出参加工作年份。两者作差 = YEAR(NOW()) - YEAR(G3)。

将光标移动到 H3 单元格的右下角,当光标形状变为黑色十字时,单击鼠标左键向下拖曳实现公式的复制填写。

(4) 使用统计函数,对 Sheet1 中的数据,根据以下统计条件进行如下统计。

① 统计男性员工的人数,结果填入 N3 单元格中;
② 统计高级工程师人数,结果填入 N4 单元格中;
③ 统计工龄大于等于 10 的人数,结果填入 N5 单元格中。

【操作步骤】

选中 Sheet1 表单的 N3 单元格,单击 fx ,在弹出的"插入函数"对话框中选择类别"统计",选择函数 COUNTIF,单击"确定"按钮。

继而在弹出的"函数参数"对话框(见图 5-151)中填写参数 Range 为 D3:D66(统计范围为性别的存储位置),参数 Criteria 为"男"(统计条件为性别是男的)。

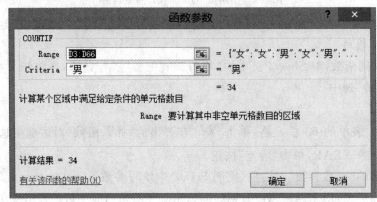

图 5-151 函数 COUNTIF 参数设置

选中 Sheet1 表单的 N4 单元格,单击 *fx*,在弹出的"插入函数"对话框中选择类别"统计",选择函数 COUNTIF,单击"确定"按钮。

继而在弹出的"函数参数"对话框(见图 5-152)中填写参数 Range 为 I3:I66(统计范围为职称的存储位置),参数 Criteria 为"高级工程师"(统计条件为职称是高级工程师的)。

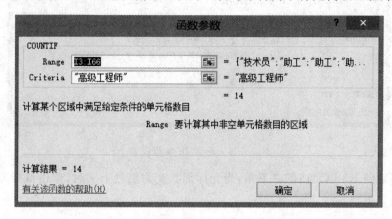

图 5-152 函数 COUNTIF 参数设置

选中 Sheet1 表单的 N5 单元格,单击 *fx*,在弹出的"插入函数"对话框中选择类别"统计",选择函数 COUNTIF,单击"确定"按钮。

继而在弹出的"函数参数"对话框(见图 5-153)中填写参数 Range 为 H3:H66(统计范围为工龄的存储位置),参数 Criteria 为">=10"(统计条件为工龄大于等于 10 的)。

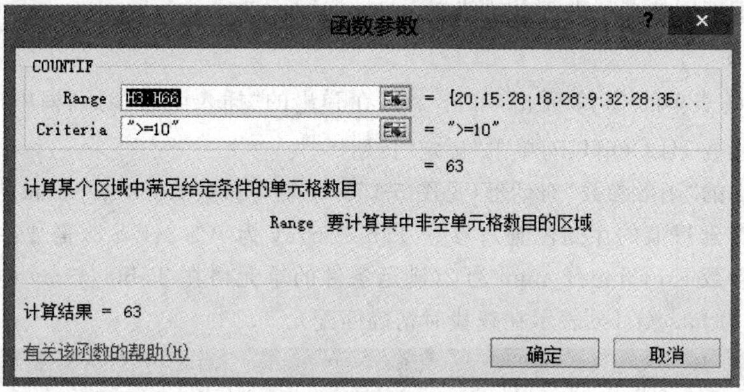

图 5-153 函数 COUNTIF 参数设置

(5)使用逻辑函数,判断员工是否有资格评"高级工程师"。

评选条件为:工龄大于 20,且为工程师的员工。

【操作步骤】

选中 Sheet1 表单的 K3 单元格,单击 *fx*,在弹出的"插入函数"对话框中选择类别"逻辑",选择函数 IF,单击"确定"按钮。

继而在弹出的"函数参数"对话框(见图 5-154)中填写参数 Logical_test 为 I3="工程师"(判断职称是否是"工程师"),参数 Value_if_true 为 IF(H3>20,TRUE,FALSE)(进一步判断工龄是否大于20),参数 Value_if_false 为 FALSE(当职称不是工程师时,显示 FALSE)。

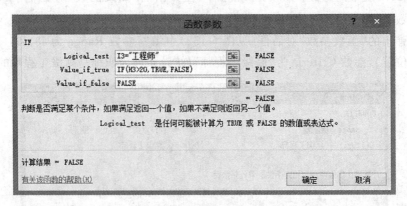

图 5-154　函数 IF 参数设置

将光标移动到 K3 单元格的右下角,当光标形状变为黑色十字时,单击鼠标左键向下拖曳实现公式的复制填写。

5.3.8　停车计费核算表

【样题】

(1) 使用 HLOOKUP 函数,对 Sheet1 中的停车单价进行自动填充。

要求:根据 Sheet1 中的"停车价目表"价格,利用 HLOOKUP 函数对"停车情况记录表"中的"单价"列根据不同的车型进行自动填充。

【操作步骤】

选中 Sheet1 表单的 C9 单元格,单击 fx ,在弹出的"插入函数"对话框中选择类别"查找与引用",选择函数 HLOOKUP,单击"确定"按钮。

继而在弹出的"函数参数"对话框(见图 5-155)中填写参数 Lookup_value 为 B9(需要在数据表首行进行搜索得值的存储位置);参数 Table_array 为 A$2:C$3(需要在其中搜索数据的表格范围);参数 Row_index_num 为 2(满足条件的单元格在 Table_array 中的行号);参数 Range_lookup 为 false(false 表示在查找时精确匹配)。

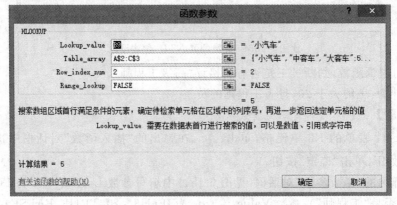

图 5-155　函数 HLOOKUP 参数设置

将光标移动到 C9 单元格的右下角,当光标形状变为黑色十字时,单击鼠标左键向下拖曳实现公式的复制填写。

(2) 在 Sheet1 中,计算汽车在停车库中的停放时间,要求:
① 公式计算方法为出库时间一入库时间。
② 格式为:时:分:秒。
(例如,一时十五分十二秒在停放时间中的表示为:"1:15:12")
【操作步骤】

该题可用简单公式计算,选中 Sheet1 的 F9 单元格,将光标移动到 fx 右侧的空白处输入"=E9-D9",按 Enter 键后,将光标移动到 F9 单元格的右下角,当光标形状变为黑色十字时,单击鼠标左键向下拖曳实现公式的复制填写。

(3) 使用函数公式,计算停车费用,要求:
根据停放时间的长短计算停车费用,将计算结果填入到"应付金额"列中。
注意:
① 停车按小时收费,对于不满 1 小时的按照 1 小时计费;
② 对于超过整点小时数 15 分钟的多累积 1 小时。(例如,1 小时 23 分,将以 2 小时计费)
【操作步骤】

选中 Sheet1 表单的 G9 单元格,单击 fx,在弹出的"插入函数"对话框中选择类别"逻辑",选择函数 IF,单击"确定"按钮。

继而在弹出的"函数参数"对话框(见图 5-156)中填写参数 Logical_test 为 HOUR(F9)=0(HOUR()是用来求出 F9 单元格中存储的停放时间中的小时数,HOUR(F9)=0 是用来判断停放时间的小时数是否为 0),参数 Value_if_true 为"1"(如果停放时间的小时数为 0,显示1),参数 Value_if_false 为 IF(MINUTE(F9)>15,HOUR(F9)+1,HOUR(F9))(如果停放时间的小时数不为 0,则进一步判断停放时间的分钟数是否大于 15,如大于 15,则小时数加 1,否则按原小时数值计数)。

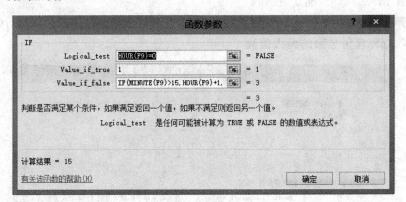

图 5-156 函数 IF 参数设置

这样求出具体的时间后,乘以相应的单价来求出应付金额,公式为=IF(HOUR(F9)=0,1,IF(MINUTE(F9)>15,HOUR(F9)+1,HOUR(F9)))*C9。

将光标移动到 G9 单元格的右下角,当光标形状变为黑色十字时,单击鼠标左键向下拖曳实现公式的复制填写。

(4) 使用统计函数,对 Sheet1 中的"停车情况记录表"根据下列条件进行统计,要求:

① 统计停车费用大于等于 40 元的停车记录条数(若 Sheet1 中未设置指定单元格,请考生自己在 Sheet1 中选择合适的位置进行统计);

② 统计最高的停车费用(若 Sheet1 中未设置指定单元格,请考生自己在 Sheet1 中选择合适的位置进行统计)。

【操作步骤】

选中 Sheet1 表单的 I9 单元格,单击 *fx* ,在弹出的"插入函数"对话框中选择类别"统计",选择函数 COUNTIF,单击"确定"按钮。

继而在弹出的"函数参数"对话框(见图 5-157)中填写参数 Range 为 G9:G39(统计范围为应付金额的存储位置),参数 Criteria 为>=40(统计条件为应付金额>=40 的)。

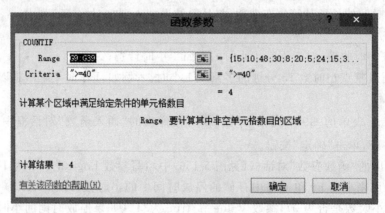

图 5-157 函数 COUNTIF 参数设置

选中 Sheet1 表单的 J9 单元格,单击 *fx* ,在弹出的"插入函数"对话框中选择类别"统计",选择函数 MAX,单击"确定"按钮。

继而在弹出的"函数参数"对话框(见图 5-158)中填写参数 Number1 为 G9:G39(求 G9:G39 范围内数据即应付金额的最大值)。

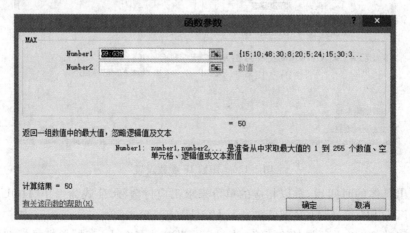

图 5-158 函数 MAX 参数设置

5.3.9 一、二级等级考试统计

【样题】

(1) 在 Sheet5 中设定 F 列中不能输入重复的数值。

【操作步骤】

选定要求不能重复输入数值的单元格区域即表单 Sheet5 的 F 列,单击"数据"选项卡中的"数据有效性"图标,在下拉菜单中选择"数据有效性",填充弹出的"数据有效性"对话框(见图 5-159)中的"设置"选项卡中,在"允许"下拉列表框中选择"自定义"项。在"公式"框中输入公式:=COUNTIF($F:$F,F1)=1,单击"确定"按钮。

当用户在 F 列中输入重复的数值时,会出现错误提示框(见图 5-160)。

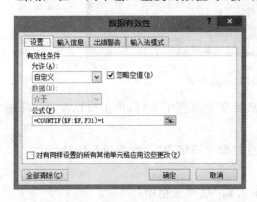

图 5-159 设置数据有效性　　　　图 5-160 非法输入提示

(2) 使用数组公式,根据 Sheet1 中"学生成绩表"的数据,计算考试总分,并将结果填入到"总分"列中。

计算方法:总分＝单选题＋判断题＋Windows 操作题＋Excel 操作题＋PowerPoint 操作题＋IE 操作题。

【操作步骤】

选中需要填写总分运算结果的表单 Sheet1 的单元格区域 J3:J57,在 =D3:D57+E3:E57+F3:F57+G3:G57+H3:H57+I3:I57 处输入=D3:D57+E3:E57+F3:F57+G3:G57+H3:H57+I3:I57,按下 Ctrl+Shift+Enter 组合键,则出现 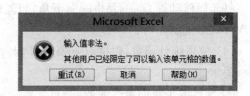,数组公式完成。

(3) 使用文本函数中的一个函数,在 Sheet1 中,利用"学号"列的数据,根据以下要求获得考生所考级别,并将结果填入"级别"列中。

要求:

① 学号中的第八位指示的考生所考级别,例如,085200821023080 中的 2 标识了该考生所考级别为二级;

② 在级别列中,填入的数据是函数的返回值。

【操作步骤】

在 Sheet1 中选中 C3 单元格,单击 fx,在弹出的"插入函数"对话框中选择类别"文本",

选择函数 MID，单击"确定"按钮。

继而在弹出的"函数参数"对话框（见图 5-161）填写参数 Text 为 A3（学号的存储位置）；参数 Star_num 为 8（准备提取的第一个字符所处的位置）；参数 Num_chars 为 1（所要提取的字符串长度）。

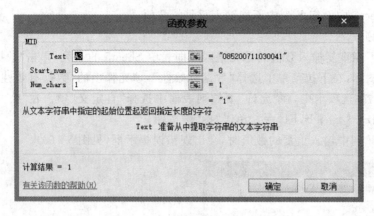

图 5-161 函数 MID 参数设置

将光标移动到 C3 单元格的右下角，当光标形状变为黑色十字时，单击鼠标左键向下拖曳实现公式的复制填写。

（4）使用统计函数，根据以下要求对 Sheet1 中"学生成绩表"的数据进行统计。

要求：

① 统计考 1 级的考生人数，并将计算结果填入到 N2 单元格中；

② 统计考试通过人数（>=60），并将计算结果填入到 N3 单元格中；

③ 统计全体 1 级考生的考试平均分，并将计算结果填入到 N4 单元格中。（其中，计算时候的分母直接使用 N2 单元格的数据）

【操作步骤】

选中 Sheet1 表单的 N2 单元格，单击 ![fx]，在弹出的"插入函数"对话框中选择类别"统计"，选择函数 COUNTIF，单击"确定"按钮。

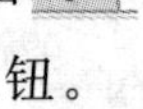

继而在弹出的"函数参数"对话框（见图 5-162）中填写参数 Range 为 C3:C57（统计范围为考试级别的存储位置），参数 Criteria 为"1"（统计条件为考试级别为 1 的）。

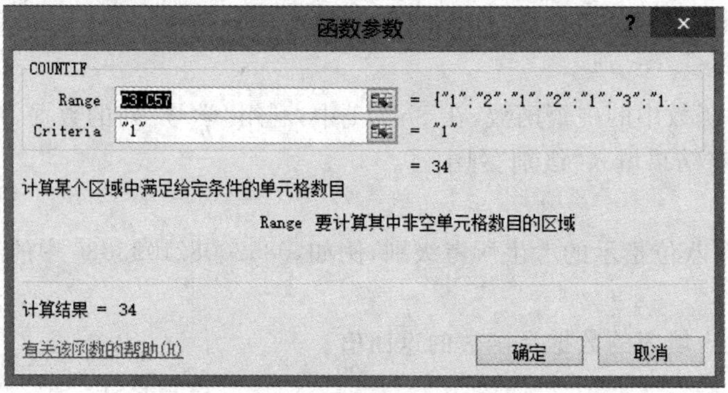

图 5-162 函数 COUNTIF 参数设置

选中 Sheet1 表单的 N3 单元格，单击 ƒx，在弹出的"插入函数"对话框中选择类别"统计"，选择函数 COUNTIF，单击"确定"按钮。

继而在弹出的"函数参数"对话框（见图 5-163）中填写参数 Range 为 J3:J57（统计范围为总分的存储位置），参数 Criteria 为>=60（统计条件为总分>=60 分的）。

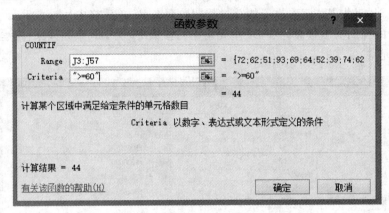

图 5-163　函数 COUNTIF 参数设置

选中表单 Sheet1 中的 N4 单元格，单击 ƒx，在弹出的"插入函数"对话框中选择类别"数学与三角函数"，选择函数 SUMIF，单击"确定"按钮。

继而在弹出的如图 5-164 所示的"函数参数"对话框中填写参数 Range 为 C3:C57（要进行统计的单元格区域，即考试级别列），参数 Criteria 为"1"（求和条件，此例为级别是 1 的），参数 Sum_range 为 J3:J57（用于求和的实际单元格，此处为总分列），单击"确定"按钮完成操作。求出全体参加 1 级考生的总分，继而除以 N2 中存储的参加 1 级考试的考生人数，即得到平均分。

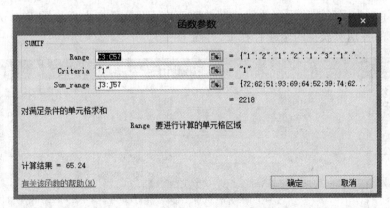

图 5-164　函数 SUMIF 参数设置

(5) 使用财务函数，根据以下要求对 Sheet2 中的数据进行计算。

要求：

① 根据投资情况表 1 中的数据，计算 10 年以后得到的金额，并将结果填入到 B7 单元格中；

② 根据投资情况表 2 中的数据，计算预计投资金额，并将结果填入到 E7 单元格中。

【操作步骤】

选中表单 Sheet2 中的 B7 单元格，单击 f_x，在弹出的"插入函数"对话框中选择类别"财务"，选择函数 FV，单击"确定"按钮。

继而在弹出的"函数参数"对话框（见图 5-165）中填写参数 Rate 为 B3（各期利率存在 B3 单元格）；参数 Nper 为 B5（该项投资的总付款期数存在 B5 单元格中）；参数 Pmt 为 B4（在整个投资期内不变的各期支出金额存在 B4 单元格中）；参数 Pv 为 B2（系列未来付款当前值得累积和存在 B2 单元格）。

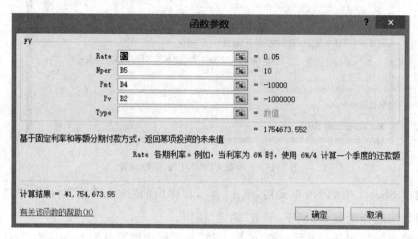

图 5-165　函数 FV 参数设置

选中表单 Sheet2 中的 E7 单元格，单击 f_x，在弹出的"插入函数"对话框中选择类别"财务"，选择函数 PV，单击"确定"按钮。

继而在弹出的"函数参数"对话框（见图 5-166）填写参数 Rate 为 E3（各期利率存在 E3 单元格）；参数 Nper 为 E4（该项投资的偿款期总数存在 E4 单元格中）；参数 Pmt 为 E2（在整个投资期内不变的各期所获得的金额存在 E2 单元格中）。

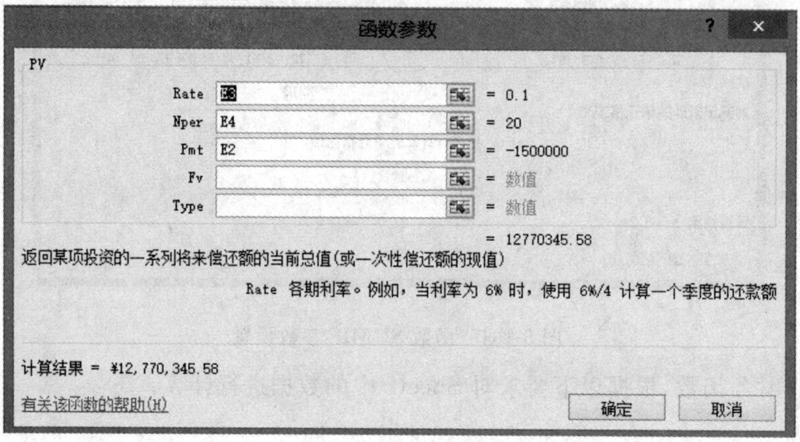

图 5-166　函数 FV 参数设置

5.3.10 通讯费年度计划统计表

【样题】

(1) 使用 VLOOKUP 函数,根据 Sheet1 中的"岗位最高限额明细表",填充"通讯费年度计划表"中的"岗位标准"列。

【操作步骤】

选中 Sheet1 表单的 D4 单元格,单击 ![fx] ,在弹出的"插入函数"对话框中选择类别"查找与引用",选择函数 VLOOKUP,单击"确定"按钮。

继而在弹出的"函数参数"对话框(见图 5-167)中填写参数 Lookup_value 为 C4(需要在数据表首列进行搜索的值的存储位置);参数 Table_array 为 ＄K＄5:＄L＄12(需要在其中搜索数据的表格范围);参数 Col-index-num 为 2(满足条件的单元格在 Table_array 中的列序号);参数 Range_lookup 为 false(false 表示在查找时精确匹配)。

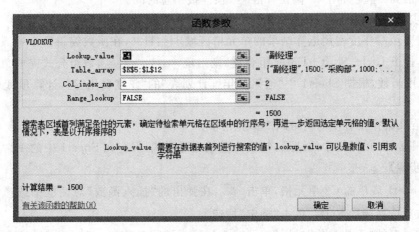

图 5-167　函数 VLOOKUP 参数设置

将光标移动到 D4 单元格的右下角,当光标形状变为黑色十字时,单击鼠标左键向下拖曳实现公式的复制填写。

(2) 使用 INT 函数,计算 Sheet1 中"通讯费年度计划表"的"预计报销总时间"列。

要求:

① 每月以 30 天计算;

② 将结果填充在预计报销总时间列中。

【操作步骤】

选中 Sheet1 表单的 G4 单元格,单击 ![fx] ,在弹出的"插入函数"对话框中选择类别"数学与三角函数",选择函数 INT,单击"确定"按钮。

继而在弹出的"函数参数"对话框(见图 5-168)中填写参数 Number 为 (F4－E4)/30(截止时间减起始时间除以月的 30 天)。

图 5-168 函数 INT 参数设置

将光标移动到 G4 单元格的右下角,当光标形状变为黑色十字时,单击鼠标左键向下拖曳实现公式的复制填写。

(3) 使用数组公式,计算 Sheet1 中"通讯费年度计划表"的"年度费用"列。

计算方法为:年度费用 = 岗位标准 * 预计报销总时间。

【操作步骤】

选中需要填写年度费用运算结果的单元格区域 H4:H26,在函数编辑区中输入 =D4:D26 * G4:G26,按下 Ctrl+Shift+Enter 组合键,则出现 [=D4:D26*G4:G26],数组公式完成。

(4) 使用函数,根据 Sheet1 中"通讯费年度计划表"的"年度费用"列,计算预算总金额。

要求:

① 将结果保存在 Sheet1 中的 C2 单元格中;

② 并根据 C2 单元格中的结果,转换为金额大写形式,保存在 Sheet1 中的 F2 单元格中。

【操作步骤】

选中 Sheet1 表单的 C2 单元格,单击 fx,在弹出的"插入函数"对话框中选择类别"数学与三角函数",选择函数 SUM,单击"确定"按钮。

继而在弹出的"函数参数"对话框(见图 5-169)中填写参数 Number 为 H4:H26(表示要求和的数的存储位置)。

图 5-169 函数 SUM 参数设置

选中 Sheet1 表单的 F2 单元格,单击右键选择"设置单元格格式",在弹出的"设置单元格格式"对话框(见图5-170)中的"数字"选项卡,设置分类为"特殊",设置类型为"中文大写数字",单击"确定"按钮。

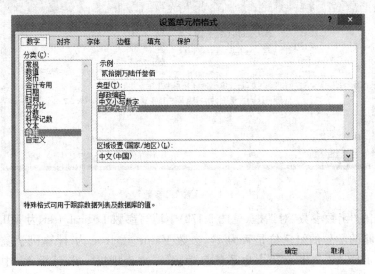

图 5-170　设置单元格格式为中文大写数字

之后将Sheet1表单的C2单元格内容复制到F2单元格。

5.3.11　图书订购信息表

【样题】

(1) 在Sheet4中,使用函数,根据E1单元格中的身份证号码判断性别,结果为"男"或"女",存放在F1单元格中。(倒数第二位为奇数的为"男",为偶数的为"女")

【操作步骤】

在Sheet4中,选中F1单元格,单击 f_x ,在弹出的"插入函数"对话框中选择类别"逻辑",选择函数IF,单击"确定"按钮。

继而在弹出的"函数参数"对话框(见图5-171)中填写参数Logical_test为MOD(MID(E1,17,1),2)=1((MID(E1,17,1)用于取出E1单元格中存储的身份证号码中的倒数第二位,MOD(MID(E1,17,1),2)=1用于判断身份证号码中的倒数第二位是否为奇数,因为奇数除2余数为1),参数Value_if_true为"男",参数Value_if_false为"女"。

(2) 使用IF函数,根据Sheet1中的"图书订购信息表"中的"学号"列对"所属学院"列进行填充。

要求:

根据每位学生学号的第七位填充对应的"所属学院"。

① 学号第七位为1—计算机学院

② 学号第七位为0—电子信息学院

【操作步骤】

在Sheet1中,选中C3单元格,单击 f_x ,在弹出的"插入函数"对话框中选择类别"逻辑",

选择函数 IF,单击"确定"按钮。

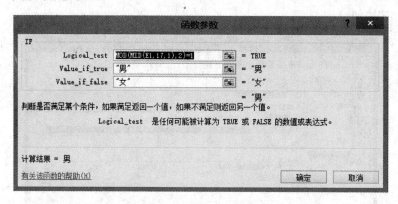

图 5-171　函数 IF 参数设置

继而在弹出的"函数参数"对话框(见图 5-172)中填写参数 Logical_test 为 MID(A3,7,1)="1"(判断 A3 中存储的学号的第 7 位是否为 1),参数 Value_if_true 为"计算机学院",参数 Value_if_false 为 IF(MID(A3,7,1)="0","电子信息学院","")(否则进一步判断 A3 中存储的学号的第 7 位是否为 0,如果是填写"电子信息学院",否则为空)。

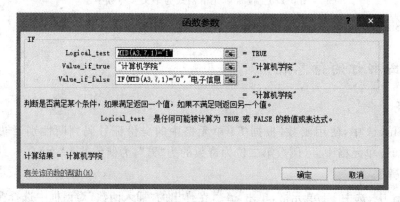

图 5-172　函数 IF 参数设置

将光标移动到 C3 单元格的右下角,当光标形状变为黑色十字时,单击鼠标左键向下拖曳实现公式的复制填写。

注意:此处第一个参数 Logical_test 为 MID(A3,7,1)="1",此处不可写 MID(A3,7,1)=1,会造成错误。因为 MID 函数的结果为字符类型数据,"1"才表示字符 1。

(3) 使用 COUNTBLANK 函数,对 Sheet1 中的"图书订购信息表"中的"订书种类数"列进行填充。

注意:

① 其中"1"表示该同学订购该图书,空格表示没有订购;

② 将结果保存在 Sheet1 中的"图书订购信息表"中的"订书种类数"列。

【操作步骤】

在 Sheet1 中,选中 H3 单元格,单击 ƒx,在弹出的"插入函数"对话框中选择类别"统计",选择函数 COUNTBLANK,单击"确定"按钮。

继而在弹出的"函数参数"对话框(见图 5-173)中填写参数 Range 为 D3:G3(统计 D3:G3 范围内的空单元格数目),单击"确定"按钮之后,对公式进行修正为＝4－COUNTBLANK(D3:G3)(因为所求的是订书种类所以用总的书籍种类 4 减去空白即没订的书数,可以得到订书种类数)。

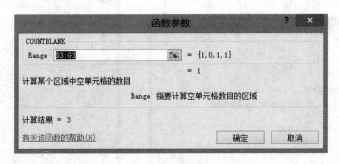

图 5-173 函数 COUNTBLANK 参数设置

将光标移动到 H3 单元格的右下角,当光标形状变为黑色十字时,单击鼠标左键向下拖曳实现公式的复制填写。

(4) 使用公式,对 Sheet1 中的"图书订购信息表"中的"订书金额(元)"列进行填充。

计算方法为:应缴总额 ＝ C 语言 ＊ 单价 ＋ 高等数学 ＊ 单价 ＋ 大学语文 ＊ 单价 ＋ 大学英语 ＊ 单价。

【操作步骤】

该题可考虑采用简单公式输入,具体操作为选中 Sheet1 表单的 I3 单元格,将光标移动到 右侧的空白处,输入"＝D3＊＄L＄3＋E3＊＄L＄4＋F3＊＄L＄5＋G3＊＄L＄6",效果如 ,按 Enter 键。

将光标移动到 I3 单元格的右下角,当光标形状变为黑色十字时,单击鼠标左键向下拖曳实现公式的复制填写(也可以双击 I3 单元格右下角实现公式的复制填写)。

注意:当题目没有要求是数组公式时,就如此题,按照简单公式处理。

(5) 使用统计函数,根据 Sheet1 中"图书订购信息表"的数据,统计应缴总额大于 100 元的学生人数,将结果保存在 Sheet1 的 M9 单元格中。

【操作步骤】

选中 Sheet1 表单的 M9 单元格,单击 ,在弹出的"插入函数"对话框中选择类别"统计",选择函数 COUNTIF,单击"确定"按钮。

继而在弹出的"函数参数"对话框(见图 5-174)中填写参数 Range 为 I3:I50(统计范围为订书金额的存储位置),参数 Criteria 为＞100(统计条件为应缴总额大于 100 元)。

(6) 将 Sheet1 的"图书订购信息表"复制到 Sheet2,并对 Sheet2 进行自动筛选。

要求:

筛选条件为:"订书种类数"＞＝3、"所属学院"－计算机学院;

将筛选结果保存在 Sheet2 中。

【操作步骤】

首先选中 Sheet1 的"图书订购信息表",选中 Sheet2 的 A1 单元格,从而保证复制过来的数据表在 Sheet2 顶格放置,单击鼠标右键,选择"选择性粘贴",分两次分别选择性粘贴"数值"(见图 5-175)、"格式"。

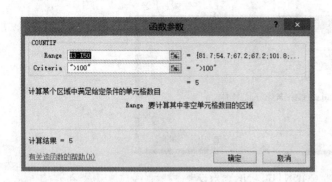

图 5-174 函数 COUNTIF 参数设置

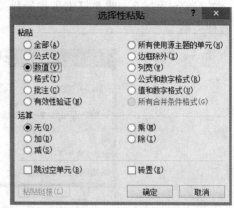

图 5-175 选择性粘贴"数值"

选中 Sheet2 中除标题"图书订购信息表"之外的表格内容,单击"数据"选项卡中的"筛选"图标 ,单击"订书种类数"右侧的小三角,如图 5-176 所示选择 3、4(因为题目要的自动筛选条件≥=3),单击"所属学院"右侧的小三角,如图 5-177 所示选择自动筛选条件为"计算机学院"。

图 5-176 设置自动筛选条件≥=3

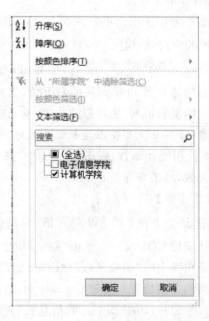

图 5-177 设置自动筛选条件"计算机学院"

注意:自动筛选之后,在筛选过的条目右侧一定要出现筛选过的标记 。

5.3.12 学生百米、铅球成绩单

【样题】

(1) 在 Sheet1"学生成绩表"中,使用 REPLACE 函数和数组公式,将原学号转变成新学号,同时将所得的新学号填入"新学号"列中。转变方法:将原学号的第四位后面加上"5",例如,"2007032001"→"20075032001"。

【操作步骤】

选中 Sheet1 表单的 B3:B30 单元格,单击 f_x,在弹出的"插入函数"对话框中选择类别"文本",选择函数 REPLACE,单击"确定"按钮。

继而在弹出的"函数参数"对话框(见图 5-178)中填写参数 Old_text 为 A3:A30(就是要进行字符替换的文本存储位置);参数 Start 为"5"(要替换为 New_text 的字符在 Old_text 中的位置是从第 5 个开始);参数 Num_chars 为"0"(要从 Old_text 中替换的字符个数为 0 个);参数 New_text 为"5"(用来替换的新字符为"5"),单击"确定"按钮。

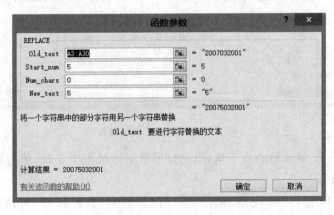

图 5-178 函数 REPLACE 参数设置

进而将光标移到 `=REPLACE(A3:A30,5,0,5)` 右侧,按下 Ctrl + Shift + Enter 组合键,则出现 `{=REPLACE(A3:A30,5,0,5)}`,数组公式完成。

注意:如果要修改已编辑好的数组公式,一定要先选中所有填写了数组公式的单元格(如此题为 B3:B30),单击公式编辑框右侧空白区域,等到标志数组公式的大括号消失,再修改,完成修改后,同时按下 Ctrl+Shift+Enter 组合键。否则会造成 Excel 无法继续编辑。

(2) 使用 IF 函数和逻辑函数,对 Sheet1"学生成绩表"中的"结果 1"和"结果 2"列进行填充。

要求:

填充的内容根据以下条件确定:(将男生、女生分开写进 IF 函数当中)

① 结果 1:如果是男生,成绩<14.00,填充为"合格";

成绩>=14.00,填充为"不合格";

如果是女生,成绩<16.00,填充为"合格";

成绩>=16.00,填充为"不合格";

② 结果 2:如果是男生,成绩>7.50,填充为"合格";

成绩≤7.50,填充为"不合格";
如果是女生,成绩>5.50,填充为"合格";
成绩≤5.50,填充为"不合格"。

【操作步骤】

在 Sheet1 中,选中 F3 单元格,单击 fx ,在弹出的"插入函数"对话框中选择类别"逻辑",选择函数 IF,单击"确定"按钮。

继而在弹出的"函数参数"对话框(见图 5-179)中填写参数 Logical_test 为 OR(AND(D3="男",E3<14),AND(D3="女",E3<16))(判断存储的信息中是否满足男生并且成绩<14,或是女生并且成绩<16),参数 Value_if_true 为"合格"(满足 Logical_test 的条件,F3 显示"合格"),参数 Value_if_false 为"不合格"(不满足 Logical_test 的条件,F3 显示"不合格")。

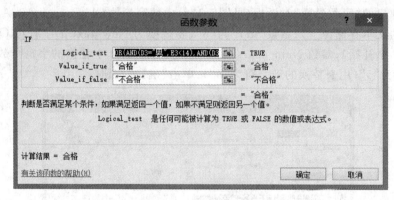

图 5-179 函数 IF 参数设置

将光标移动到 F3 单元格的右下角,当光标形状变为黑色十字时,单击鼠标左键向下拖曳实现公式的复制填写。

在 Sheet1 中,选中 H3 单元格,单击 fx ,在弹出的"插入函数"对话框中选择类别"逻辑",选择函数 IF,单击"确定"按钮。

继而在弹出的"函数参数"对话框(见图 5-180)中填写参数 Logical_test 为 OR(AND(D3="男",G3>7.5),AND(D3="女",G3>5.5))(判断存储的信息中是否满足男生并且成绩>7.5,或是女生并且成绩>5.5),参数 Value_if_true 为"合格"(满足 Logical_test 的条件,H3 显示"合格"),参数 Value_if_false 为"不合格"(不满足 Logical_test 的条件,H3 显示"不合格")。

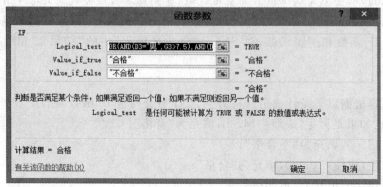

图 5-180 函数 IF 参数设置

将光标移动到 H3 单元格的右下角,当光标形状变为黑色十字时,单击鼠标左键向下拖曳实现公式的复制填写。

(3) 对于 Sheet1"学生成绩表"中的数据,根据以下条件,使用统计函数进行统计。

要求:

① 获取"100 米跑得最快的学生成绩",并将结果填入到 Sheet1 的 K4 单元格中;

② 统计"所有学生结果 1 为合格的总人数",并将结果填入 Sheet1 的 K5 单元格中。

【操作步骤】

选中 Sheet1 表单的 K4 单元格,单击 f_x,在弹出的"插入函数"对话框中选择类别"统计",选择函数 MIN,单击"确定"按钮。

继而在弹出的"函数参数"对话框(见图 5-181)中填写参数 Number1 为 E3:E30(求 E3:E30 范围内数据即 100 米成绩的最小值)。

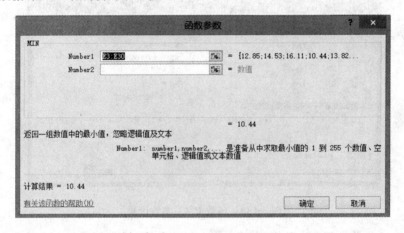

图 5-181 函数 MIN 参数设置

选中 Sheet1 表单的 K5 单元格,单击 f_x,在弹出的"插入函数"对话框中选择类别"统计",选择函数 COUNTIF,单击"确定"按钮。

继而在弹出的"函数参数"对话框(见图 5-182)中填写参数 Range 为 F3:F30(统计范围为结果 1 的存储位置),参数 Criteria 为"合格"(统计条件为结果 1 为合格的)。

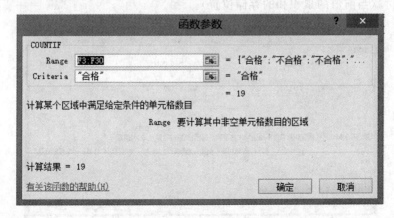

图 5-182 函数 COUNTIF 参数设置

(4) 根据 Sheet2 中的贷款情况,使用财务函数对贷款偿还金额进行计算。

要求:

① 计算"按年偿还贷款金额(年末)",并将结果填入到 Sheet2 中的 E2 单元格中;

② 计算"第 9 个月贷款利息金额",并将结果填入到 Sheet2 中的 E3 单元格中。

【操作步骤】

选中 Sheet2 表单的 E2 单元格,单击 f_x ,在弹出的"插入函数"对话框中选择类别"财务",选择函数 PMT,单击"确定"按钮。

继而在弹出的"函数参数"对话框(见图 5-183)中填写参数 Rate 为 B4(各期利率的存储位置);参数 Nper 为 B3(总投资或贷款期的存储位置);参数 Pv 为 B2(系列未来付款当前值的累积和的存储位置)。

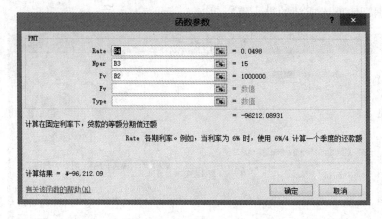

图 5-183 函数 PMT 参数设置

选中 Sheet2 表单的 E3 单元格,单击 f_x ,在弹出的"插入函数"对话框中选择类别"财务",选择函数 IPMT,单击"确定"按钮。

继而在弹出的"函数参数"对话框(见图 5-184)中填写参数 Rate 为 B4/12(各期利率为 B4 中存储的年利率除以 12 转化为月利率);参数 Per 为 9(用于计算利息的期次,此处为第 9 期);参数 Nper 为 B3*12(总投资或贷款期为 B3 中存储的年乘以 12 转化为月份数);参数 Pv 为 B2(系列未来付款当前值的累积和的存储位置)。

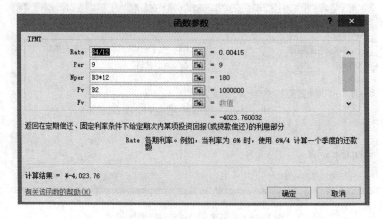

图 5-184 函数 IPMT 参数设置

5.4 PowerPoint 2010 应用

5.4.1 设计模板

【样题】

将幻灯片的设计模板设置为"暗香扑面"。

【操作步骤】

选中第一张幻灯片,单击"设计"选项卡,继而在出现的如图 5-185 所示界面上部选中第三个设计模板"暗香扑面",单击鼠标左键。

图 5-185　应用设计模板

5.4.2 给幻灯片插入日期

【样题】

给幻灯片插入日期(自动更新,格式为 X 年 X 月 X 日)。

【操作步骤】

单击"插入"选项卡中的"日期和时间"图标,单击鼠标左键,在弹出的"页眉页脚"对话框(见图 5-186)中,勾选"日期和时间"复选框,进而选择"自动更新"单选按钮,并选择格式为 X 年 X 月 X 日。注

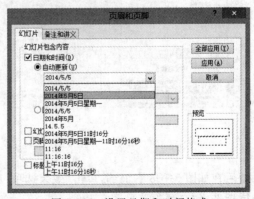

图 5-186　设置日期和时间格式

意,图中所示的 2014 年 5 月 5 日只表示一种日期格式,大家在具体操作时可能会出现的是你操作那一天的时间。

最后单击"页眉页脚"对话框右上部的"全部应用"按钮完成本部分的工作。

5.4.3 动画的设置

【样题】

设置幻灯片的动画效果,要求如下:

针对第二页幻灯片,按顺序设置以下的自定义动画效果:

① 将文本内容"RPC 背景"的进入效果设置成"自顶部飞入";

② 将文本内容"RPC 概念"的强调效果设置成"彩色脉冲";

③ 将文本内容"远程控制技术"的退出效果设置成"淡出";

④ 在页面中添加"前进"(前进或下一项)与"后退"(后退或前一项)的动作按钮。

【操作步骤】

第一步:

选中第二张幻灯片,选中"RPC 背景"几个字,单击"动画"选项卡,选择第四个图标"飞入",在图 5-187 所示的界面"RPC 背景"就被设置成了动画飞入。

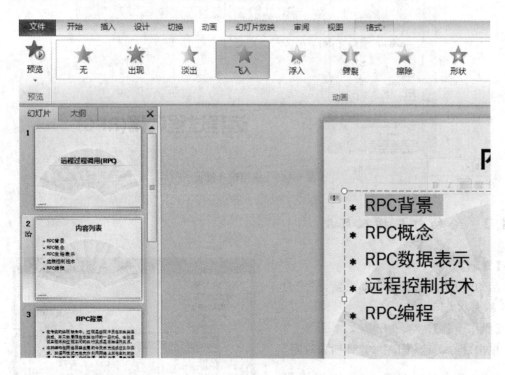

图 5-187 自定义动画进入设置

随后在如图 5-188 右上部,单击"效果选项"图标下部的小三角标记,在出现的下拉菜单中单击鼠标选择"自顶部"(见图 5-189)。

图 5-188　自定义动画进入效果选择标签

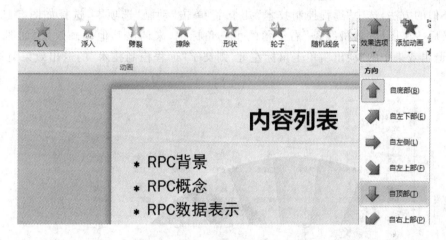

图 5-189　自定义动画进入效果的选择

第二步：

用类似的方法，选中"RPC 概念"几个字，单击"动画"选项卡，选择如图 5-190 所示"动画"功能区最后一个图标"随机线条"右下角的小三角标记，来调出其他动画效果，如图 5-191 所示，选择强调效果中的"彩色脉冲"，单击，则文字"RPC 概念"的强调效果就被设置成了彩色脉冲。

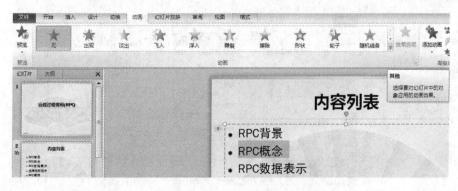

图 5-190　自定义动画其他效果的选择

图 5-191　自定义动画强调效果的设置

第三步：

用类似的方法，选中"远程控制技术"几个字，单击"动画"选项卡，选择如图 5-189 "动画"功能区最后一个图标"随机线条"右下角的小三角标记，来调出其他动画效果，如图 5-192 所示，选择退出效果中的"淡出"，单击鼠标左键，则文字"远程控制技术"的退出效果就被设置成了"淡出"。

图 5-192　自定义动画退出效果设置

第四步：

选中第二张幻灯片，单击"插入"选项卡，进而选择"形状"图标，如图 5-193 所示，在出现的下拉菜单中，用鼠标向下拖动其右侧的滚动条，直到出现"动作按钮"选项。

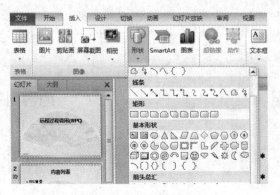

图 5-193　动作按钮的插入

在如下图 5-194 中选择"前进"或"后退"的动作按钮,当鼠标变为十字形状时在第二张幻灯片上拖画出"前进"与"后退"的动作按钮。并设置如图 5-195、图 5-196 所示的对话框。

注意:添加动作按钮时,一定要先添加"前进"按钮 ▶（画在左侧）,在添加"后退"按钮 ◀（画在右侧）。否则不得分。

图 5-194 动作按钮

图 5-195 后退按钮

图 5-196 前进按钮

5.4.4 幻灯片切换

【样题】

按下面要求设置幻灯片的切换效果:
(1) 设置所有幻灯片之间的切换效果为"自左侧推进";
(2) 实现每隔 3 秒自动切换,也可以单击鼠标进行手动切换。

【操作步骤】

第一步:

选中所有幻灯片,之后单击"切换"选项卡（见图 5-197）,选择"切换到此幻灯片"功能区图标"揭开"右下角的小三角标记,来调出其他切换效果。

在如图 5-198 所示的界面中选择"推进"图标,单击类似于图 5-197 右上部"效果选项"下方的小三角标识,在出现的下拉菜单中（见图 5-199）,单击选择"自左侧"。

图 5-197 切换效果

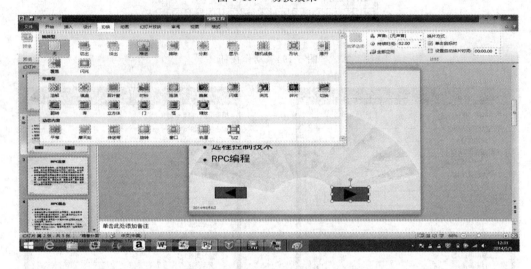

图 5-198 选择推出切换

第二步：

进而在如图 5-198 界面最右上侧"计时"功能区找到如图 5-200 所示的"换片方式"，勾选"单击鼠标时"复选框，勾选"设置自动换片时间"复选框，单击小三角形标志选择换片时间为 3 秒，之后单击"全部应用"按钮。

图 5-199 设置推出切换效果

图 5-200 换片方式设置

5.4.5 特殊效果设置

【样题一】

在幻灯片最后一页后,新增加一页,设计出如下效果,单击鼠标,矩形自动放大,且自动翻转为缩小,重复显示3次,其他设置默认。(矩形初始大小可以自定)

【操作步骤】

选中第5张幻灯片(目前的最后一张幻灯片),如图5-201所示单击"开始"选项卡中的"新建幻灯片"图标,单击鼠标左键,则会在最后添加一张新的幻灯片。

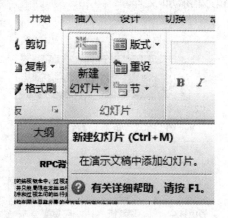

图 5-201 新建幻灯片

选择"插入"选项卡,进而选择"矩形"中的第一个,单击鼠标左键,当光标变成十字形时,移动光标到最后一张幻灯片上你认为合适的位置,按下鼠标左键,向右下拖曳到合适大小时,松开鼠标左键,完成一个矩形的添加(见图5-202)。

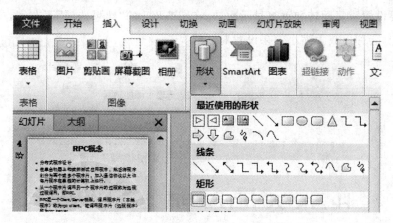

图 5-202 添加矩形

接下来,单击鼠标左键,选中这个矩形,单击"动画"选项卡,单击如图5-203所示"随机线条"右侧的小三角标志,在图5-204出现的下拉式菜单中,单击选择"强调"效果中的"放大缩小"。

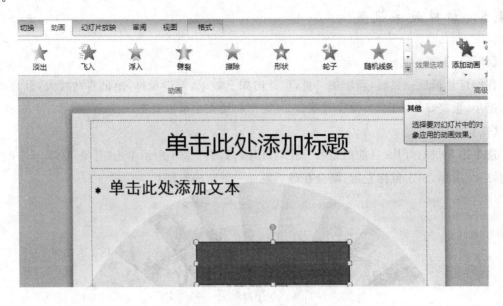

图 5-203　矩形动画设置

图 5-204　选择强调中的"放大缩小"

接下来要设置重复翻转和重复显示次数,在图 5-205 的"效果选项"下右侧,单击那个小小的斜箭头标记,会弹出放大缩小效果设置对话框。

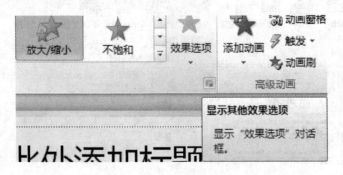

图 5-205　其他效果的显示

在图 5-206 中"效果"选项卡中,勾选"自动翻转"复选框。然后用鼠标单击"计时"选项卡,选择重复次数为 3,如图 5-207 所示。单击"确定"按钮,完成设置。

图 5-206 自动翻转设置

图 5-207 重复次数设置

【样题二】

在幻灯片最后一页后,新增加一页,设计出如下效果,圆形四周的箭头向各自方向放大,自动翻转为缩小,重复显示 5 次,其他设置默认(圆以及四个箭头初始大小可以自定)。

【操作步骤】

选中目前的最后一张幻灯片,单击"开始"选项卡中的"新建幻灯片"图标,单击鼠标左键,则会在最后添加一张新的幻灯片。

选择"插入"选项卡,进而选择"基本形状"中的第三个"椭圆",单击鼠标左键,当光标变成十字形时,移动光标到最后一张幻灯片上你认为合适的位置,按下鼠标左键同时按下 Shift 键,向右下拖曳到合适大小时,松开鼠标左键,完成一个"圆形"的添加(见图 5-208)。

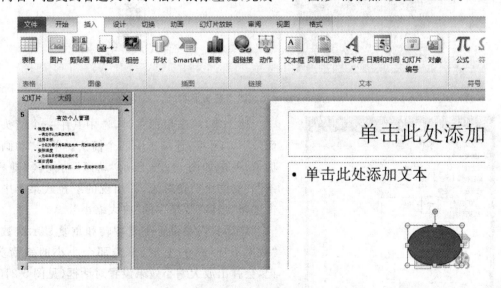
图 5-208 添加圆形

类似于上述"圆形"的添加,选择"插入"选项卡,进而选择"箭头汇总"中的第一个"向左箭头",单击鼠标左键,当光标变成十字形时,移动光标到最后一张幻灯片上你认为合适的位置,

291

按下鼠标左键,向右下拖曳到合适大小时,松开鼠标左键,完成一个"向左箭头"的添加。

选择"插入"选项卡,进而选择"箭头汇总"中的第二个"向右箭头",单击鼠标左键,当光标变成十字形时,移动光标到最后一张幻灯片上你认为合适的位置,按下鼠标左键,向右下拖曳到合适大小时,松开鼠标左键,完成一个"向右箭头"的添加。

选择"插入"选项卡,进而选择"箭头汇总"中的第三个"向上箭头",单击鼠标左键,当光标变成十字形时,移动光标到最后一张幻灯片上你认为合适的位置,按下鼠标左键,向右下拖曳到合适大小时,松开鼠标左键,完成一个"向上箭头"的添加。

选择"插入"选项卡,进而选择"箭头汇总"中的第四个"向下箭头",单击鼠标左键,当光标变成十字形时,移动光标到最后一张幻灯片上你认为合适的位置,按下鼠标左键,向右下拖曳到合适大小时,松开鼠标左键,完成一个"向下箭头"的添加。完成后效果如图 5-209 所示。

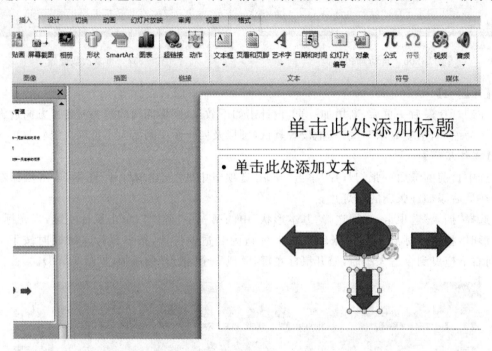

图 5-209　添加四个箭头形状

接下来,单击鼠标左键,选中其中一个箭头,继而按下 Ctrl 键,连续选中四个箭头。单击"动画"选项卡,单击如图 5-203 所示"动画"功能区"随机线条"右侧的小三角标志,在出现的下拉式菜单中,单击选择"强调"效果中的"放大缩小"。

之后我们要设置重复翻转和重复显示次数,在"效果选项"的右下侧,单击那个小小的斜箭头标记,会弹出放大缩小效果设置对话框(见图 5-210)。

注意:记得勾选上"自动翻转"复选框。

【样题三】

在幻灯片最后一页后,新增加一页,设计出如

图 5-210　缩小放大重复次数设置

下效果,单击鼠标,依次显示文字:A B C D,字体、大小随意。

【操作步骤】

选中目前的最后一张幻灯片,单击"开始"选项卡中的"新建幻灯片"图标,单击该图标右下角的小三角,在出现的下拉式菜单中,选择添加一个"空白"的新幻灯片。

如图 5-211 所示单击"插入"选项卡中的"文本框"图标,单击该图标下的小三角标志,在出现的下拉菜单中,鼠标单击选择"横排文本框"。当光标变成十字形时,移动光标到最后一张幻灯片上,选择合适的位置,按下鼠标左键,向右下拖曳到合适大小时,松开鼠标左键,完成第一个横排文本框的添加。

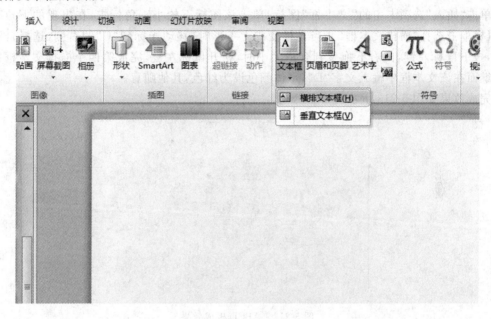

图 5-211 插入横排文本框

继而在该文本框中输入文字"A",字体颜色设为红色,其他随意。效果如图 5-212 所示。

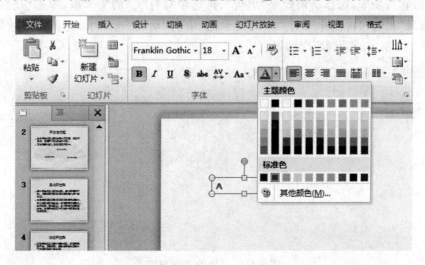

图 5-212 文字 A 颜色设置

重复类似操作，单击"插入"选项卡中的"文本框"图标，单击该图标下的小三角标志，在出现的下拉菜单中，鼠标单击选择"横排文本框"。当光标变成十字形时，移动光标到"A"的右侧，选择合适的位置，按下鼠标左键，向右下拖曳到合适大小时，松开鼠标左键，完成第二个横排文本框的添加。继而在该文本框中输入文字"B"，字体颜色设为红色，其他随意。

单击"插入"选项卡中的"文本框"图标，单击该图标下的小三角标志，在出现的下拉菜单中，鼠标单击选择"横排文本框"。当光标变成十字形时，移动光标到"A"的下方，选择合适的位置，按下鼠标左键，向右下拖曳到合适大小时，松开鼠标左键，完成第三个横排文本框的添加。继而在该文本框中输入文字"C"，字体颜色设为红色，其他随意。

单击"插入"选项卡中的"文本框"图标，单击该图标下的小三角标志，在出现的下拉菜单中，鼠标单击选择"横排文本框"。当光标变成十字形时，移动光标到"C"的右侧，选择合适的位置，按下鼠标左键，向右下拖曳到合适大小时，松开鼠标左键，完成第四个横排文本框的添加。继而在该文本框中输入文字"D"，字体颜色设为红色，其他随意。

完成效果如图 5-213 所示。

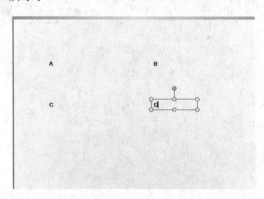

图 5-213　ABCD 生成效果

选中写有"A"的文本框，单击"动画"选项卡，选择动画效果"出现"；再选中写有"B"的文本框，单击"动画"选项卡，选择动画效果"出现"；再选中写有"C"的文本框，单击"动画"选项卡，选择动画效果"出现"；再选中写有"D"的文本框，单击"动画"选项卡，选择动画效果"出现"。形成如图 5-214 所示的动画顺序即可。

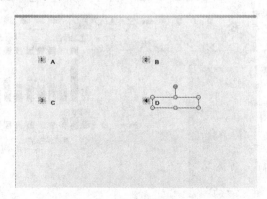

图 5-214　ABCD 动画顺序

【样题四】

在幻灯片最后一页后,新增加一页,设计出如下效果,单击鼠标,文字从底部,垂直向上显示,默认设置。(字体、大小等随意,文字输入按题目要求内容)

【操作步骤】

选中目前的最后一张幻灯片,单击"开始"选项卡中的"新建幻灯片"图标,单击该图标右下角的小三角,在出现的下拉式菜单中,选择添加一个"空白"的新幻灯片。

单击"插入"选项卡中的"文本框"图标,单击该图标下的小三角标志,在出现的下拉菜单中,鼠标双击选择"横排文本框"。当光标变成十字形时,移动光标到最后一张幻灯片上,选择合适的位置,按下鼠标左键,向右下拖曳到合适大小时,松开鼠标左键,完成一个横排文本框的添加。

如图 5-215 所示接下来在文本框中输入"歌曲:盛夏的果实",按 Enter 键,换行后输入"演唱:莫文蔚",选中这些输入的文字,单击图标 ≡,居中显示文字。

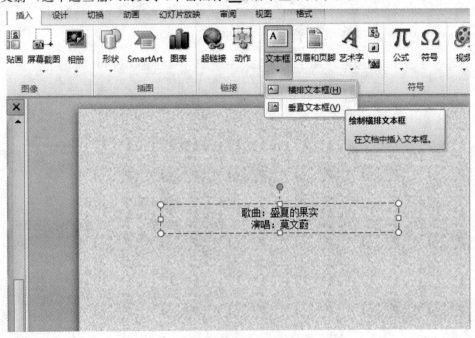

图 5-215　添加横排文本框以及文本框内容

选中写有文字"演唱:莫文蔚"以及"歌曲:盛夏的果实"的文本框,单击"动画"选项卡,进而如图 5-216 选择动画效果"退出路径"中的"直线"效果。

由于一般的直线型退出路线为由上向下,不符合题意,所以图 5-217 需要进一步修改"效果选项"为"上"。

最后为了实现题目要求的,从底端进入,向上飞出顶端。选中刚才添加的文本框,当光标变成黑色十字形状时,按下鼠标左键,将文本框向下拖出幻灯片底部。接下来延长直线型退出路线的长度,首先选中红色箭头 ▲,向上拖曳直到红色箭头超出幻灯片顶部;接下来选中绿色箭头 ⬟,向下拖曳直到绿色箭头超出幻灯片底部。

保存做好的 PPT 文件,完成所有操作。

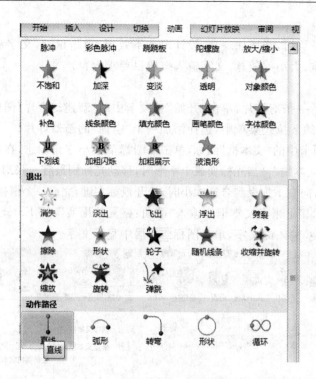

图 5-216 选择直线动作路径

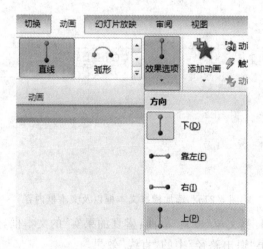

图 5-217 设置动作路径方向

【样题五】
在幻灯片最后一页后,新增加一页,设计出如下效果,选择"我国的首都",若选择正确,则在选项边显示文字"正确",否则显示文字"错误"。(字体、大小等随意)

【操作步骤】
(注意:A. 上海、B. 北京、C. 广州、D. 重庆的字体颜色为"蓝色",这一部分请读者自行设置,下文中不作强调。)

选中目前的最后一张幻灯片,单击"开始"选项卡中的"新建幻灯片"图标,单击鼠标左键,则会在最后添加一张新的幻灯片。

在标题处输入文字"我国的首都",之后选择"添加文本区域边框"(区域周围出现如图 5-218 所示的圆形和正方形),按下 Delete 键,将该区域删除。效果如图 5-219 所示。

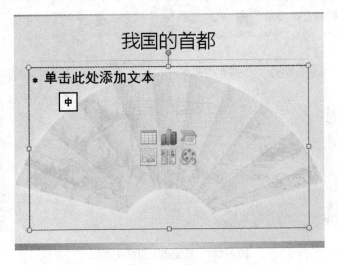

图 5-218　新建一张幻灯片

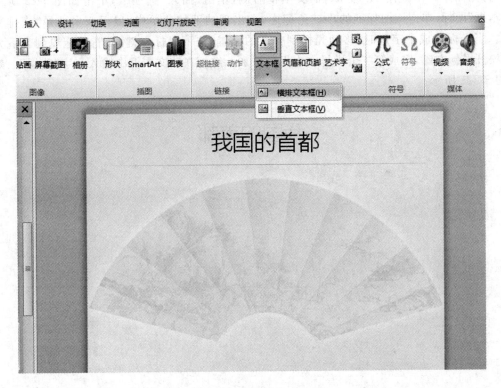

图 5-219　删除文本框区域边框

之后单击"插入"选项卡中的"文本框"图标(见图 5-220),单击该图标下的小三角标志,在出现的下拉菜单中,鼠标单击选择"横排文本框"。

当光标变成十字形时,移动光标到最后一张幻灯片上,"我国的首都"下方你认为合适的位置,按下鼠标左键,向右下拖曳到合适大小时,松开鼠标左键,完成一个横排文本框的添加。继而在该文本框中键入文字"A. 上海"。

图 5-220　添加多个横排文本框

将光标停留在写有"A. 上海"的文本框右侧,单击"插入"选项卡,单击如图 5-22 所示的"文本框"图标,单击该图标下的小三角标志,在出现的下拉菜单中,鼠标双击选择"横排文本框"。当光标变成十字形时,移动光标到合适的位置,按下鼠标左键,向右下拖曳到合适大小时,松开鼠标左键,完成第二个横排文本框的添加。继而在该文本框中输入文字"错误"。效果如图 5-221 所示。

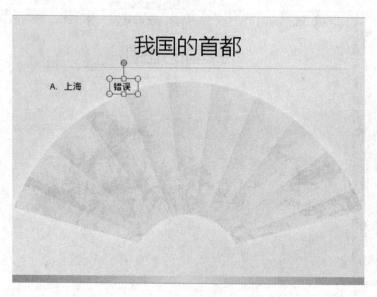

图 5-221　文本框添加效果一

重复类同操作,单击"插入"选项卡中的"文本框"图标,单击该图标下的小三角标志,在出现的下拉菜单中,鼠标双击选择"横排文本框"。当光标变成十字形时,移动光标到最后一张幻灯片上,"我国的首都"下方合适的位置,按下鼠标左键,向右下拖曳到合适大小时,松开鼠标左键,完成第三个横排文本框的添加。继而在该文本框中输入文字"B. 北京"。将光标停留在写有"B. 北京"的文本框右侧,单击"插入"选项卡中的"文本框"图标,单击该图标下的小三角标志,在出现的下拉菜单中,鼠标双击选择"横排文本框"。当光标变成十字形时,移动光标到合适的位置,按下鼠标左键,向右下拖曳到合适大小时,松开鼠标左键,完成第四个横排文本框的添加。继而在该文本框中输入文字"正确"。

单击"插入"选项卡中的"文本框"图标,单击该图标下的小三角标志,在出现的下拉菜单中,鼠标双击选择"横排文本框"。当光标变成十字形时,移动光标到最后一张幻灯片上,"我国的首都"下方合适的位置,按下鼠标左键,向右下拖曳到合适大小时,松开鼠标左键,完成第五个横排文本框的添加。继而在该文本框中键入文字"C. 广州"。将光标停留在写有"C. 广州"的文本框右侧,单击"插入"选项卡中的"文本框"图标,单击该图标下的小三角标志,在出现的下拉菜单中,鼠标双击选择"横排文本框"。当光标变成十字形时,移动光标到合适的位置,按下鼠标左键,向右下拖曳到合适大小时,松开鼠标左键,完成第六个横排文本框的添加。继而在该文本框中输入文字"错误"。

单击"插入"选项卡中的"文本框"图标,单击该图标下的小三角标志,在出现的下拉菜单中,鼠标双击选择"横排文本框"。当光标变成十字形时,移动光标到最后一张幻灯片上,"我国的首都"下方合适的位置,按下鼠标左键,向右下拖曳到合适大小时,松开鼠标左键,完成第七个横排文本框的添加。继而在该文本框中输入文字"D. 重庆"。将光标停留在写有"D. 重庆"的文本框右侧,单击"插入"选项卡中的"文本框"图标,单击该图标下的小三角标志,在出现的下拉菜单中,鼠标双击选择"横排文本框"。当光标变成十字形时,移动光标到合适的位置,按下鼠标左键,向右下拖曳到合适大小时,松开鼠标左键,完成第八个横排文本框的添加。继而在该文本框中输入文字"错误"。全部完成时效果如图 5-222 所示。

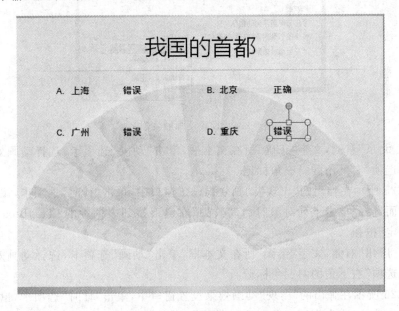

图 5-222 文本框添加效果二

选中"A. 上海"右侧的文字"错误"所在文本框,如图 5-223 所示单击"动画"选项卡,选择动画效果"出现",再单击"效果选项"右下角的斜三角标记。

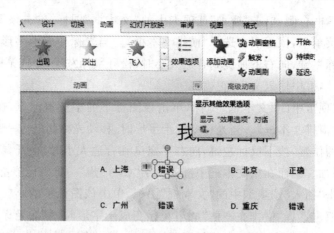

图 5-223 动画效果设置

如图 5-224 所示在弹出的"出现"动画效果设置窗口中,单击"计时"选项卡,鼠标左键单击"触发器",进而选择"单击下列对象时启动效果"右侧下拉列表框中的"TextBox3：A．上海",之后单击"确定"按钮。

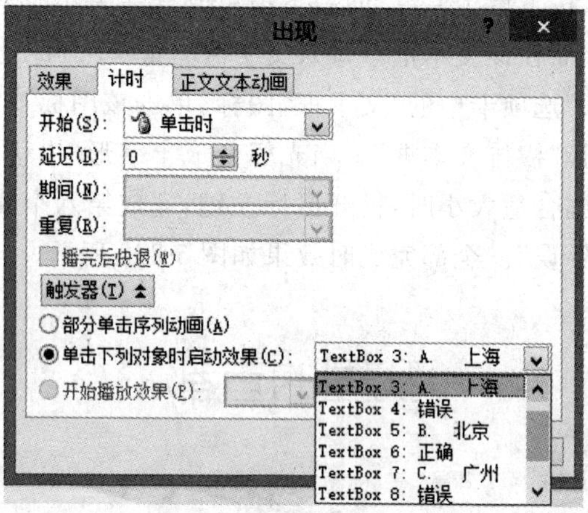

图 5-224 设置动画触发器一

选中"B．北京"右侧,文字"正确"所在文本框,单击"动画"选项卡,选择动画效果"出现",再单击"效果选项"右下角的斜三角标记。

如图 5-225 所示在弹出的"出现"动画效果设置窗口中,单击"计时"选项卡,鼠标左键单击"触发器",进而选择"单击下列对象时启动效果"右侧下拉列表框中的"TextBox5：B．北京",之后单击"确定"按钮。

选中"C．广州"右侧,文字"错误"所在文本框,单击"动画"选项卡,选择动画效果"出现",再单击"效果选项"右下角的斜三角标记。

如图 5-226 所示在弹出的"出现"动画效果设置窗口中,单击"计时"选项卡,鼠标左键单击"触发器",进而选择"单击下列对象时启动效果"右侧下拉列表框中的"TextBox7：C．广州",之后单击"确定"按钮。

选中"D．重庆"右侧,文字"错误"所在文本框,单击"动画"选项卡,选择动画效果"出现",在单击"效果选项"右下角的斜三角标记。

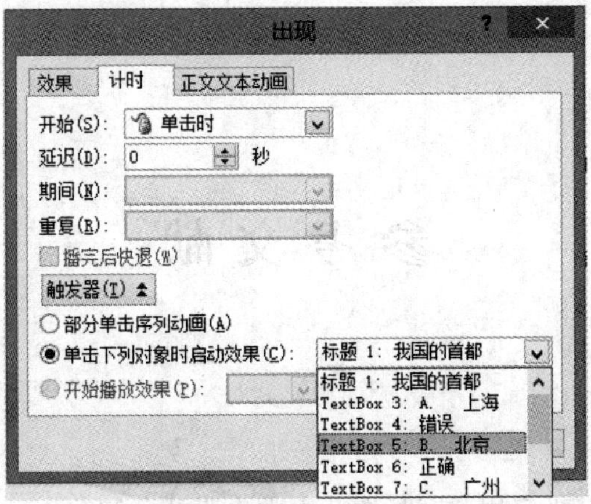

图 5-225 设置动画触发器二

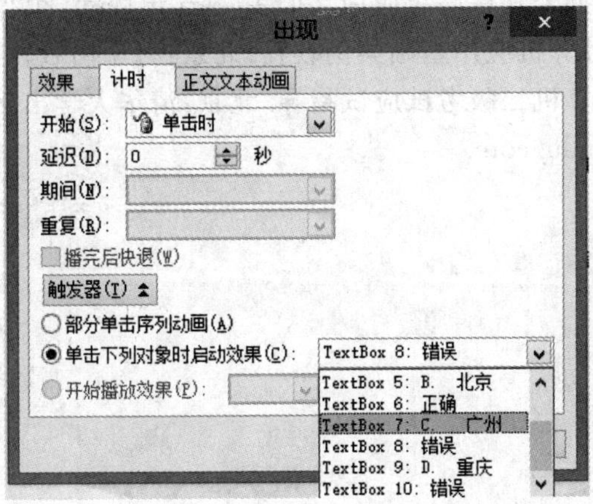

图 5-226 设置动画触发器三

如图 5-227 所示在弹出的"出现"动画效果设置窗口中,单击"计时"选项卡,鼠标左键单击"触发器",进而选择"单击下列对象时启动效果"右侧下拉列表框中的"TextBox9:D. 重庆",之后单击"确定"按钮。

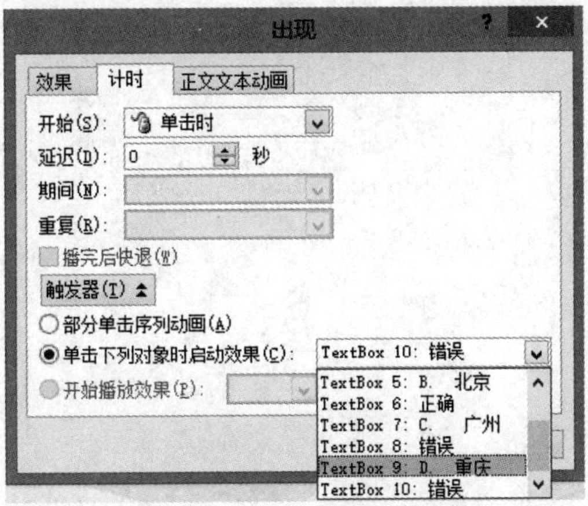

图 5-227 设置动画触发器四

参 考 文 献

[1] 吴卿.办公软件高级应用.杭州:浙江大学出版社,2009.
[2] 吴卿.办公软件高级应用学习及实践指导.杭州:浙江科学技术出版社,2009.
[3] 李永平. 信息化办公软件高级应用. 北京:科学出版社,2009.
[4] 胡维华,吴坚. 计算机应用基础案例教程.北京:科学出版社,2009.
[5] 黄林国. 大学计算机二级考试应试指导.北京:清华大学出版社,2010.
[6] http://www.baidu.com.